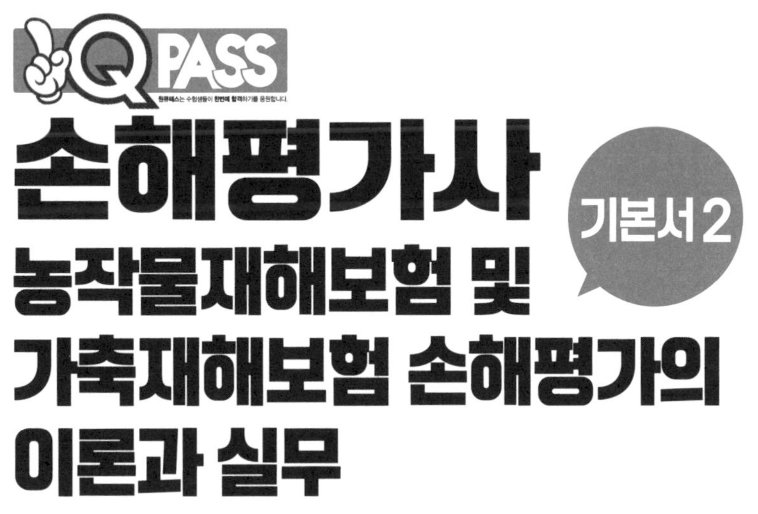

손해평가사 기본서 2
농작물재해보험 및 가축재해보험 손해평가의 이론과 실무

gongbu-haja 저

다락원

손해평가사는 농작물재해보험에 가입한 농지 또는 과수원이 재해로 인하여 피해를 입은 경우, 피해사실을 확인하고, 보험가액 및 손해액을 평가하는 업무를 하는 사람입니다. 우리나라에서는 2015년부터 손해평가사 국가자격제도를 도입해서 운영 중에 있습니다.

손해평가사 자격증은 공인중개사 자격증과 함께 대표 노후 대비 자격증으로, 정년을 앞둔 50 ~ 60대뿐 아니라 일찍 불안한 노후 대비를 하고자 하는 30 ~ 40대 사이에서 해마다 그 인기가 높아지고 있습니다. 2019년 4천 명이 채 되지 않던 1차 시험 응시자 수가 2020년 8천 명을 넘어섰고, 2023년에는 1만 5천 명이 넘는 등 폭발적인 증가세를 보이고 있습니다.

정부에서는 농가를 보호하고, 안정적인 식량자원 확보를 위해서 해마다 농작물재해보험에 대한 지원을 늘려가고 있습니다. 또한, 코로나19로 인해 식량자원의 중요성에 대한 인식이 국가별로 더욱더 강화되고 있어, 우리나라에서도 정부 및 지방자치단체의 지원은 계속해서 늘어날 것으로 예상되고 있습니다. 따라서, 손해평가사가 담당할 업무도 증가될 것입니다. 그 이유는 첫째, 농작물재해보험에 가입 가능한 품목 수가 확대되고 있습니다. 기존에는 농작물재해보험에 가입할 수 없었던 품목들도 매년 신규로 추가되고 있습니다. 둘째, 농작물재해보험에 가입하는 가입농가 수도 해마다 급격하게 늘어나고 있습니다. 셋째, 기존에는 손해평가사가 담당하지 않던 조사 업무들도 점차 손해평가사들이 담당하고 있기 때문입니다.

손해평가사 시험은 1차 객관식(4지 택일형)과 2차 주관식(단답형 및 서술형)으로 이루어져 있습니다. 1차 시험은 주어진 선택지 중에서 답을 선택하는 객관식이며, 합격률이 60 ~ 70% 정도이며 일정 시간을 투자해서 공부한다면 상대적으로 어렵지 않게 합격할 수 있습니다. 하지만 2차 시험은 주관식으로 내용을 서술하거나 계산을 해서 답을 써야 하기 때문에 해마다 차이는 있지만 합격률은 10% 정도로, 상당한 노력과 시간 투자를 요합니다.

2차시험은 제1과목 '농작물재해보험 및 가축재해보험의 이론과 실무'와 제2과목 '농작물재해보험 및 가축재해보험 손해평가의 이론과 실무'로 이루어져 있습니다. 매 과목 40점 이상 득점하고, 두 과목 평균 60점 이상이면 합격입니다. 만점이나 고득점을 받아야 합격하는 시험이 아니고, 평균 60점만 넘으면 합격할 수 있는 시험입니다만, 해마다 많은 수험생들이 그 공략법을 제대로 알지 못해서 시험에 불합격합니다.

이번에 출간하는 〈원큐패스 손해평가사 기본서 2 농작물재해보험 및 가축재해보험 손해평가의 이론과 실무〉는 다음과 같이 구성하였습니다.

〈원큐패스 손해평가사 기본서 2 농작물재해보험 및 가축재해보험 손해평가의 이론과 실무〉

1. 기출유형 확인하기
   기출문제 출제유형을 철저하게 분석하여 파트별로 「기출유형 확인하기」를 수록하여 시험 출제 경향을 명확하게 파악할 수 있도록 하였습니다.

2. 기본서 내용 익히기
   「기본서 내용 익히기」를 통해서 농업정책보험금융원 발표 최신 내용을 정확하게 학습할 수 있도록 요약정리하였습니다.

3. 핵심내용 정리하기
   기본서 내용 중에서 중요한 개념 및 공식 등을 모아 중요한 사항을 암기할 수 있도록 「핵심내용 정리하기」를 수록하였습니다.

4. 워크북으로 마무리하기
   「워크북으로 마무리하기」를 통해서 대표계산문제, 괄호넣기, 약술형 문제 등을 확실하게 학습할 수 있도록 하였습니다.

끝으로 혼자서 손해평가사를 공부하는 데에 어려움이 있는 수험생들을 위해서 네이버 카페 "손해평가사 카페"(cafe.naver.com/sps2021)과 유튜브 채널 "손해평가사"를 운영 중에 있습니다. 저희 네이버 카페와 유튜브 채널을 이용하셔서 보다 효율적인 학습이 될 수 있기를 바랍니다. 이 책을 보시는 수험생 여러분의 합격을 진심으로 기원합니다.

네이버 카페 "손해평가사 카페" 카페지기
유튜브 채널 "손해평가사" 운영자

gongbu-haja

손해평가사 및 시험 접수

- 농작물재해보험에 가입한 농지 또는 과수원이 자연재해로 병충해, 화재 등의 피해를 입은 경우, 피해 사실을 확인하고, 보험가액 및 손해액을 평가하는 일을 수행하는 자격시험이다.
- 시험 접수 : 큐넷(www.q-net.or.kr)에서 접수

응시자격, 응시료, 시험 일정

- 응시자격 : 제한 없음 [단, 부정한 방법으로 시험에 응시하거나 시험에서 부정한 행위를 해 시험의 정지/무효 처분이 있은 날부터 2년이 지나지 아니하거나, 손해평가사의 자격이 취소된 날부터 2년이 지나지 아니한 자는 응시할 수 없음 - (「농어업재해보험법」 제11조의4 제4항)]
- 응시료 : 1차 20,000원 / 2차 33,000원
- 시험일정

구 분	접수 기간	시험 일정	합격자 발표
2024년 10회 1차	04. 29 ~ 05. 03	06. 08(토)	07. 10(수)
2024년 10회 2차	07. 22 ~ 07. 26	08. 31(토)	11. 13(수)

시험과목 및 배점

구 분	시험과목	문항수	시험시간	시험방법
1차 시험	1. 상법(보험편) 2. 농어업재해보험법령 3. 농학개론 중 재배학 및 원예작물학	과목별 25문항 (총 75문항)	90분	객관식 4지 택일형
2차 시험	1. 농작물재해보험 및 가축재해보험의 이론과 실무 2. 농작물재해보험 및 가축재해보험 손해평가의 이론과 실무	과목별 10문항	120분	단답형, 서술형

※ 1차·2차 시험 100점 만점으로 하여 매 과목 40점 이상과 전 과목 평균 60점 이상 득점한 사람을 합격자로 결정

기타

- 농업정책보험금융원에서 자격증 신청 및 발급 업무 수행

책의 구성

다년간의 기출유형을 파트별로 분석한 「기출유형 확인하기」

손해평가사 2차 시험 모든 기출문제를 분석하여 각 파트에서 어떠한 형식으로 문제가 출제되었는지를 한눈에 파악할 수 있도록 정리하였다.

01 기출유형 확인하기

제7회 위의 계약사항 및 표본주 조사내용을 참조하여 과실손해 피해율의 계산
쓰시오. (7점)
위의 계약사항 및 표본주 조사내용을 참조하여 과실손해보험금의 계산
쓰시오. (6점)
위의 표본조사방법에서 ( )에 들어갈 내용을 각각 쓰시오. (2점)

제9회 종합위험 과실손해보장방식 감귤에 관한 내용이다. 다음의 조건 1~2
다음 물음에 답하시오. (15점)
물음 1) 과실손해보장 보통약관 보험금의 계산과정과 값(원)을 쓰시오.

02 기본서 내용 익히기

I 적과전 종합위험방식 (사과, 배, 단감, 떫은 감)

특정 5종

태 지 집 화재 우 일 가

특정위험 7종

낙과피해

착과

농업정책보험금융원 발표 최신 내용을 반영한 「기본서 내용 익히기」

최신 개정된 내용을 반영하여, 정확한 내용을 공부할 수 있도록 핵심적인 내용을 수록하였다.

핵심적인 내용을 모아 정리한 「핵심내용 정리하기」

여기 저기 흩어져 있는 내용과 복잡한 계산식, 해당 개념 등을 바로 계산문제 풀이에 적용하여 문제를 풀어낼 수 있도록 정리하였다.

03 핵심내용 정리하기

1 착과감소보험금

착과감소보험금 = (1 착과감소량 − 2 미보상감수량 − 3 자기부담감수량) × × 5 보장수준(50%, 70%))

1 착과감소량

착과감소량 = 착과감소과실수 × 가입과중

(1) 착과감소과실수

04 워크북으로 마무리하기

01 계약사항과 조사내용을 참조하여 다음 물음에 답하시오. (15점)

〈계약사항〉

상품명	특약 및 주요사항	평년착과수	가입
적과전종합위험방식 배 품목	• 나무손해보장 특약 • 착과감소 50%선택	100,000개	4

가입가격	가입주수	자기부담률	
1,200원/kg	750주	과실	10
		나무	5%

학습한 내용을 다시 확인하는 「워크북으로 마무리하기」

앞서 학습한 내용을 확인할 수 있도록 대표계산문제 또는 괄호넣기, 약술문제 등을 수록하였다.

차례

제 1 장

농업재해보험 손해평가 개관

제1절~제4절 손해평가의 개요 / 손해평가 체계 / 현지조사내용 / 손해평가 기본단계

01 기출유형 확인하기

제6회 금차 조사일정에 대하여 손해평가반을 구성하고자 한다. 아래의 '계약사항', '과거 조사사항', '조사자 정보'를 참조하여 〈보기〉의 손해평가반(① ~ ⑤)별 구성가능 여부를 각 반별로 가능 또는 불가능으로 기재하고 불가능한 반은 그 사유를 각각 쓰시오. (15점)

02-1 기본서 내용 익히기- 제1절 손해평가의 개요

1 손해평가의 의의 및 기능

1 손해평가의 의의

① 손해평가란 보험 대상 목적물에 피해가 발생한 경우 그 피해 사실을 확인하고 평가하는 일련의 과정을 의미한다. 즉, 손해평가는 보험에서 보장하는 재해로 인한 손해가 어느 정도인지를 파악하여 보험금을 결정하는 일련의 과정이라고 할 수 있다.

② 손해평가는 재해로 인한 수확감소량을 파악하여 피해율을 계산함으로써 지급될 보험금을 산정하게 된다.

③ 손해평가 결과는 지급보험금을 확정하는데 결정적인 근거가 되기 때문에 손해평가(특히 현지조사)는 농업재해보험에서 가장 중요한 부분 중의 하나이다.

2 손해평가가 농업재해보험에서 갖는 중요한 의미

손해평가가 농업재해보험에서 갖는 중요한 의미를 생각해 보면 아래와 같다(최경환 외 2013).

(1) 보험금을 결정하는 기초자료

① 손해평가 결과는 피해 입은 계약자 또는 피보험자(이하 보험가입자로 한다)가 받을 보험금을 결정하는 가장 중요한 기초자료가 된다.

② 손해평가 결과는 몇 단계의 검토과정을 거쳐 최종적으로 보험가입자가 받을 보험금

이 확정되지만 이 과정에서 검토 대상이 되는 것은 손해평가 결과물이다.

(2) 손해평가의 공정성과 객관성

① 손해평가 결과에 대하여 보험가입자는 물론 제3자도 납득할 수 있어야 한다. 손해평가 결과가 지역마다, 개개인마다 달라 보험가입자들이 인정하기 어렵다면 손해평가 자체의 문제는 물론이고, 농업재해보험제도 자체에 대한 신뢰를 상실하게 된다.

② 재해보험사업자는 조사자의 관점을 통일하고 공정한 손해평가를 위해 업무방법서를 작성하여 활용한다. 조사자들이 손해평가요령, 업무방법서 등을 토대로 지속적으로 전문지식과 경험을 축적하고 손해평가 기술을 연마하면 손해평가의 공정성과 객관성은 더욱 높아질 것이다.

(3) 보험료율의 조정

보험료율은 해당 지역 및 개개인의 보험금 수급 실적에 따라 조정된다. 보험금을 많이 받은 지역·보험가입자의 보험료율은 인상되고, 재해가 발생하지 않아 보험금을 지급받지 않은 지역·보험가입자의 보험료율은 인하되는 것이 보험의 기본이다.

(4) 손해평가의 객관성과 정확성 유지

손해평가가 피해 상황보다 과대평가 되면 피해를 입은 보험가입자는 그만큼 보험금을 많이 받게 되어 당장은 이익이라고 할 수 있다. 그렇지만, 이러한 상황이 계속적으로 광범위하게 발생하면 보험수지에 영향을 미치며, 보험료율도 전반적으로 지나치게 높아지게 되므로 결국은 보험가입자의 보험가입 기피를 초래하고 보험사업의 운영이 곤란하게 되어 농업재해보험제도 자체의 존립에도 영향을 미칠 수 있다. 따라서 손해평가의 객관성과 정확성을 유지하는 것은 매우 중요하다.

(5) 농업재해 통계나 재해대책 수립의 기초자료

손해평가 결과가 계속 축적되면 보험료율 조정의 기초자료로 활용되는 이외에도 농업재해 통계나 재해대책 수립의 기초자료로 이용될 수 있다.

2 손해평가 업무의 중요성

손해평가는 보험금 산정의 기초가 되므로 농업재해보험사업의 운영에 있어 그 어떤 업무보다 공정하고 정확하게 이루어져야 한다(최경환 외 2013).

1 보험가입자에 대한 정당한 보상

공정한 손해평가를 통해 보험가입자의 피해 상황에 따른 정확한 보상을 함으로써 보험가입자와의 마찰을 줄일 수 있다. 또한 공정한 손해평가에 따른 지역별 피해 자료의 축적을 통해 보험료율의 현실화에 기여할 수 있다. 결과적으로 과거 피해의 정도에 따라 적정한 보험료율을 책정함으로써 보험가입자에게 공평한 보험료 분담을 이룰 수 있다.

2 선의의 계약자 보호

보험의 원칙은 공통의 위험을 안고 있는 다수의 사람이 각자 일정 금액의 보험료를 부담하여 피해를 입은 사람에게 그 피해를 보상하여 주는 것이다. 따라서 어느 특정인이 부당하게 보험금을 수취하였을 경우 그로 인해 다수의 선의의 보험가입자가 그 부담을 안아야 한다. 다수의 선의의 보험가입자를 보호한다는 관점에서도 정확한 손해평가는 중요하다.

3 보험사업의 건전화

부당 보험금의 증가는 보험료의 상승을 가져와 다수의 선량한 보험가입자가 보험가입을 할 수 없게 된다. 선량한 보험가입자의 보험가입이 감소하면, 상대적으로 보험료가 인상되고 그에 따라 보험 여건은 더 악화되어 결국에는 보험사업을 영위할 수 없게 되어 제도 자체의 존립도 위험하게 된다. 따라서 공정하고 정확한 손해평가는 장기적으로 보험가입자와 재해보험사업자 모두에게 이익을 가져다줄 뿐만 아니라 농업재해보험 제도의 지속 가능성을 높여줄 수 있다.

02-2 기본서 내용 익히기-제2절 손해평가 체계

1 관련 법령

1 손해평가 관련 근거 법령

「농어업재해보험법」, 「동 시행령 및 농업재해보험 손해평가요령」 등이 있다.

2 「농어업재해보험법」 제11조(손해평가 등)

손해평가 전반에 대해 규정하고 있다. 즉, 손해평가 인력, 손해평가요령에 따른 공정하고 객관적인 손해평가, 교차손해평가, 손해평가요령 고시, 손해평가인 교육, 손해평가인의 자격 등에 대해 규정하고 있다.

농어업재해보험법 제11조(손해평가 등)

① 재해보험사업자는 보험목적물에 관한 지식과 경험을 갖춘 사람 또는 그 밖의 관계 전문가를 손해평가인으로 위촉하여 손해평가를 담당하게 하거나 제11조의2에 따른 손해평가사(이하 "손해평가사"라 한다) 또는 「보험업법」 제186조에 따른 손해사정사에게 손해평가를 담당하게 할 수 있다.

② 제1항에 따른 손해평가인과 손해평가사 및 「보험업법」 제186조에 따른 손해사정사는 농림축산식품부장관 또는 해양수산부장관이 정하여 고시하는 손해평가 요령에 따라 손해평가를 하여야 한다. 이 경우 공정하고 객관적으로 손해평가를 하여야 하며, 고의로 진실을 숨기거나 거짓으로 손해평가를 하여서는 아니 된다.

③ 재해보험사업자는 공정하고 객관적인 손해평가를 위하여 동일 시·군·구(자치구를 말한다) 내에서 교차손해평가(손해평가인 상호간에 담당지역을 교차하여 평가하는 것을 말한다. 이하 같다)를 수행할 수 있다. 이 경우 교차손해평가의 절차·방법 등에 필요한 사항은 농림축산식품부장관 또는 해양수산부장관이 정한다.

④ 농림축산식품부장관 또는 해양수산부장관은 제2항에 따른 손해평가 요령을 고시하려면 미리 금융위원회와 협의하여야 한다.

⑤ 농림축산식품부장관 또는 해양수산부장관은 제1항에 따른 손해평가인이 공정하고 객관적인 손해평가를 수행할 수 있도록 연 1회 이상 정기교육을 실시하여야 한다.

⑥ 농림축산식품부장관 또는 해양수산부장관은 손해평가인 간의 손해평가에 관한 기술·정보의 교환을 지원할 수 있다.

⑦ 제1항에 따라 손해평가인으로 위촉될 수 있는 사람의 자격 요건, 제5항에 따른 정기교육, 제6항에 따른 기술·정보의 교환 지원 및 손해평가 실무교육 등에 필요한 사항은 대통령령으로 정한다. [제목개정 2016. 12. 2.]

2 손해평가의 주체

1 손해평가의 주체

농림축산식품부장관과 사업 약정을 체결한 재해보험사업자. (「농어업재해보험법」 제8조)

2 재해보험사업자 업무 위탁

재해보험사업자는 보험목적물에 관한 지식과 경험을 갖춘 자 또는 그 밖의 관계 전문가를 손해평가인으로 위촉하여 손해평가를 담당하게 하거나 손해평가사 또는 손해사정사에게 손해평가를 담당하게 할 수 있다(「농어업재해보험법」 제11조). 재해보험사업자는 재해보험사업의 원활한 수행을 위하여 보험 모집 및 손해평가 등 재해보험 업무의 일부를 대통령령으로 정하는 자에게 위탁할 수 있다(「농어업재해보험법」 제14조).

〈농어업재해보험법〉

제14조(업무 위탁) 재해보험사업자는 재해보험사업을 원활히 수행하기 위하여 필요한 경우에는 보험모집 및 손해평가 등 재해보험 업무의 일부를 대통령령으로 정하는 자에게 위탁할 수 있다.

〈농어업재해보험법 시행령〉

제13조(업무 위탁) 법 제14조에서 "대통령령으로 정하는 자"란 다음 각 호의 자를 말한다.

1. 「농업협동조합법」에 따라 설립된 지역농업협동조합·지역축산업협동조합 및 품목별·업종별협동조합

1의2. 「산림조합법」에 따라 설립된 지역산림조합 및 품목별·업종별산림조합

2. 「수산업협동조합법」에 따라 설립된 지구별 수산업협동조합, 업종별 수산업협동조합, 수산물가공 수산업협동조합 및 수협은행

3. 「보험업법」 제187조에 따라 손해사정을 업으로 하는 자

4. 농어업재해보험 관련 업무를 수행할 목적으로 「민법」 제32조에 따라 농림축산식품부장관 또는 해양수산부장관의 허가를 받아 설립된 비영리법인(손해평가 관련 업무를 위탁하는 경우만 해당한다)

3 조사자의 유형(「농어업재해보험법」 제11조)

손해평가인	「농어업재해보험법 시행령」 제12조에 따른 자격요건을 충족하는 자로 재해보험사업자가 위촉한 자이다.
손해평가사	농림축산식품부장관이 한국산업인력공단에 위탁하여 시행하는 손해평가사 자격시험에 합격한 자이다.
손해사정사	보험개발원에서 실시하는 손해사정사 자격시험에 합격하고 일정기간의 실무수습을 마쳐 금융감독원에 등록한 자이다.
손해평가보조인	재해보험사업자 및 재해보험사업자로부터 손해평가 업무를 위탁받은 자는 손해평가 업무를 원활히 수행하기 위하여 손해평가보조인을 운용할 수 있다.

4 손해평가 과정

손해평가는 보험가입자인 농업인이 사고발생 통지를 하는 것으로 시작하여 현지조사 및 검증조사(필요 시)를 실시하는 일련의 과정이다.

1 사고발생 통지

보험가입자는 보험 대상 목적물에 보험사고가 발생할 때마다 가입한 대리점 또는 재해보험 사업자에게 사고발생 사실을 지체 없이 통보하여야 한다.

2 사고발생 보고 전산입력

기상청 자료 및 현지 방문 등을 통하여 보험사고 여부를 판단하고, 보험대리점 등은 계약자의 사고접수내용이 보험사고에 해당하는 경우 사고접수대장에 기록하며, 이를 지체 없이 전산입력한다.

3 손해평가반 구성

재해보험사업자 등은 보험가입자로부터 보험사고가 접수되면 생육시기, 품목, 재해종류 등에 따라 조사내용을 결정하고 지체없이 손해평가반을 구성한다. 손해평가반은 손해평가요령 제8조에서와 같이 조사자 1인(손해평가사, 손해평가인, 손해사정사)을 포함하여 5인 이내로 구성하되 손해평가반에는 손해평가인, 손해평가사 및 손해사정사 중 1인 이상을 반드시 포함하여야 한다. 조사자가 부족할 경우에는 손해평가 보조인을 위촉하여 손해평가반을 구성할 수 있다.

〈농업재해보험 손해평가요령 제8조(손해평가반 구성 등)〉

① 재해보험사업자는 제2조 제1호의 손해평가를 하는 경우에는 손해평가반을 구성하고 손해평가반별로 평가일정계획을 수립하여야 한다.

② 제1항에 따른 손해평가반은 다음 각 호의 어느 하나에 해당하는 자를 1인 이상 포함하여 5인 이내로 구성한다.

1. 제2조 제2호에 따른 손해평가인
2. 제2조 제3호에 따른 손해평가사
3. 「보험업법」 제186조에 따른 손해사정사

③ 제2항의 규정에도 불구하고 다음 각 호의 어느 하나에 해당하는 손해평가에 대하여는 해당자를 손해평가반 구성에서 배제하여야 한다.

1. 자기 또는 자기와 생계를 같이 하는 친족(이하 "이해관계자"라 한다)이 가입한 보험계약에 관한 손해평가
2. 자기 또는 이해관계자가 모집한 보험계약에 관한 손해평가
3. 직전 손해평가일로부터 30일 이내의 보험가입자 간 상호 손해평가
4. 자기가 실시한 손해평가에 대한 검증조사 및 재조사

4 현지조사 실시

손해평가반은 배정된 농지(과수원)에 대해 손해평가요령 제12조의 손해평가 단위별로 현지조사를 실시한다. 현지조사내용은 〈품목별 현지조사종류〉에서 보는 바와 같이 품목과 보장방식, 재해종류에 따라 다르다.

〈농업재해보험 손해평가요령 제12조(손해평가 단위)〉

① 보험목적물별 손해평가 단위는 다음 각 호와 같다.

1. 농작물 : 농지별
2. 가축 : 개별가축별(단, 벌은 벌통 단위)
3. 농업 시설물 : 보험가입 목적물별

② 제1항 제1호에서 정한 농지라 함은 하나의 보험가입금액에 해당하는 토지로 필지(지번) 등과 관계없이 농작물을 재배하는 하나의 경작지를 말하며, 방풍림, 돌담, 도로(농로 제외) 등에 의해 구획된 것 또는 동일한 울타리, 시설 등에 의해 구획된 것을 하나의 농지로 한다. 다만, 경사지에서 보이는 돌담 등으로 구획되어 있는 면적이 극히 작은 것은 동일 작업 단위 등으로 정리하여 하나의 농지에 포함할 수 있다.

5 현지조사 결과 전산입력

대리점 또는 손해평가반은 현지조사 결과를 전산 또는 모바일 기기를 이용하여 입력한다.

6 현지조사 및 검증조사

① 손해평가의 신속성 및 공정성 확보를 위하여 재해보험사업자 등은 현지조사를 직접 실시하거나 손해평가반의 현지조사내용을 검증조사할 수 있다. 이때 조사주체는 재해보험사업자(NH농협손해보험), 재보험사 및 정부로 한다.

② 조사방법은 지역별, 대리점별, 손해평가반별로 손해평가를 실시한 농지를 임의 추출하여 현지 농지를 검증조사한다. 검증조사 결과 차이가 발생할 경우에는 해당 조사결과를 정정한다.

〈농업재해보험 손해평가요령 제11조(손해평가결과 검증)〉

① 재해보험사업자 및 재해보험사업의 재보험사업자는 손해평가반이 실시한 손해평가결과를 확인하기 위하여 손해평가를 실시한 보험목적물 중에서 일정수를 임의 추출하여 검증조사를 할 수 있다.

② 농림축산식품부장관은 재해보험사업자로 하여금 제1항의 검증조사를 하게 할 수 있으며, 재해보험사업자는 특별한 사유가 없는 한 이에 응하여야 한다.

③ 제1항 및 제2항에 따른 검증조사 결과 현저한 차이가 발생되어 재조사가 불가피하다고 판단될 경우에는 해당 손해평가반이 조사한 전체 보험목적물에 대하여 재조사를 할 수 있다.

④ 보험가입자가 정당한 사유없이 검증조사를 거부하는 경우 검증조사반은 검증조사가 불가능하여 손해평가 결과를 확인할 수 없다는 사실을 보험가입자에게 통지한 후 검증조사 결과를 작성하여 재해보험사업자에게 제출하여야 한다.

02-3 기본서 내용 익히기 - 제3절 현지조사내용

1 손해평가 현지조사

손해평가는 보험사고 즉, 보험 목적물에 발생한 손해를 있는 그대로 확인하고 정해진 평가절차를 거쳐 손해 규모를 판단하는 것이다. 따라서 보험사고 현장에서의 현지조사가 중요하다. 그러나 농업재해보험의 경우 품목마다 특성이 다르기 때문에 손해평가방법이 달라져야 한다. 또한 같은 품목이라도 보험상품(보장)의 내용에 따라 손해평가방법은 달라진다. 따라서 실제로는 품목(상품)별로 정해진 손해평가요령에 의해 손해평가가 이루어진다.

2 현지조사의 구분

손해평가를 위한 현지조사는 다양하며, 조사의 단계에 따라 본조사와 재조사 및 검증조사로 구분할 수 있다. 조사는 다시 조사 범위를 전체로 하느냐 일부를 하느냐에 따라 전수조사와 표본조사로 구분할 수 있다.

본조사	• 보험사고가 발생했다고 신고된 보험목적물에 대해 손해정도를 평가하기 위해 곧바로 실시하는 조사이다.

재조사	• 기 실시된 조사에 대하여 이의가 있는 경우에 다시 한번 실시하는 조사를 말한다. • 계약자가 손해평가반의 손해평가 결과에 대해 설명 또는 통지를 받은 날로부터 7일 이내에 손해평가가 잘못되었음을 증빙하는 서류 또는 사진 등을 제출하는 경우 재해보험사업자가 다른 손해평가반으로 하여 다시 손해평가를 하게 할 수 있다.
검증조사	• 재해보험사업자 및 재보험사업자가 손해평가반이 실시한 손해평가 결과를 확인하기 위하여 손해평가를 실시한 보험 목적물 중에서 일정 수를 임의 추출하여 확인하는 조사를 말한다.

3 품목별 현지조사의 종류

손해평가는 동일한 품목이라도 보장 내용 즉, 보험상품의 유형에 따라 상이하다. 상품(보장 내용)의 유형에 따라 작물의 생육 전체 기간의 각 단계별로 조사해야 하는 것이 있는가 하면(과수 4종), 손해 발생 시에만 조사하는 것이 있다(과수 4종 이외의 품목). 특히 이러한 구분은 작물 유형(논작물, 밭작물, 원예시설 등) 및 보장대상위험의 범위가 종합적이냐 특정위험에 한정하느냐에 따라 달라진다.

〈품목별 현지조사종류〉

<table>
<tr><th>구분</th><th>상품군</th><th>해당 품목</th><th>조사종류</th></tr>
<tr><td colspan="3">공통조사</td><td>• 피해사실확인조사</td></tr>
<tr><td rowspan="9">과수</td><td rowspan="3">적과전
종합Ⅱ</td><td rowspan="3">사과, 배, 단감, 떫은감</td><td>• 적과전 손해조사
- 피해사실확인조사
- 확인사항 : 유과타박률, 낙엽률, 나무피해, 미보상비율
※ 재해에 따라 확인사항은 다름
• 고사나무조사(나무손해특약 가입건)</td></tr>
<tr><td>• 적과후착과수 조사
• 고사나무조사(나무손해특약 가입건)</td></tr>
<tr><td>• 적과후 손해조사
- 낙과피해조사(단감, 떫은감은 낙엽률 포함), 착과피해조사
※ 재해에 따라 조사종류는 다름
• 고사나무조사(나무손해특약 가입건)</td></tr>
<tr><td rowspan="6">종합
위험</td><td>포도(수입보장 포함),
복숭아, 자두, 감귤(만감류),
유자</td><td>• 착과수조사, 과중조사, 착과피해조사, 낙과피해조사</td></tr>
<tr><td>밤, 참다래, 대추, 매실,
오미자, 유자, 살구, 호두</td><td>• 수확개시 전·후 수확량조사</td></tr>
<tr><td>복분자, 무화과</td><td>• 종합위험 과실손해조사, 특정위험 과실손해조사</td></tr>
<tr><td>복분자</td><td>• 경작불능조사</td></tr>
<tr><td>오디, 감귤(온주밀감류)</td><td>• 과실손해조사</td></tr>
<tr><td>포도(수입보장포함), 복숭아,
자두, 참다래, 매실, 무화과,
유자, 감귤(온주밀감류), 살구</td><td>• 고사나무조사(나무손해보장 가입건)</td></tr>
</table>

구분	상품군	해당 품목	조사종류
논/밭 작물	특정 위험	인삼(작물)	• 수확량조사
	종합 위험	벼	• 이앙·직파불능조사, 재이앙·재직파조사, 경작불능조사, 수확량(수량요소)조사, 수확량(표본)조사, 수확량(전수)조사, 수확불능확인조사
		마늘(수입보장 포함)	• 재파종조사, 경작불능조사, 수확량(표본)조사
		양파, 감자, 고구마, 양배추(수입보장 포함), 옥수수,	• 경작불능조사, 수확량(표본)조사
		차(茶)	• 수확량(표본)조사
		밀, 콩(수입보장 포함)	• 경작불능조사, 수확량(표본, 전수)조사
		고추, 브로콜리, 메밀, 배추, 무, 단호박, 파, 당근, 시금치(노지), 메밀, 양상추	• 생산비보장 손해조사
		인삼(해가림시설)	• 해가림시설 손해조사
원예 시설	종합 위험	**〈시설하우스〉** 단동하우스, 연동하우스, 유리온실, 버섯재배사	• 시설하우스 손해조사
		〈시설작물〉 수박, 딸기, 오이, 토마토, 참외, 풋고추, 호박, 국화, 장미, 멜론, 파프리카, 상추, 부추, 시금치, 배추, 가지, 파, 무, 백합, 카네이션, 미나리, 쑥갓, 느타리, 표고버섯, 양송이, 새송이	• 시설작물 손해조사

02-4 기본서 내용 익히기 - 제4절 손해평가 기본단계

1 손해평가 업무흐름

① 재해보험에 가입한 보험가입자가 해당 농지에 자연재해 등 피해가 발생하면 보험에 가입했던 대리점(지역농협 등) 등 영업점에 사고접수를 한다.

② 영업점은 재해보험사업자에게 사고접수 사실을 알리고 재해보험사업자는 조사기관을 배정한다.

③ 조사기관은 소속된 조사자를 빠르게 배정하여 손해평가반을 구성하고 해당 손해평가반은 신속하게 손해평가업무를 수행한다.

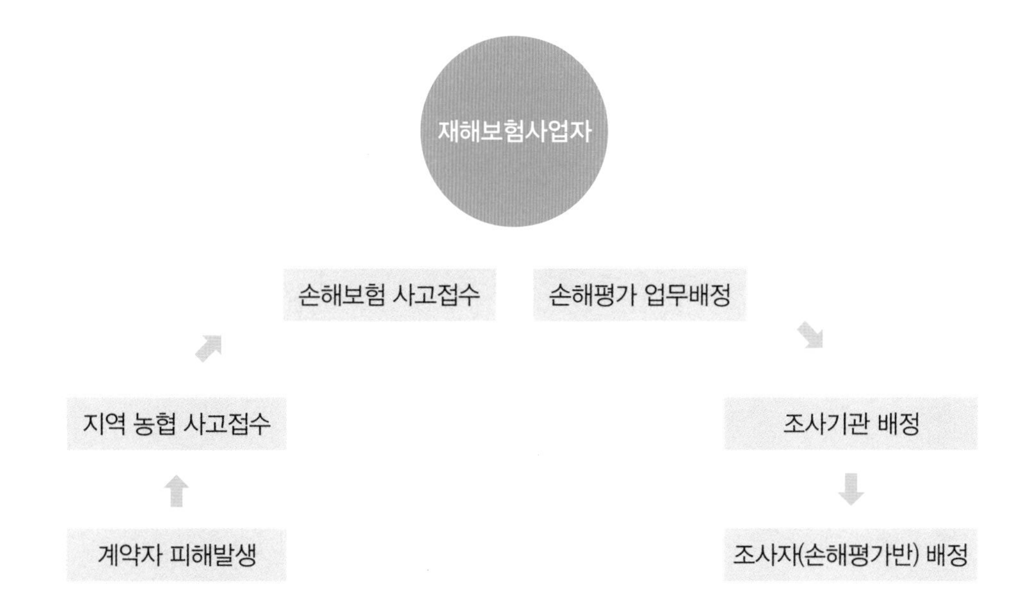

④ 손해평가반은 영업점에 도착하여 계약 및 기본사항 등 서류를 검토하고 현지조사서를 받아 피해현장에 방문하여 보상하는 재해여부를 심사한다.

⑤ 상황에 맞는 관련조사를 선택하여 실시한 후 조사결과를 보험가입자에게 안내하고 서명확인을 받아 전산입력 또는 대리점에게 현지조사서를 제출한다.

〈현지조사절차(5단계)〉

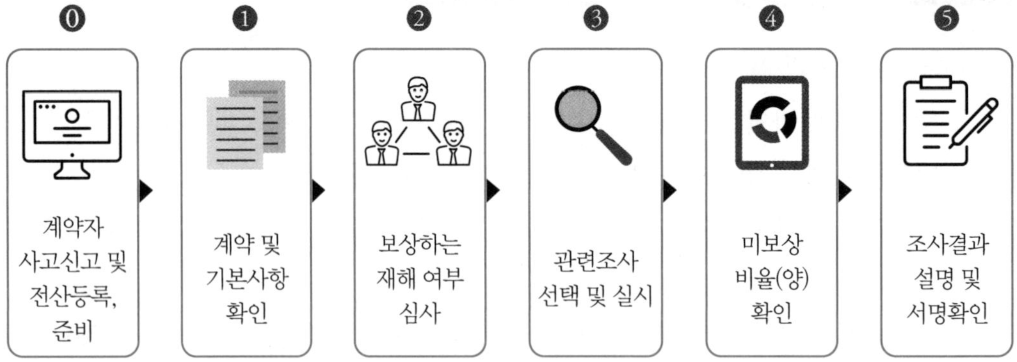

⓿	❶	❷	❸	❹	❺
계약자 사고신고 및 전산등록, 준비	계약 및 기본사항 확인	보상하는 재해 여부 심사	관련조사 선택 및 실시	미보상 비율(양) 확인	조사결과 설명 및 서명확인

※ 손해평가는 조사품목, 재해의 종류, 조사시기 등에 따라 조사방법 등이 달라지기에 상황에 맞는 손해평가를 하는 것이 중요하다.

03 워크북으로 마무리하기

01 다음은 손해평가반 구성에 관한 내용이다. 괄호에 알맞은 내용을 순서대로 쓰시오.

〈농업재해보험 손해평가요령 제8조(손해평가반 구성 등)〉

① 재해보험사업자는 제2조제1호의 손해평가를 하는 경우에는 손해평가반을 구성하고 손해평가반별로 평가일정계획을 수립하여야 한다.

② 제1항에 따른 손해평가반은 다음 각 호의 어느 하나에 해당하는 자를 (　　) 포함하여 (　　)로 구성한다.

- 제2조제2호에 따른 (　　)
- 제2조제3호에 따른 (　　)
- 「보험업법」 제186조에 따른 (　　)

③ 제2항의 규정에도 불구하고 다음 각 호의 어느 하나에 해당하는 손해평가에 대하여는 해당자를 손해평가반 구성에서 배제하여야 한다.

- 자기 또는 자기와 생계를 같이 하는 친족(이하 "이해관계자"라 한다)이 (　　)한 보험계약에 관한 손해평가
- 자기 또는 이해관계자가 (　　)한 보험계약에 관한 손해평가
- 직전 손해평가일로부터 (　　)의 보험가입자간 상호 손해평가
- 자기가 실시한 손해평가에 대한 (　　) 및 (　　)

02 다음은 손해평가의 기본단계에 관한 내용이다. 괄호에 알맞은 내용을 순서대로 쓰시오.

재해보험에 가입한 보험가입자가 해당 농지에 자연재해 등 피해가 발생하면 보험에 가입했던 대리점(지역농협 등) 등 (①)에 사고접수를 한다. (①)은 (②)에게 사고접수 사실을 알리고 (②)는 (③)을 배정한다. (③)은 소속된 조사자를 빠르게 배정하여 (④)을 구성하고 해당 (④)은 신속하게 손해평가업무를 수행한다.
(④)은 (①)에 도착하여 계약 및 기본사항 등 서류를 검토하고 (⑤)를 받아 피해현장에 방문하여 보상하는 재해여부를 심사한다. 그리고 상황에 맞는 관련조사를 선택하여 실시한 후 조사결과를 보험가입자에게 안내하고 서명확인을 받아 전산입력 또는 대리점에게 (⑤)를 제출한다.

정답

01 답 : 1인 이상, 5인 이내, 손해평가인, 손해평가사, 손해사정사, 가입, 모집, 30일 이내, 검증조사, 재조사 끝

02 답 : ① 영업점, ② 재해보험사업자, ③ 조사기관, ④ 손해평가반, ⑤ 현지조사서 끝

제 2 장

농작물재해보험 손해평가

제1절 과수작물 손해평가 및 보험금 산정

제2절 논작물 손해평가 및 보험금 산정

제3절 밭작물 손해평가 및 보험금 산정

제4절 시설작물 손해평가 및 보험금 산정

제5절 농업수입보장방식의 손해평가 및 보험금 산정

제1절 과수작물 손해평가 및 보험금 산정 ❶

01 기출유형 확인하기

제1회 농작물재해보험 업무방법에서 정하는 특정위험방식 과수 품목에 관한 다음 조사방법에 관하여 서술하시오. (15점)

다음의 계약사항과 조사내용에 관한 누적감수과실수와 피해율을 구하시오. (20점)

제2회 다음의 조건에 따른 특정위험방식 사과 품목의 실제결과주수와 태풍(강풍)·집중호우 나무손해보장 특별약관에 의한 보험금을 구하시오. (5점)

다음의 계약사항과 조사내용으로 누적감수과실수와 피해율을 구하시오. (20점)

제3회 다음의 계약사항과 조사내용에 관한 적과후착과수를 산정한 후 누적감수과실수와 피해율을 구하시오. (15점)

제4회 특정위험방식 사과 품목의 적과종료 후부터 수확이전에 발생한 태풍(강풍), 지진, 집중호우, 화재피해의 낙과피해조사 관련 설명이다. 다음 (　)의 용어를 쓰시오. (5점)

아래 조건의 특정위험방식 배 품목의 과실손해보장 담보 계약의 적과전 봄동상해(4월 3일), 우박사고(5월 15일)를 입은 경우에 대한 각각의 감수과실수와 기준착과수를 구하시오. (5점)

다음의 계약사항과 조사내용으로 ① 적과후착과수, ② 누적감수과실수, ③ 피해율의 계산과정과 값을 각각 구하시오. (15점)

제5회 적과전 종합위험II 적과종료 이전 특정 5종위험 한정특약 사과 품목에서 적과전 우박피해사고로 피해사실 확인을 위해 표본조사를 실시하고자 한다. 과수원의 품종과 주수가 다음과 같이 확인되었을 때 아래의 표본조사값(① ~ ⑥)에 들어갈 표본주수, 나뭇가지 총수 및 유과 총수의 최솟값을 각각 구하시오. (5점)

다음의 계약사항과 조사내용에 따른 ① 착과감소보험금, ② 과실손해보험금, ③ 나무손해보험금을 구하시오. (15점)

제6회 다음의 계약사항과 조사내용을 참조하여 착과감소보험금을 구하시오. (5점)

제7회 적과전 종합위험방식(Ⅱ) 사과 품목에서 적과후착과수조사를 실시하고자 한다. 과수원의 현황(품종, 재배방식, 수령, 주수)이 다음과 같이 확인되었을 때 ①, ②, ③, ④에 대해서는 계산과정과 값을 쓰고, ⑤에 대해서는 산정식을 쓰시오. (5점)

착과감소보험금의 계산과정과 값을 쓰시오. (5점)

과실손해보험금의 계산과정과 값을 쓰시오. (5점)

나무손해보험금의 계산과정과 값을 쓰시오. (5점)

제8회 적과종료 이전 착과감소과실수의 계산과정과 값을 쓰시오. (5점)

적과종료 이후 착과손해 감수과실수의 계산과정과 값을 쓰시오. (5점)

적과종료 이후 낙과피해 감수과실수와 착과피해 인정개수의 계산과정과 합계값을 쓰시오. (5점)

제9회 적과전 종합위험방식 '떫은감' 품목이 적과 종료일 이후 태풍피해를 입었다. 다음 조건을 참조하여 물음에 답하시오. (5점)

물음 1) 낙엽률의 계산과정과 값(%)을 쓰시오. (2점)

물음 2) 낙엽률에 따른 인정피해율의 계산과정과 값(%)을 쓰시오. (3점)

02 기본서 내용 익히기

I 적과전 종합위험방식(사과, 배, 단감, 떫은 감)

특정 5종

태	지	집	화재	우	일	가

특정위험 7종

낙과피해 ← (태 ~ 일)

착과피해 → (우 ~ 가)

1 시기별 조사종류

생육시기	재해	조사내용	조사시기	조사방법	비고
보험계약 체결일 ~ 적과전	보상하는 재해 전부	피해사실 확인조사	사고접수 후 지체 없이	• 보상하는 재해로 인한 피해발생 여부 조사	피해사실이 명백한 경우 생략 가능
	우박		사고접수 후 지체 없이	• 우박으로 인한 유과(어린과실) 및 꽃(눈) 등의 타박비율 조사 • 조사방법 : 표본조사	적과종료 이전 특정위험 '5종 한정 보장 특약' 가입건에 한함
6월1일 ~ 적과전	태풍(강풍), 집중호우, 화재, 지진		사고접수 후 지체 없이	• 보상하는 재해로 발생한 낙엽피해 정도 조사 - 단감·떫은감에 대해서만 실시 • 조사방법 : 표본조사	
적과후	-	적과후착과수조사	적과 종료 후	• 보험가입금액의 결정 등을 위하여 해당 농지의 적과종료 후 총 착과 수를 조사 • 조사방법 : 표본조사	피해와 관계없이 전 과수원 조사

생육 시기	재해	조사내용	조사시기	조사방법	비고
적과후 ~ 수확기 종료	보상하는 재해	낙과피해 조사	사고접수 후 지체 없이	• 재해로 인하여 떨어진 피해과실수조사 - 낙과피해조사는 보험약관에서 정한 과실피해 분류기준에 따라 구분하여 조사 • 조사방법 : 전수조사 또는 표본 조사	
				• 낙엽률조사(우박 및 일소 제외) - 낙엽피해정도 조사 • 조사방법 : 표본조사	단감 · 떫은감
	우박, 일소, 가을동상해	착과피해 조사	착과피해 확인이 가능한 시기	• 재해로 인하여 달려있는 과실의 피해과실수조사 - 착과피해조사는 보험약관에서 정한 과실피해분류기준에 따라 구분하여 조사 • 조사방법 : 표본조사	
수확 완료 후 ~ 보험종기	보상하는 재해 전부	고사나무 조사	수확완료 후 보험 종기 전	• 보상하는 재해로 고사되거나 또는 회생이 불가능한 나무수를 조사 - 특약 가입 농지만 해당 • 조사방법 : 전수조사	수확완료 후 추가 고사나무가 없는 경우 생략 가능

※ 전수조사는 조사대상 목적물을 전부 조사하는 것을 말하며, 표본조사는 손해평가의 효율성 제고를 위해 재해보험사업자가 통계이론을 기초로 산정한 조사표본에 대해 조사를 실시하는 것을 말함

2 손해평가 현지조사방법

과수 4종(사과, 배, 단감, 떫은감) 현지조사 : 피해사실 확인조사, 적과후착과수조사, 낙과피해조사, 착과피해조사, 낙엽률조사, 고사나무조사

낙엽률조사	감 품목(단감, 떫은감)에 한하여 보상하는 손해로 잎에 피해가 있을 경우 조사한다.
유과타박률조사	적과전 '5종 한정 보장 특약' 가입 중 적과전 우박피해 시 조사한다.

1 피해사실 확인조사

(1) **조사대상** : 적과종료 이전 대상 재해로 사고접수 과수원 및 조사필요 과수원

(2) **대상 재해** : 자연재해, 조수해, 화재

(3) **조사시기** : 사고접수 직후 실시

(4) **조사방법** : 다음 각 목에 해당하는 사항을 확인한다(이하 「피해사실 "조사 방법" 준용」이라 함은 아래 1)과 동일한 방법으로 조사하는 것을 말함).

1) 보상하는 재해로 인한 피해 여부 확인

기상청 자료 확인 및 현지 방문 등을 통하여 보상하는 재해로 인한 피해가 맞는지 확인하며, 이에 대한 근거로 다음의 자료를 확보할 수 있다.

- 기상청 자료, 농업기술센터 의견서 등 재해 입증 자료
- 피해과수원 사진 : 과수원의 전반적인 피해 상황 및 세부 피해내용이 확인 가능하도록 촬영
- 단, 태풍 등과 같이 재해 내용이 명확하거나 사고접수 후 바로 추가조사가 필요한 경우 등에는 피해사실확인조사를 생략할 수 있다.

2) 나무피해 확인

가) 고사나무를 확인한다.

- 품종·재배방식·수령별 고사주수를 조사한다.
- 고사나무 중 과실손해를 보상하지 않는 경우가 있음에 유의한다.
- 보상하지 않는 손해로 고사한 나무가 있는 경우 미보상주수로 조사한다.

나) 수확불능나무를 확인한다.

- 품종·재배방식·수령별 수확불능주수를 조사한다.
- 보상하지 않는 손해로 수확불능 상태인 나무가 있는 경우 미보상주수로 조사한다.

다) 유실·매몰·도복·절단(1/2)·소실(1/2)·침수로 인한 피해나무를 확인한다(5종 한정 특약 가입건만 해당).

- 해당 나무는 고사주수 및 수확불능주수에 포함 여부와 상관없이 나무의 상태(유실·매몰·도복·절단(1/2)·소실(1/2)·침수)를 기준으로 별도로 조사한다.
- 단, 침수의 경우에는 나무별로 과실침수율을 곱하여 계산한다.

보충자료

〈침수 주수 산정방법〉

- 표본주는 품종·재배방식·수령별 침수피해를 입은 나무 중 가장 평균적인 나무로 1주 이상 선정한다.
- 표본주의 침수된 착과(화)수와 전체 착과(화)수를 조사한다.

- 과실침수율 $= \dfrac{\text{침수된 착과(화)수}}{\text{전체 착과(화)수}}$
- 전체 착과수 = 침수된 착과(화)수 + 침수되지 않은 착과(화)수
- 침수주수 = 침수피해를 입은 나무수 × 과실침수율

라) 피해규모 확인

- 조수해 및 화재 등으로 전체 나무 중 일부 나무에만 피해가 발생된 경우 실시한다.
- 피해대상주수(고사주수, 수확불능주수, 일부피해주수) 확인한다.

3) 유과타박률 확인('5종 한정 특약' 가입건의 우박피해 시 및 필요 시)

가) 적과종료 전의 착과된 유과 및 꽃눈 등에서 우박으로 피해를 입은 유과(꽃눈)의 비율을 표본조사 한다.

나) 표본주수는 조사대상 주수를 기준으로 품목별 표본주수표에 따라 표본주수를 선정한 후 조사용 리본을 부착한다. 표본주는 수령이나 크기, 착과과실수를 감안하여 대표성이 있는 표본주를 선택하고 과수원 내 골고루 분포되도록 한다. 선택된 표본주가 대표성이 없는 경우 그 주변의 나무를 표본주로 대체할 수 있으며 표본주의 수가 더 필요하다고 판단되는 경우 품목별 표본주수표의 표본주수 이상을 선정할 수 있다.

다) 선정된 표본주마다 동서남북 4곳의 가지에 각 가지별로 5개 이상의 유과(꽃눈 등)를 표본으로 추출하여 피해유과(꽃눈 등)와 정상 유과(꽃눈 등)의 개수를 조사한다(단, 사과, 배는 선택된 과(화)총당 동일한 위치(번호)의 유과(꽃)에 대하여 우박 피해 여부를 조사).

〈품목별 표본주(구간)수 표〉

해당 품목 : 사과, 배, 단감, 떫은감, 포도(수입보장 포함), 복숭아, 자두, 감귤(만감류), 밤, 호두, 무화과

조사대상주수	표본주수
50주 미만	5
50주 이상 100주 미만	6
100주 이상 150주 미만	7
150주 이상 200주 미만	8
200주 이상 300주 미만	9
300주 이상 400주 미만	10
400주 이상 500주 미만	11
500주 이상 600주 미만	12
600주 이상 700주 미만	13
700주 이상 800주 미만	14
800주 이상 900주 미만	15
900주 이상 1,000주 미만	16
1,000주 이상	17

라) 품목별 유과타박률 조사요령

〈사과, 배〉

선택된 과(화)총당 동일한 위치(번호)의 유과(꽃)에 대하여 우박피해 여부를 조사

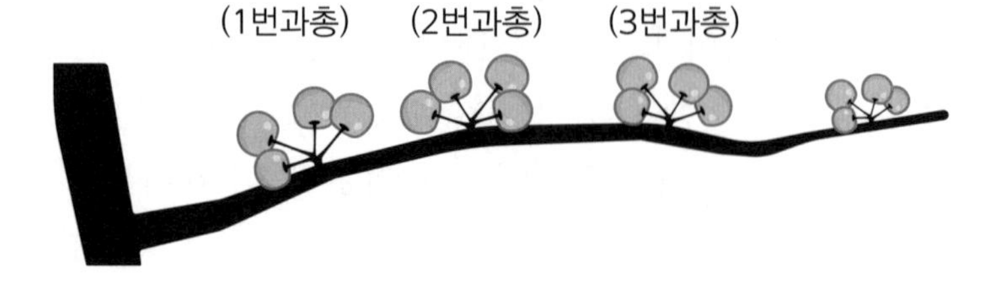

샘플유과를 2번 유과로 선택 시 과총별로 2번 유과만 선택하여 조사

〈단감, 떫은 감〉

선택된 유과(꽃)에 대하여 우박피해 여부를 조사

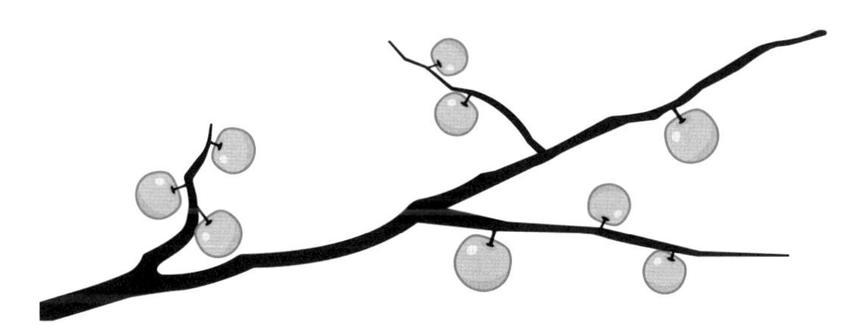

$$\text{유과타박률} = \frac{\text{표본주의 피해유과수 합계}}{\text{표본주의 피해유과수 합계} + \text{표본주의 정상유과수 합계}}$$

4) 낙엽률 확인(단감 또는 떫은감, 수확연도 6월 1일 이후 낙엽피해 시, 적과종료 이전 특정 '5종 한정 특약' 가입건)

① 조사대상주수 기준으로 품목별 표본주수표의 표본주수에 따라 주수를 산정한다.

② 표본주 간격에 따라 표본주를 정하고, 선정된 표본주에 조사용 리본을 묶고 동서남북 4곳의 결과지(신초, 1년생 가지)를 무작위로 정하여 각 가지별로 낙엽수와 착엽수를 조사하여 리본에 기재한 후 낙엽률을 산정한다(낙엽수는 잎이 떨어진 자리를 세는 것이다).

③ ②에서 선정된 표본주의 낙엽수가 보상하지 않는 손해(병해충 등)에 해당하는 경우 착엽수로 구분한다.

$$\text{낙엽률} = \frac{\text{표본주의 낙엽수 합계}}{\text{표본주의 낙엽수 합계} + \text{표본주의 착엽수 합계}}$$

5) 추가조사 필요 여부 판단

① 재해 종류 및 특별약관 가입 여부에 따라 추가 확인 사항을 조사함

② 적과종료 여부 확인(적과 후 착과수조사 이전 시)

③ 착과피해조사 필요 여부 확인(우박 피해 발생 시)

6) 미보상비율 확인

보상하는 손해 이외의 원인으로 인해 착과가 감소한 과실의 비율을 조사한다.

〈농작물재해보험 미보상비율 적용표(감자, 고추 제외 전품목)〉

구분	제초 상태	병해충 상태	기타
해당 없음	0%	0%	0%
미흡	10% 미만	10% 미만	10% 미만
불량	20% 미만	20% 미만	20% 미만
매우 불량	20% 이상	20% 이상	20% 이상

보충자료

〈미보상비율 보상〉

미보상비율은 보상하는 재해 이외의 원인이 조사 농지의 수확량 감소에 영향을 준 비율을 의미하여 1. 제초 상태, 2. 병해충 상태 및 3. 기타 항목에 따라 개별 적용한 후 해당 비율을 합산하여 산정한다.

1. 제초상태(과수 품목은 피해율에 영향을 줄 수 있는 잡초만 해당)

구분	내용
해당없음	잡초가 농지 면적의 20% 미만으로 분포한 경우
미흡	잡초가 농지 면적의 20% 이상 40% 미만으로 분포한 경우
불량	잡초가 농지 면적의 40% 이상 60% 미만으로 분포한 경우 또는 경작불능조사 진행건이나 정상적인 영농활동 시행을 증빙하는 자료(비료 및 농약 영수증 등)가 부족한 경우
매우 불량	잡초가 농지 면적의 60% 이상으로 분포한 경우 또는 경작불능조사 진행건이나 정상적인 영농활동 시행을 증빙하는 자료(비료 및 농약 영수증 등)가 없는 경우

2. 병해충상태(각 품목에서 별도로 보상하는 병해충은 제외)

해당없음	병해충이 농지 면적의 20% 미만으로 분포한 경우
미흡	병해충이 농지 면적의 20% 이상 40% 미만으로 분포한 경우
불량	병해충이 농지 면적의 40% 이상 60% 미만으로 분포한 경우 또는 경작불능조사 진행건이나 정상적인 영농활동 시행을 증빙하는 자료(비료 및 농약 영수증 등)가 부족한 경우
매우 불량	병해충이 농지 면적의 60% 이상으로 분포한 경우 또는 경작불능조사 진행 건이나 정상적인 영농활동 시행을 증빙하는 자료(비료 및 농약 영수증 등)가 없는 경우

3. 기타

영농기술 부족, 영농 상 실수 및 단순 생리장애 등 보상하는 손해 이외의 사유로 피해가 발생한 것으로 추정되는 경우 [해거리, 생리장애(원소결핍 등), 시비관리, 토양관리(연작 및 pH 과다·과소 등), 전정(강전정 등), 조방재배, 재식밀도(인수기준 이하), 농지상태(혼식, 멀칭, 급배수 등), 가입이전 사고 및 계약자 중과실손해, 자연감모, 보상재해이외(종자불량, 일부가입 등)]에 적용

해당없음	위 사유로 인한 피해가 없는 것으로 판단되는 경우
미흡	위 사유로 인한 피해가 10% 미만으로 판단되는 경우
불량	위 사유로 인한 피해가 20% 미만으로 판단되는 경우
매우 불량	위 사유로 인한 피해가 20% 이상으로 판단되는 경우

2 적과후착과수조사

(1) 조사대상 : 사고 여부와 관계없이 농작물재해보험에 가입한 사과, 배, 단감, 떫은감 품목을 재배하는 과수원 전체

(2) 조사시기 : 통상적인 적과 및 자연 낙과(떫은감은 1차 생리적 낙과) 종료 시점

통상적인 적과 및 자연낙과 종료 : 과수원이 위치한 지역(시군 등)의 기상여건 등을 감안하여 통상적으로 해당 지역에서 해당 과실의 적과가 종료되거나 자연낙과가 종료되는 시점을 말한다.

(3) 조사방법

1) 나무조사

① 실제결과주수 확인 : 품종별·재배방식별·수령별 실제결과주수를 확인

② 고사주수, 미보상주수, 수확불능주수 확인

품종별·재배방식별·수령별 고사주수, 미보상주수, 수확불능주수 확인

실제결과주수	가입일자를 기준으로 농지(과수원)에 식재된 모든 나무수(단, 인수조건에 따라 보험에 가입할 수 없는 나무(유목 및 제한 품종 등) 수는 제외)
고사주수	실제결과주수 중 보상하는 재해로 고사된 나무수
수확불능주수	실제결과주수 중 보상하는 손해로 전체 주지·꽃(눈) 등이 보험약관에 정하는 수준 이상 분리되었거나 침수되어, 보험기간 내 수확이 불가능하나 나무가 죽지는 않아 향후에는 수확이 가능한 나무수
미보상주수	실제결과주수 중 보상하는 재해 이외의 원인으로 수확량(착과량)이 현저하게 감소하거나 고사한 나무수
기수확주수	실제결과주수 중 조사일자를 기준으로 수확이 완료된 나무수
조사대상주수	실제결과주수에서 고사주수, 미보상주수 및 수확완료주수, 수확불능주수를 뺀 주수로 과실에 대한 표본조사의 대상이 되는 나무수

2) 적정표본주수 산정

① 조사대상주수 확인

품종별·재배방식별·수령별 실제결과주수에서 미보상주수, 고사주수, 수확불능주수를 빼고 조사대상주수를 계산한다.

② 조사대상주수 기준으로 품목별 표본주수표에 따라 과수원별 전체 적정표본주수를 산정한다.

③ 적정표본주수는 품종·재배방식·수령별 조사대상주수에 비례하여 배정하며, 품종·재배방식·수령별 적정표본주수의 합은 전체 표본주수보다 크거나 같아야 한다.

$$\text{적정표본주수} = \text{전체표본주수} \times \frac{\text{품종별 조사대상주수}}{\text{조사대상주수합}}$$

(소수점 이하 첫째 자리에서 올림)

〈사과 품목 품종·재배방식·수령별 적정표본주수 산정예시〉

품종	재배방식	수령	실제결과주수	미보상주수	고사주수	수확불능주수	조사대상주수	적정표본주수	적정표본주수 산정식
스가루	반밀식	10	100	0	0	0	100	3	12 × (100/550)
스가루	반밀식	20	200	0	0	0	200	5	12 × (200/550)
홍로	밀식	10	100	0	0	0	100	3	12 × (100/550)
부사	일반	10	150	0	0	0	150	4	12 × (150/550)
합계			550	0	0	0	550	15	-

※ 조사대상주수 550주, 전체표본주수 12주에 대한 적정표본주수 산출예시(소수점 첫째 자리에서 올림)

3) 표본주 선정 및 리본 부착

품종별·재배방식별·수령별 조사대상주수의 특성이 골고루 반영될 수 있도록 표본주를 선정 후 조사용 리본을 부착하고 조사내용 및 조사자를 기재한다.

〈표본주 선정〉

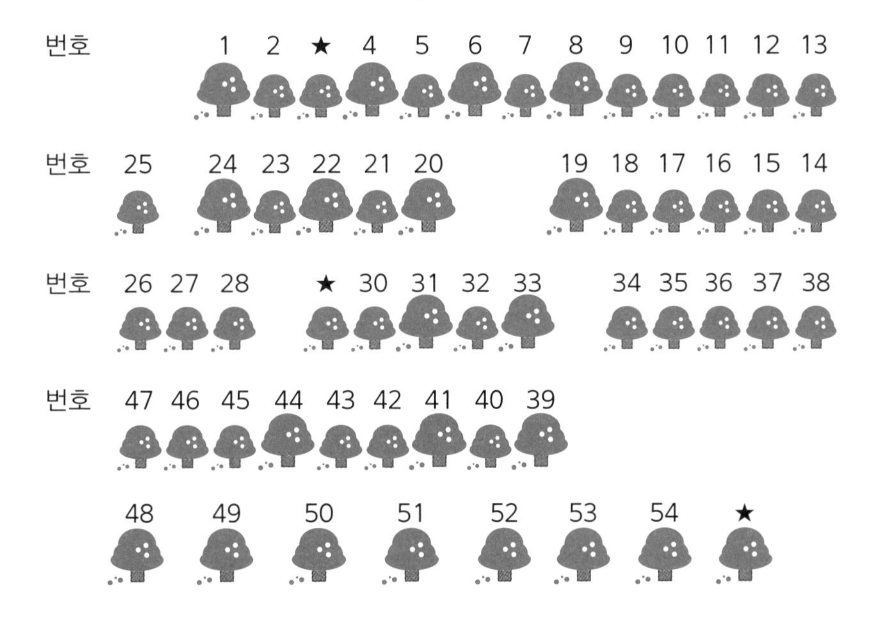

4) 조사 및 조사내용 현지조사서 등 기재

선정된 표본주의 품종, 재배방식, 수령 및 착과수(착과과실수)를 조사하고 현지조사서 및 리본에 조사내용을 기재한다.

5) 품종·재배방식·수령별 착과수 : 다음과 같이 산출한다.

$$\text{품종·재배방식·수령별 착과수} = \frac{\text{품종·재배방식·수령별 표본주의 착과수 합계}}{\text{품종·재배방식·수령별 표본주 합계}} \times \text{품종·재배방식·수령별 조사대상주수}$$

※ 품종·재배방식·수령별 착과수의 합계를 과수원별 「적과후착과수」로 함

6) 미보상비율 확인

보상하는 손해 이외의 원인으로 인해 감소한 과실의 비율을 조사한다.

3 낙과피해조사

(1) 조사대상 : 적과종료 이후 낙과사고가 접수된 과수원

(2) 대상 재해 : 태풍(강풍), 지진, 집중호우, 화재, 우박, 일소

(3) 조사시기 : 사고접수 직후 실시

(4) 조사방법

1) 보상하는 재해 여부 심사

과수원 및 작물 상태 등을 감안하여 보상하는 재해로 인한 피해가 맞는지 확인하며, 필요 시에는 이에 대한 근거자료를 확보한다.〈피해사실 확인조사 참고〉

2) 조사항목 결정

가) 주수조사

① 과수원 내 품종·재배방식·수령별 실제결과주수에서 고사주수, 수확불능주수, 미보상주수, 수확완료주수 및 일부침수주수(금번 침수로 인한 피해주수 중 침수로 인한 고사주수 및 수확불능주수는 제외한 주수)를 파악한다.

② 품종·재배방식·수령별 실제결과주수에서 고사주수, 수확불능주수, 미보상주수 및 수확완료주수를 빼고 조사대상주수(일부침수주수 포함)를 계산한다.

$$\text{조사대상주수} = \text{실제결과주수} - \text{고사주수} - \text{수확불능주수} - \text{미보상주수} - \text{수확완료주수}$$

③ 무피해나무 착과수조사 : 금번 재해로 인한 고시주수, 수확불능주수가 있는 경우에만 실시한다.

- 무피해나무는 고사나무, 수확불능나무, 미보상나무, 수확완료나무 및 일부침수나무를 제외한 나무를 의미한다.
- 품종·재배방식·수령별 무피해나무 중 가장 평균적인 나무를 1주 이상 선정하여 품종·재배방식·수령별 무피해나무 1주당 착과수를 계산한다. (단, 선정한 나무에서 금번 재해로 인해 낙과한 과실이 있는 경우에는 해당 과실을 착과수에 포함하여 계산한다.)
- 다만, 이전 실시한 (적과 후)착과수조사(이전 착과피해조사 시 실시한 착과수조사포함)의 착과수와 금차 조사 시의 착과수가 큰 차이가 없는 경우에는 별도의 착과수 확인 없이 이전에 실시한 착과수조사 값으로 대체할 수 있다.

④ 일부침수나무 침수착과수조사 : 금번 재해로 인한 일부 침수주수가 있는 경우에만 실시한다.

- 품종·재배방식·수령별 일부 침수나무 중 가장 평균적인 나무를 1주 이상 선정하여 품종·재배방식·수령별 일부 침수나무 1주당 침수착과수를 계산한다.

나) 낙과수조사 : 낙과수조사는 전수조사를 원칙으로 하며 전수조사가 어려운 경우 표본조사를 실시한다.

① 전수조사(조사대상주수의 낙과만 대상)

- 낙과수 전수조사 시에는 과수원 내 전체 낙과를 조사한다.
- 낙과수 확인이 끝나면 낙과 중 100개 이상을 무작위로 추출하고 과실분류에 따른 피해인정계수에 따라 구분하여 해당 과실 개수를 조사한다(단, 전체 낙과수가 100개 미만일 경우에는 해당 기준 미만으로도 조사 가능).

보충자료

〈과실분류에 따른 피해인정계수〉

복숭아 외 과실

과실분류	피해인정계수	비 고
정상과	0	피해가 없거나 경미한 과실
50%형 피해과실	0.5	일반시장에 출하할 때 정상과실에 비해 50% 정도의 가격하락이 예상되는 품질의 과실 (단, 가공공장공급 및 판매 여부와 무관)
80%형 피해과실	0.8	일반시장 출하가 불가능하나, 가공용으로 공급될 수 있는 품질의 과실 (단, 가공공장공급 및 판매 여부와 무관)
100%형 피해과실	1	일반시장 출하가 불가능하고, 가공용으로도 공급될 수 없는 품질의 과실

② 표본조사

- 조사대상주수를 기준으로 과수원별 전체 표본주수(품목별 표본주수표 참고)를 산정하되(다만 거대재해 발생 시 표본조사의 표본주수는 정해진 값의 1/2 만으로도 가능), 품종·재배방식·수령별 표본주수는 품종·재배방식·수령별 조사대상주수에 비례하여 산정한다.
- 조사대상주수의 특성이 골고루 반영될 수 있도록 표본나무를 선정하고, 표본나무별로 수관면적 내에 있는 낙과수를 조사한다.
- 낙과수 확인이 끝나면 낙과 중 100개 이상을 무작위로 추출하고 「과실분류에 따른 피해인정계수」에 따라 구분하여 해당 과실 개수를 조사한다. 단, 전체 낙과수가 100개 미만일 경우에는 해당 기준 미만으로도 조사 가능하다.

$$\text{낙과피해구성률} = \frac{(\text{100\%형 피해 과실수} \times 1) + (\text{80\%형 피해과실수} \times 0.8) + (\text{50\%형 피해과실수} \times 0.5)}{\text{100\%형 피해과실수} + \text{80\%형 피해과실수} + \text{50\%형 피해과실수} + \text{정상과실수}}$$

〈수관면적〉

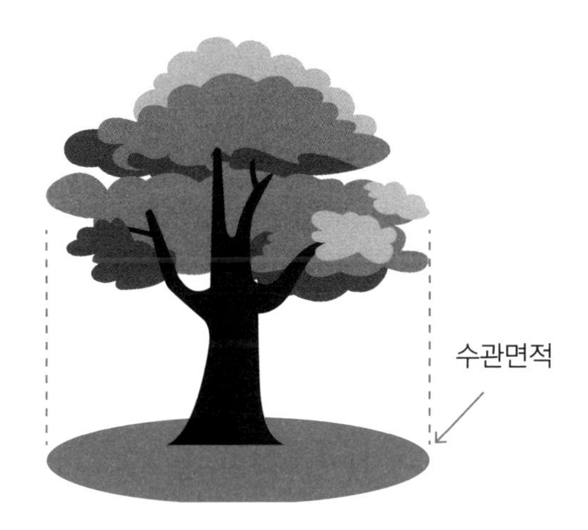

보충자료

〈사과 품목 "중생/홍로"에 대한 낙과피해 구성비율 산정예시〉

과실피해 구성비율(품종구분 여 ☑ / 부 □)

숙기/품종	정상	50%형	80%형	100%형	합계	피해구성비율
중생/홍로	40	30	10	20	100	43%

※ 품종 구분을 하지 않는 경우에는 합계 칸에만 피해구성비율을 표시

$$\text{낙과피해구성률} = \frac{(100\% \times 20) + (80\% \times 10) + (50\% \times 30)}{100} = 43\%$$

다) 낙엽률조사(단감, 떫은감에 한함, 우박·일소피해는 제외)

① 조사대상주수 기준으로 품목별 표본주수표의 표본주수에 따라 주수를 산정한다.

② 표본주 간격에 따라 표본주를 정하고, 선정된 표본주에 리본을 묶고 동서남북 4곳의 결과지(신초, 1년생 가지)를 무작위로 정하여 각 결과지 별로 낙엽수와 착엽수를 조사하여 리본에 기재한 후 낙엽률을 산정한다(낙엽수는 잎이 떨어진 자리를 센다).

③ 사고 당시 착과과실수에 낙엽률에 따른 인정피해율을 곱하여 해당 감수과실수로 산정한다.

품목	낙엽률에 따른 인정피해율 계산식
단감	(1.0115 × 낙엽률) − (0.0014 × 경과일수)
떫은감	0.9662 × 낙엽률 − 0.0703

※ 경과일수 : 6월 1일부터 낙엽피해 발생일까지 경과된 일수

※ 인정피해율의 계산 값이 0보다 적은 경우 인정피해율은 0으로 한다.

보충자료

〈가지별 낙엽 판단(예시)〉

1. 가지별 낙엽수·착엽수 산출방법

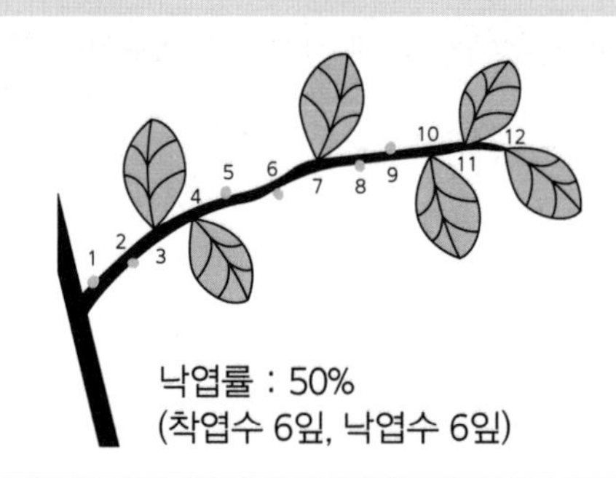

2. 태풍피해를 입었으나 착엽으로 보는경우

〈잎의 일부가 찢겨진 경우〉

〈잎의 50% 미만에서 꺾인 경우〉

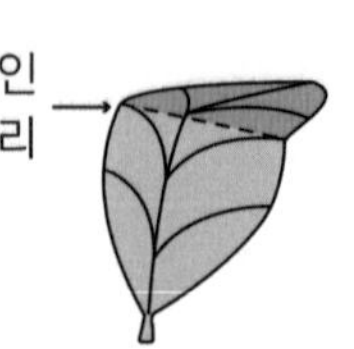

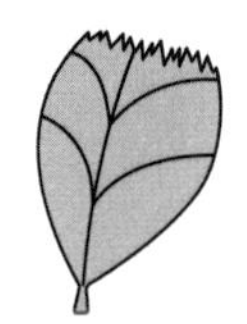

〈잎의 50% 미만에서 잘린 경우〉

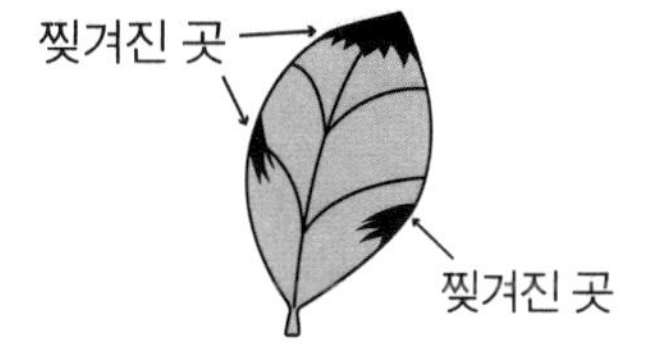

〈여러 곳이 찢어지고, 꺾이고, 잘렸으나 전체 대비 50% 미만인 경우〉

4 착과피해조사

(1) 조사대상 : 적과종료 이후 대상 재해로 사고접수된 과수원 또는 적과종료 이전 우박피해 과수원

(2) 대상 재해 : 우박, 일소피해, 가을동상해

(3) 조사시기 : 착과피해 확인이 가능한 시점 (수확전 대상 재해 발생 시 계약자는 수확개시 최소 10일 전에 보험가입 대리점으로 수확 예정일을 통보하고 최초 수확 1일 전에는 조사를 마친다.

(4) 조사방법

① 착과피해조사는 착과된 과실에 대한 피해 정도를 조사하는 것으로 해당 피해에 대한 확인이 가능한 시기에 실시하며, 대표품종(적과후착과수 기준 60% 이상 품종)으로 하거나 품종별로 실시할 수 있다.

② 착과피해조사에서는 가장 먼저 착과수를 확인하여야 하며, 이때 확인할 착과수는 적과후착과수조사와는 별개의 조사를 의미한다. 다만, 이전 실시한 (적과후)착과수조사(이전 착과피해조사 시 실시한 착과수조사 포함)의 착과수와 금차 조사 시의 착과피해 조사시점의 착과수가 큰 차이가 없는 경우에는 별도의 착과수 확인 없이 이전에 실시한 착과수조사 값으로 대체할 수 있다.

③ 착과수 확인은 실제결과주수에서 고사주수, 수확불능주수, 미보상주수 및 수확완료주수를 뺀 조사대상주수를 기준으로 적정 표본주수를 산정하며 이후 조사방법은 위 적과후착과수 조사방법과 같다.

④ 착과수 확인이 끝나면 수확이 완료되지 않은 품종별로 표본 과실을 추출한다. 이때 추출하는 표본과실수는 품종별 1주 이상(과수원당 3주 이상)으로 하며, 추출한 표본

과실을 「과실분류에 따른 피해인정계수」에 따라 품종별로 정상과, 50%형 피해과, 80%형 피해과 100%형 피해과로 구분하여 해당 과실 개수를 조사한다. 다만, 거대재해 등 필요 시에는 해당 기준 표본수의 1/2만 조사도 가능하다. 또한, 착과피해조사 시 따거나 수확한 과실은 계약자의 비용 부담으로 한다.

※ 이하 모든 조사시 사용한 과실은 계약자 부담으로 한다.

⑤ 조사 당시 수확이 완료된 품종이 있거나 피해가 경미하여 피해구성조사로 추가적인 감수가 인정되기 어려울 때에는 품종별로 피해구성조사를 생략 할 수 있다. 대표품종만 조사한 경우에는 품종별 피해상태에 따라 대표 품종의 조사결과를 동일하게 적용할 수 있다.

⑥ 다만, 일소피해의 경우 피해과를 수확기까지 착과시켜 놓을 경우 탄저병 등 병충해가 발생할 수 있으므로 착과피해조사의 방법이나 조사시기는 재해보험사업자의 시행지침에 따라 유동적일 수 있다.

〈착과피해조사 과실분류〉

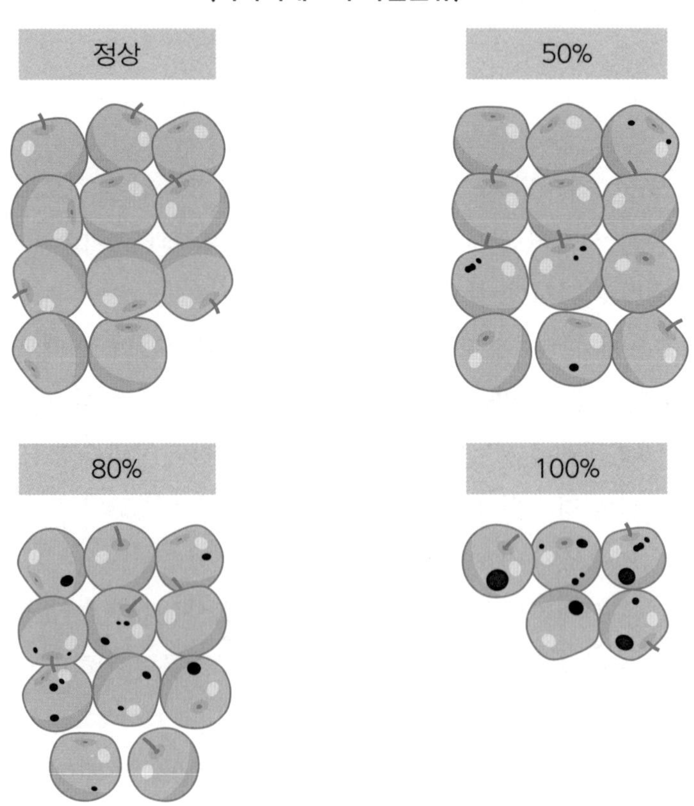

5 고사나무조사

(1) **조사대상** : 나무손해보장특약을 가입한 농지 중 사고가 접수된 모든 농지

(2) **대상 재해** : 자연재해, 조수해, 화재

(3) **조사시기** : 수확완료 후 나무손해보장 종료 직전

(4) **조사방법**

1) 고사나무조사 필요 여부 확인

① 수확완료 후 고사나무가 있는 경우에만 조사 실시

② 기조사(착과수조사 및 수확량조사 등) 시 확인된 고사나무 이외에 추가 고사나무가 없는 경우(계약자 유선 확인 등)에는 조사 생략 가능

2) 보상하는 재해로 인한 피해 여부 확인

보상하지 않는 손해로 고사한 나무가 있는 경우 미보상 고사주수로 조사한다(미보상 고사주수는 고사나무조사 이전 조사(적과후착과수조사, 착과피해조사 및 낙과피해조사)에서 보상하는 재해 이외의 원인으로 고사하여 미보상주수로 조사된 주수를 포함한다).

3) 고사주수조사

품종별·재배방식별·수령별로 실제결과주수, 수확완료 전 고사주수, 수확완료 후 고사주수 및 미보상 고사주수(보상하는 재해 이외의 원인으로 고사한 나무)를 조사한다.

구분	내용
수확완료 전 고사주수	고사나무조사 이전 조사(적과 후 착과수조사, 착과피해조사 및 낙과피해조사)에서 보상하는 재해로 고사한 것으로 확인 된 주수
수확완료 후 고사주수	보상하는 재해로 고사한 나무 중 고사나무조사 이전 조사에서 확인되지 않은 나무주수

3 보험금 산정방법 및 지급기준

적과전 종합위험방식의 보험금 ❶ 적과이전의 사고를 보상하는 착과감소보험금, ❷ 적과이후의 사고를 보상하는 과실손해보험금

1 적과전 종합위험방식(사과, 배, 단감, 떫은감)의 보험금 산정

(1) 기준수확량의 산정

1) 기준착과수 : 보험금 지급에 기준이 되는 과실 수(數)

기준착과수 = 적과후착과수 + 착과감소과실수

① 적과종료 전에 인정된 착과감소과실수가 없는 과수원
적과후착과수를 기준착과수로 한다. 다만, 적과 후 착과수조사 이후의 착과수가 적과후 착과수보다 큰 경우에는 착과수를 기준착과수로 할 수 있다.

② 적과종료 전에 인정된 착과감소과실수가 있는 과수원
위 항에서 조사된 적과후착과수에 해당 착과감소과실수를 더하여 기준착과수로 한다.

2) 기준수확량 : 기준수확량은 기준착과수에 가입과중을 곱하여 산출한다.

기준수확량 = 기준착과수 × 가입과중

가입과중은 보험에 가입할 때 결정한 과실의 1개당 평균 과실 무게를 말한다. 한 과수원에 다수의 품종이 혼식된 경우에도 품종과 관계없이 동일하다.

(2) 감수량의 산정

1) 적과종료 이전 착과감소량

가) 착과감소과실수 산출

재해보험사업자는 보험사고가 발생할 때 피해조사를 실시하여 피해사실이 확인되면 아래와 같이 착과감소과실수를 산출한다. 다만, 우박으로 인한 착과피해는 수확전에 착과를 분류하고, 이에 과실분류에 따른 피해인정계수를 적용하여 감수과실수를 별도로 산출(이하 "착과감수과실수 산정방법"이라 한다)하여 적과 후 보상하는 재해로 발생하는 감수과실수에 합산한다.

착과감소과실수 = 최솟값(평년착과수 − 적과후착과수, 최대인정감소과실수)

나) 착과감소량 : 착과감소량은 착과감소과실수에 가입과중을 곱하여 산출한다.

착과감소량 = 착과감소과실수 × 가입과중

다) 가입과중 : 보험에 가입할 때 결정한 과실의 1개당 평균 과실 무게를 말한다. 한 과수원에 다수의 품종이 혼식된 경우에도 품종과 관계없이 동일하다.

라) 피해사실 확인조사 : 모든 사고가 "피해규모가 일부"인 경우만 해당하며, 착과감소량이 최대인정감소량을 초과하는 경우에는 최대인정감소량을 착과감소량으로 한다.

- 최대인정감소량 = 평년착과량 × 최대인정피해율
- 최대인정감소과실수 = 평년착과수 × 최대인정피해율
- 최대인정피해율 = $\frac{\text{피해대상주수(고사주수, 수확불능주수, 일부피해주수)}}{\text{실제결과주수}}$

※ 해당 사고가 2회 이상 발생한 경우에는 사고별 피해대상주수를 누적하여 계산

- 착과감소과실수 = 최솟값(평년착과수 − 적과후착과수, 최대인정감소과실수)

마) 적과종료 이전 최대인정감소량('5종 한정 특약' 가입건만 해당)

① '5종 한정 특약' 가입건에 적용되며, 착과감소량이 최대인정감소량을 초과하는 경우에는 최대인정감소량을 착과감소량으로 한다.

- 착과감소과실수 = 최솟값(평년착과수 − 적과후착과수, 최대인정감소과실수)
- 최대인정감소량 = 평년착과량 × 최대인정피해율
- 최대인정감소과실수 = 평년착과수 × 최대인정피해율

※ 최대인정피해율은 아래 산정된 값 중 큰 값으로 한다.

② 나무피해 : 유실, 매몰, 도복, 절단(1/2), 소실(1/2), 침수주수를 실제결과주수로 나눈 값

침수주수 = 침수피해를 입은 나무수 × 과실침수율

③ 우박피해에 따른 유과타박률

④ 낙엽률에 따른 인정피해율 : 단감, 떫은감에 한하여 6월 1일부터 적과종료 이전까지 태풍(강풍)·집중호우·화재·지진으로 인한 낙엽피해가 발생한 경우 낙엽률을 조사하여 산출한 낙엽률에 따른 인정피해율

2) 적과종료 이전 자연재해로 인한 적과종료 이후 착과손해 감수량

① 재해보험사업자는 적과종료 이전 보상하는 손해 '자연재해'로 인하여 보험의 목적에 피해가 발생하고 착과감소과실수가 존재하는 경우에는 아래와 같이 착과손해 감수과실수를 산출한다.

적과후착과수가 평년착과수의 60%미만인 경우	감수과실수 = 적과후착과수 × 5%
적과후착과수가 평년착과수의 60%이상 100%미만인 경우	감수과실수 = 적과후착과수 × 5% × $\frac{100\% - 착과율}{40\%}$ ※ 착과율 = 적과후착과수 ÷ 평년착과수

② 적과종료 이전 자연재해로 인한 적과종료 이후 착과손해 감수량은 착과손해 감수과실수에 가입과중을 곱하여 산출한다.

착과손해 감수량 = 착과손해 감수과실수 × 가입과중

③ 본 감수량은 보험약관 중 2019년부터 변경된 적과전 종합위험방식에 적용하며 '5종 한정 특약'에 가입한 경우에는 인정하지 않는다. → 종합일때만 인정한다.

3) 적과종료 이후 감수량

재해보험사업자는 보험사고가 발생할 때마다 피해사실 확인과 재해별로 아래와 같은 조사를 실시하여 감수과실수를 산출한다.

가) 태풍(강풍), 지진, 집중호우, 화재

낙과손해	낙과를 분류하고, 이에 과실분류에 따른 피해인정계수를 적용하여 감수 과실수를 산출(이하 "낙과 감수과실수 산출방법"이라 한다)한다.
침수손해	조사를 통해 침수 나무의 평균 침수 착과수를 산정하고, 이에 침수 주수를 곱하여 감수 과실수를 산출한다.
나무의 유실·매몰·도복·절단 손해	조사를 통해 무피해 나무의 평균 착과수를 산정하고, 이에 유실·매몰·도복·절단된 주수를 곱하여 감수과실수를 산출한다.

소실손해	조사를 통해 무피해 나무의 평균 착과수를 산정하고, 이에 소실된 주수를 곱하여 감수과실수를 산출한다.
착과손해(사과, 배에 한함)	「낙과손해」에 의해 결정된 낙과 감수과실수의 7%를 감수과실수로 한다.

나) 우박

착과손해	수확전에 착과 감수과실수 산정방법에 따라 산출한다.
낙과손해	낙과 감수과실수 산출 방법에 따라 산출한다.

다) 낙엽피해 (단감·떫은감에 한함)

보험기간 적과종료일 이후부터 당해연도 10월까지 태풍(강풍)·집중호우·화재·지진으로 인한 낙엽피해가 발생한 경우 조사를 통해 착과수와 낙엽률을 산출하며, 낙엽률에 따른 인정피해율에서 기발생 낙엽률에 따른 인정피해율의 최대값을 차감하고 착과수를 곱하여 감수과실수를 산출한다.

품목	인정피해율
단감	인정피해율 = 1.0115 × 낙엽률 − 0.0014 × 경과일수 ※ 경과일수 : 6월1일부터 낙엽피해 발생일까지 경과된 일수
떫은감	인정피해율 = 0.9662 × 낙엽률 − 0.0703

※ 인정피해율의 계산 값이 0보다 적은 경우 인정피해율은 0으로 한다.

라) 가을동상해

착과손해 : 피해과실을 분류하고, 이에 과실분류에 따른 피해인정계수를 적용하여 감수과실수를 산출한다. 이때 단감·떫은감의 경우 잎 피해가 인정된 경우에는 정상과실의 피해인정계수를 아래와 같이 변경하여 감수과실수를 산출한다.

피해인정계수 = 0.0031 × 잔여일수

※ 잔여일수 : 사고발생일부터 가을동상해 보장종료일까지 일자 수

마) 일소피해

일소피해로 인한 감수과실수는 보험사고 한 건당 적과 후 착과수의 6%를 초과하는 경우에만 감수과실수로 인정한다.

착과손해	피해과실을 분류하고, 이에 과실분류에 따른 피해인정계수를 적용하여 감수 과실수를 산출한다.
낙과손해	낙과를 분류하고, 이에 과실분류에 따른 피해인정계수를 적용하여 감수 과실수를 산출한다.

바) 재해보험사업자 : 감수과실수의 합계로 적과종료 이후 감수과실수를 산출한다. 다만, 일소·가을동상해로 발생한 감수과실수는 부보장 특별약관을 가입한 경우에는 제외한다.

사) 적과종료 이후 감수량 : 적과종료 이후 감수 과실수에 가입과중을 곱하여 산출한다.

적과종료 이후 감수량 = 적과종료 이후 감수 과실수 × 가입과중

아) 재해보험사업자 : 하나의 보험사고로 인해 산정된 감수량은 동시 또는 선·후차적으로 발생한 다른 보험사고의 감수량으로 인정하지 않는다.

자) 보상하는 재해가 여러 차례 발생하는 경우 : 금차사고의 조사값(낙엽률에 따른 인정피해율, 착과피해구성률, 낙과피해구성률)에서 기사고의 조사값(낙엽률에 따른 인정피해율, 착과피해구성률) 중 최고값(MaxA)을 제외하고 감수과실수를 산정한다.

차) 누적감수과실수(량) : 기준착과수(량)를 한도로 한다.

(3) 착과감소보험금의 계산

적과종료 이전 보상하는 재해로 인하여 보험의 목적에 피해가 발생하고 착과감소량이 자기부담감수량을 초과하는 경우, 재해보험사업자가 지급할 보험금은 아래에 따라 계산한다.

(착과감소량 − 미보상감수량 − 자기부담감수량) × 가입가격 × 보장수준(50%, 70%)

1) 미보상감수량

미보상감수량은 보상하는 재해 이외의 원인으로 인하여 감소되었다고 평가되는 부분을 말하며, 계약 당시 이미 발생한 피해, 병해충으로 인한 피해 및 제초상태 불량 등으로 인한 수확감소량으로써 감수량에서 제외된다.

2) 자기부담감수량

자기부담감수량은 기준수확량에 자기부담비율을 곱한 양으로 한다.

자기부담감수량 = 기준수확량 × 자기부담비율
= (기준착과수 × 가입과중) × 자기부담비율
= (적과후착과수 + 착과감소과실수) × 가입과중 × 자기부담비율
※ 기준수확량 = 기준착과수 × 가입과중
※ 기준착과수 = 적과후착과수 + 착과감소과실수

① 자기부담비율은 계약할 때 계약자가 선택한 자기부담비율로 한다.
② 보장 수준(50%, 70%) : 계약할 때 계약자가 선택한 보장 수준으로 한다.

(4) 과실손해보험금의 계산

적과종료 이후 누적감수량이 자기부담감수량을 초과하는 경우, 재해보험사업자가 지급할 보험금은 아래에 따라 계산한다.

(적과종료 이후 누적감수량 − 자기부담감수량) × 가입가격

1) 적과종료 이후 누적감수량 : 보장종료 시점까지 산출된 감수량을 누적한 값으로 한다.
2) 자기부담감수량 : 기준수확량에 자기부담 비율을 곱한 양으로 한다. 다만, 착과감소량이 존재하는 경우에는 착과감소량에서 적과종료 이전에 산정된 미보상감수량을 뺀 값을 자기부담감수량에서 제외한다. 이때 자기부담감수량은 0보다 작을 수 없다.

• 자기부담감수량 = 기준수확량 × 자기부담비율
= (기준착과수 × 가입과중) × 자기부담비율
= (적과후착과수 + 착과감소과실수) × 가입과중 × 자기부담비율
※ 적과종료 이전 착과감소량이 존재하는 경우
• 자기부담감수량 = [{(적과후착과수 + 착과감소과실수) × 가입과중 × 자기부담비율} − (착과감소량 − 적과종료 이전에 산정된 미보상감수량)] ≥ 0

(5) 보험금의 지급한도

계산한 보험금이 「보험가입금액 × (1 − 자기부담비율)」을 초과하는 경우에는 「보험가입금액 × (1 − 자기부담비율)」을 보험금으로 한다(단, 보험가입금액은 감액한 경우에는 감액 후 보험가입금액으로 한다).

〈적과전 종합위험방식의 보험금산정〉

적과전 종합위험 보험금산정 개념정리 / 적과종료 전 착과감소가 있는 경우

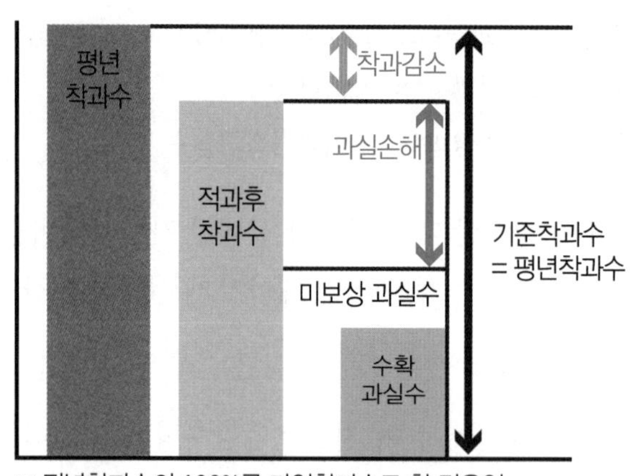

※ 평년착과수의 100%를 가입착과수로 한 경우임

적과전 종합위험 보험금산정 개념정리 / 적과종료 전 착과감소가 없는 경우

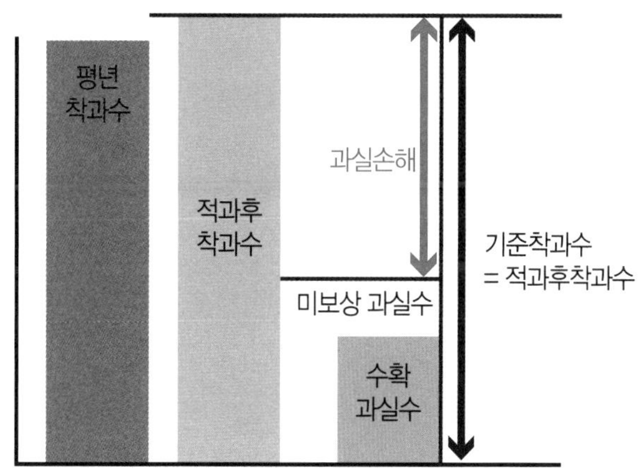

※ 평년착과수의 100%를 가입착과수로 한 경우임

2 나무손해보장 (특약) 보험금 산정

① 보험기간 내에 보상하는 재해로 인한 피해율이 자기부담비율을 초과하는 경우 아래와 같이 계산한 보험금을 지급한다.

② 지급보험금은 보험가입금액에 피해율에서 자기부담비율을 차감한 값을 곱하여 산정하며, 피해율은 피해주수(고사된 나무)를 실제결과주수로 나눈 값으로 한다.

지급보험금 = 보험가입금액 × (피해율 − 자기부담비율)
※ 피해율 = 피해주수(고사된 나무) ÷ 실제결과주수

※ 자기부담비율은 5%로 한다.

03 핵심내용 정리하기

1 착과감소보험금

착과감소보험금 = (1 착과감소량 − 2 미보상감수량 − 3 자기부담감수량) × 4 가입가격 × 5 보장수준(50%, 70%))

1 착과감소량

착과감소량 = 착과감소과실수 × 가입과중

(1) 착과감소과실수

1) [종합] 자연재해, 조수해, 화재

착과감소과실수 = 평년착과수 − 적과후착과수

2) [종합] "피해규모 일부"인 사고만 있는 경우

착과감소과실수 = 최솟값(평년착과수 − 적과후착과수, 평년착과수 × 최대인정피해율)

※ 최대인정피해율 = 피해대상주수(고사주수, 수확불능주수, 일부피해주수) ÷ 실제결과주수

3) [5종] 태풍(강풍), 지진, 집중호우, 화재, 우박

착과감소과실수 = 최솟값(평년착과수 − 적과후착과수, 평년착과수 × 최대인정피해율)

최대인정피해율 = 가) 나무피해율, 낙엽률에 따른 나) 인정피해율, 우박피해에 따른 다) 유과타박률 중 가장 큰 값

가) 나무피해율(누적)

- 나무피해율(누적) = (유실, 매몰, 도복, 절단(1/2), 소실(1/2), 침수주수) ÷ 실제결과주수
- 침수주수 = 침수피해를 입은 나무수 × 과실침수율[=침수된착과(화)수/전체착과(화)수]

나) 인정피해율(Max)

- 〈단감〉 인정피해율(Max) = (1.0115 × 낙엽률) − (0.0014 × 경과일수)
- 〈떫은감〉 인정피해율(Max) = 0.9662 × 낙엽률 − 0.0703
- 낙엽률 = 표본주의 낙엽수 합계 / (표본주의 낙엽수 합계 + 표본주의 착엽수 합계)
- 경과일수 = 6월 1일부터 낙엽피해 발생일까지 경과된 일수

다) 유과타박률(Max)

유과타박률(Max) = 표본주의 피해유과수 합계 / (표본주의 피해유과수 합계 + 표본주의 정상유과수 합계)

2 미보상감수량

미보상감수량 = (착과감소과실수 × max미보상비율 + 미보상주수 × 주당평년착과수) × 가입과중
= 착과감소량×max미보상비율 + 미보상주수×주당평년착과수×가입과중

3 자기부담감수량

자기부담감수량 = 기준수확량 × 자기부담비율 = (기준착과수×가입과중)×자기부담비율
= (적과후착과수 + 착과감소과실수) × 가입과중 × 자기부담비율

4 가입가격

(문제조건)

5 보장수준(50%, 70%) : 계약할 때 계약자가 선택

50%형	임의선택 가능
70%형	최근 3년간 연속 보험가입 과수원으로 누적 적과전 손해율 100% 미만인 경우에만 선택 가능하다.

2 과실손해보험금

과실손해보험금
= (1 적과종료 이후 누적감수량 − 2 자기부담감수량) × 3 가입가격

1 적과종료 이후 누적감수량

적과종료 이후 누적감수량 = 누적감수과실수 × 가입과중

(1) 누적감수과실수

핵심포인트 5가지 (종자착, ×1.07, 0.0031, 일소적6%초과)

❶ 종자가 착한 아이들 챙겨줄 것
❷ 사과, 배 + 태지집에 화재나면 ×1.07
❸ '잎 50% 이상 고사 피해'인 경우, 착피율에 "정상과실수 × 0.0031 × 잔여일수"감안해주어야 하는 것
❹ 일소피해과실수(낙과 + 착과)는 사고당 적과후착과수의 6%를 초과하는 경우에만 감수과실수로 인정하는 것

〈공통사항〉

- Max A : 금차 사고전 기조사된 착과피해구성률 또는 인정피해율 중 최댓값을 말함
- "(해당 과실의 피해구성률 − Max A)"의 값이 영(0)보다 작은 경우 : 금차 감수과실수는 영(0)으로 함

정리노트

1) 종자가 착한 아이들 챙겨줄 것

구분		내용
적과종료 이전 사과, 배, 단감, 떫은감	❶ 종자착 적과종료 이전 종합 자연재해 착과손해 maxA	〈종합〉 적과종료 이전 자연재해로 인한 적과종료 이후 착과손해 감수과실수 ▶ 적과후착과수가 평년착과수의 60%미만인 경우, 감수과실수 = 적과후착과수 × 5% ▶ 적과후착과수가 평년착과수의 60%이상 100%미만인 경우, $감수과실수 = 적과후착과수 \times 5\% \times \frac{100\% - 착과율}{40\%}$ ※ 착과율 = 적과후착과수 ÷ 평년착과수 ※ 상기 계산된 감수과실수는 적과종료 이후 누적감수량에 합산하며, 적과종료 이후 착과피해율(Max A 적용)로 인식

정리노트

2) 사과, 배 + 태지집에 화재나면 ×1.07

<table>
<tr><th colspan="3">구분</th><th>내용</th></tr>
<tr><td rowspan="5">적과
종료
이후

사과, 배</td><td rowspan="2">태풍
(강풍)
지진
집중호우
화재</td><td>❷×1.07
낙과피해
조사</td><td>▶ 낙과손해(전수조사) : 총낙과과실수 × (낙과피해구성률 − Max A) × 1.07
▶ 낙과손해(표본조사) : (낙과과실수 합계 / 표본주수) × 조사대상주수 × (낙과피해구성률 − Max A) × 1.07
※ 낙과 감수과실수의 7%를 착과손해로 포함하여 산정</td></tr>
<tr><td>나무피해
조사</td><td>▶ 나무의 고사 및 수확불능손해
• (고사주수 + 수확불능주수) × 무피해 나무 1주당 평균 착과수 × (1 − Max A)
▶ 나무의 일부침수손해
• (일부침수주수 × 일부침수나무 1주당 평균 침수 착과수) × (1 − Max A)</td></tr>
<tr><td rowspan="2">우박</td><td>낙과피해
조사</td><td>▶ 낙과손해(전수조사) : 총낙과과실수 × (낙과피해구성률 − Max A)
▶ 낙과손해(표본조사) : (낙과과실수 합계 / 표본주수) × 조사대상주수 × (낙과피해구성률 − Max A)</td></tr>
<tr><td>착과피해
조사</td><td>▶ 사고당시 착과과실수 × (착과피해구성률 − Max A)</td></tr>
<tr><td>가을동상해</td><td>착과피해
조사</td><td>▶ 사고당시 착과과실수 × (착과피해구성률 − Max A)</td></tr>
</table>

정리노트

3) 잎 피해 인정 시 착피율에 "정상과실수 × 0.0031 × 잔여일수"감안해주어야 하는 것

<table>
<tr><th colspan="3">구분</th><th>내용</th></tr>
<tr><td>적과 종료 이후

단감, 떫은 감</td><td>가을동상해</td><td>❸
0.0031

착과 피해 조사</td><td>▶ 착과손해
• 사고당시 착과과실수 × (착과피해구성률 − Max A)
※ 단, '잎 50% 이상 고사 피해'인 경우에는 착과피해구성률을 아래와 같이 적용함
• 착과피해구성률
$\frac{(정상과실수 \times 0.0031 \times 잔여일수)+(50\%형\ 피해과실수 \times 0.5)+(80\%형\ 피해과실수 \times 0.8)+(100\%형\ 피해과실수 \times 1)}{정상과실수 + 50\%형\ 피해과실수 + 80\%형\ 피해과실수 + 100\%형\ 피해과실수}$
※ 잔여일수 : 사고발생일부터 예정수확일(가을동상해 보장종료일 중 계약자가 선택한 날짜)까지 남은 일수</td></tr>
</table>

※ 착과피해구성률

(정상과실수 × 0.0031 × 잔여일수) + (50%형 피해과실수 × 0.5) + (80%형 피해과실수 × 0.8) + (100%형 피해과실수 × 1) / 정상과실수 + 50%형 피해과실수 + 80%형 피해과실수 + 100%형 피해과실수

정리노트

4) 일소피해과실수(낙과 + 착과)는 사고당 적과후착과수의 6%를 초과하는 경우에만 감수과실수로 인정하는 것

구분			내용
적과 종료 이후 사과, 배, 단감, 떫은감	일소 피해	❹ 일소적 6%초과 낙과·착과 피해 조사	▶ 낙과손해 (전수조사 시) : 총낙과과실수 × (낙과피해구성률 − Max A) ▶ 낙과손해 (표본조사 시) : (낙과과실수 합계 ÷ 표본주수) × 조사대상주수 × (낙과피해구성률 − Max A) ▶ 착과손해 • 사고당시 착과과실수 × (착과피해구성률 − Max A) ▶ 일소피해과실수 = 낙과손해 + 착과손해 • 일소피해과실수가 보험사고 한 건당 적과후착과수의 6%를 초과하는 경우에만 감수과실수로 인정 • 일소피해과실수가 보험사고 한 건당 적과후착과수의 6% 이하인 경우에는 해당 조사의 감수과실수는 영(0)으로 함

보충자료

〈용어 및 관련 산식〉

<table>
<tr><td rowspan="4">사과
·
배
·
단감
·
떫은감</td><td>나무
피해
조사</td><td>• 과실침수율 = $\frac{\text{침수꽃(눈)·유과수의 합계}}{\text{침수꽃(눈)·유과수의 합계 + 미침수꽃(눈)·유과수의 합계}}$
• 나무피해 시 품종·재배방식·수령별 주당 평년착과수
= (전체 평년착과수 × $\frac{\text{품종·재배방식·수령별 표준수확량합계}}{\text{전체표준수확량 합계}}$)
÷ 품종·재배방식·수령별 실제결과주수
※ 품종·재배방식·수령별로 구분하여 산식에 적용</td></tr>
<tr><td>피해
구성
조사</td><td>• 피해구성률
= $\frac{\text{(100\%형 피해과실수×1) + (80\%형 피해과실수×0.8) + (50\%형 피해과실수×0.5)}}{\text{100\%형피해과실수 + 80\%형 피해과실수 + 50\%형 피해과실수 + 정상과실수}}$
※ 착과 및 낙과피해조사에서 피해구성률 산정시 적용</td></tr>
<tr><td>착과
피해
조사</td><td>• "사고당시 착과과실수"는 "적과후착과수 − 총낙과과실수 − 총적과종료 후 나무피해과실수 − 총 기수확과실수" 보다 클 수 없음</td></tr>
<tr><td>적과후
착과수
조사</td><td>• 품종·재배방식·수령별 착과수
= ($\frac{\text{품종·재배방식·수령별 표본주의 착과수 합계}}{\text{품종·재배방식·수령별표본주 합계}}$)
× 품종·재배방식·수령별 조사대상주수
※ 품종·재배방식·수령별 착과수의 합계를 과수원별 『적과후착과수』로 함</td></tr>
</table>

2 자기부담감수량

자기부담감수량 = {(적과후착과수 + 착과감소과실수) × 가입과중 × 자기부담비율} − (착과감소량 − 적과종료 이전에 산정된 미보상감수량)} ≥ 0

3 가입가격

(문제조건)

3 지급한도 체크

$$\text{지급보험금} = \text{Min}\{\text{계산된 보험금}, \text{보험가입금액} \times (1 - \text{자기부담비율})\}$$

※ 보험금의 지급한도에 따라 보험금이 보험가입금액 × (1 − 자기부담비율)을 초과하는 경우에는 보험가입금액 × (1 − 자기부담비율)을 보험금으로 한다(단, 보험가입금액은 감액한 경우에는 감액 후 보험가입금액으로 한다).

정리노트

04 워크북으로 마무리하기

01 계약사항과 조사내용을 참조하여 다음 물음에 답하시오. (15점)

〈계약사항〉

상품명	특약 및 주요사항	평년착과수	가입과중
적과전종합위험방식 배 품목	• 나무손해보장 특약 • 착과감소 50%선택	100,000개	450g

가입가격	가입주수	자기부담률	
1,200원/kg	750주	과실	10%
		나무	5%

※ 나무손해보장특약의 보험가입금액은 1주당 10만 원 적용

〈조사내용〉

<table>
<tr><th>구분</th><th>재해
종류</th><th>사고
일자</th><th>조사
일자</th><th>조사내용</th></tr>
<tr><td>계약일
24시
~
적과전</td><td>우박</td><td>5월
30일</td><td>5월
31일</td><td>〈피해사실확인조사〉
• 피해발생인정
• 미보상비율: 0%</td></tr>
<tr><td>적과후
착과수
조사</td><td colspan="2">-</td><td>6월
10일</td><td>〈적과후착과수조사〉
<table>
<tr><th>품종</th><th>실제결과
주수</th><th>조사대상
주수</th><th>표본주
1주당 착과수</th></tr>
<tr><td>화산</td><td>390주</td><td>390주</td><td>60개</td></tr>
<tr><td>신고</td><td>360주</td><td>360주</td><td>90개</td></tr>
</table>
※ 화산, 신고는 배의 품종임</td></tr>
</table>

<table>
<tr><th>구분</th><th>재해
종류</th><th>사고
일자</th><th>조사
일자</th><th colspan="5">조사내용</th></tr>
<tr><td rowspan="9">적과
종료
이후</td><td rowspan="4">태풍</td><td rowspan="4">9월
1일</td><td rowspan="4">9월
2일</td><td colspan="5">〈낙과피해조사〉</td></tr>
<tr><td colspan="5">• 총낙과과실수: 4,000개(전수조사)</td></tr>
<tr><td>피해과실구성</td><td>정상</td><td>50%</td><td>80%</td><td>100%</td></tr>
<tr><td>과실수(개)</td><td>1,000</td><td>0</td><td>2,000</td><td>1,000</td></tr>
<tr><td rowspan="2">조수해</td><td rowspan="2">9월
18일</td><td rowspan="2">9월
20일</td><td colspan="5">〈나무피해조사〉</td></tr>
<tr><td colspan="5">• 화산 30주, 신고 30주 조수해로 고사</td></tr>
<tr><td rowspan="3">우박</td><td rowspan="3">5월
30일</td><td rowspan="3">10월
1일</td><td colspan="5">〈착과피해조사〉</td></tr>
<tr><td>피해과실구성</td><td>정상</td><td>50%</td><td>80%</td><td>100%</td></tr>
<tr><td>과실수(개)</td><td>50</td><td>10</td><td>20</td><td>20</td></tr>
</table>

※ 적과 이후 자연낙과 등은 감안하지 않으며, 무피해나무의 평균착과수는 적과후착과수의 1주당 평균착과수와 동일한 것으로 본다.

(1) 착과감소보험금의 계산과정과 값을 쓰시오. (5점)

(2) 과실손해보험금의 계산과정과 값을 쓰시오. (5점)

(3) 나무손해보험금의 계산과정과 값을 쓰시오. (5점)

정답

01

(1)

착과감소보험금
= (착과감소량 − 미보상감수량 − 자기부담감수량) × 가입가격 × 50%
= (19,890kg − 0kg − 4,500kg) × 1,200원/kg × 0.5 = 9,234,000원

적과후착과수 = (390주 × 60개/주) + (360주 × 90개/주)
= 23,400 + 32,400 = 55,800개

착과감소과실수 = 평년착과수 − 적과후착과수
= 100,000개 − 55,800개 = 44,200개

착과감소량 = 착과감소과실수 × 가입과중
= 44,200개 × 0.45kg/개 = 19,890kg

미보상감수량 = 0

자기부담 감수량
= (적과후착과수 + 착과감소과실수) × 가입과중 × 자기부담비율
= 100,000개 × 0.45kg/개 × 0.1 = 4,500kg

답 : 9,234,000원 끝

(2)

과실손해보험금

= (적과종료이후 누적감수량 − 자기부담감수량) × 가입가격

= (10,073.7kg − 0) × 1,200원/kg = 12,088,440원

누적감수과실수 = 2,790 + 2,568 + 17,028 = 22,386개

누적감수량 = 22,386개 × 0.45kg/개 = 10,073.7kg

적과종료 이전 자연재해로 인한 적과종료 이후 착과손해

착과율 = 적과후착과수 ÷ 평년착과수

= 55,800개 ÷ 100,000개 = 0.558 (60%미만)

감수과실수 = 적과후착과수 × 5% = 55,800개 × 0.05 = 2,790개

태풍 낙과피해 감수과실수

= 총낙과과실수 × (낙과피해구성률 − MaxA) × 1.07

= 4,000개 × {(2,000 × 0.8 + 1,000) / 4,000 − 0.05} × 1.07 = 2,568개

우박 착과피해 감수과실수

= 사고당시 착과과실수 × (착과피해구성률 − MaxA)

= 47,300개 × {(10 × 0.5 + 20 × 0.8 + 20 × 1) / 100 − 0.05} = 17,028개

사고당시 착과과실수

= 55,800개 − 4,000개 − (30주 × 60개/주 + 30주 × 90개/주) = 47,300개

자기부담감수량 = 4,500 − (19,890 − 0) = 0

답 : 12,088,440원 끝

(3)

나무손해보험금 = 보험가입금액 × (피해율 − 자기부담비율 5%)
= (750주 × 100,000원/주) × (0.08 − 0.05) = 2,250,000원

피해율 = 피해주수(고사된 나무) ÷ 실제결과주수 = 60주 / 750주 = 0.08

답 : 2,250,000원 끝

제1절 과수작물 손해평가 및 보험금 산정 ❷

01 기출유형 확인하기

제1회 A과수원의 종합위험방식 복숭아 품목의 과중조사를 실시하고자 한다. 다음 조건을 이용하여 과중조사 횟수, 최소 표본주수 및 최소 추출과실개수를 답란에 쓰시오. (5점)

종합위험방식 과수 품목별 피해정도 구분을 다음 예와 같이 빈칸에 쓰시오. (5점)

제2회 업무방법에서 정하는 종합위험 수확감소보장방식 과수 품목 중 자두 품목 수확량조사의 착과수조사 조사방법에 관하여 서술하시오. (15점)

제3회 종합위험 수확감소보장방식 과수 품목의 과중조사를 실시하고자 한다. 아래 농지별 최소표본과실수를 답란에 쓰시오. (5점)

제5회 다음의 계약사항 및 조사내용에 따라 참다래 수확량(kg)을 구하시오. (5점)

제6회 다음의 계약사항과 조사내용을 참조하여 아래 착과수조사 결과에 들어갈 값(① ~ ③)을 각각 구하시오. (5점)

다음은 종합위험 수확감소보장방식 복숭아에 관한 내용이다. 아래의 계약사항과 조사내용을 참조하여 ① A품종 수확량(kg), ② B품종 수확량(kg), ③ 수확감소보장피해율(%)을 구하시오. (15점)

제7회 계약내용과 조사내용에 따라 지급 가능한 3가지 보험금에 대하여 각각 계산과정과 값을 쓰시오. (9점)

포도 상품 비가림시설에 대한 보험가입기준과 인수제한 내용이다. ( )에 들어갈 내용을 각각 쓰시오. (6점)

제8회 종합위험 수확감소보장방식의 품목별 과중조사에 관한 내용의 일부이다. (　)에 들어갈 내용을 쓰시오. (5점)

종합위험 수확감소보장방식 과수 및 밭작물 품목 중 (　)에 들어갈 해당 품목을 쓰시오. (1점)

제9회 종합위험 수확감소보장방식 '유자'(동일 품종, 동일 수령) 품목에 관한 내용으로 수확개시전 수확량 조사를 실시하였다. 보험금 지급사유에 해당하며 아래의 조건을 참조하여 보험금의 계산과정과 값(원)을 쓰시오. (5점)

02 기본서 내용 익히기

II 종합위험 수확감소보장방식 및 비가림과수 손해보장방식

포도, 복숭아, 자두, 감귤(만감류), 호두, 밤, 참다래, 대추, 매실, 살구, 오미자, 유자

종합위험 수확감소보장	보험목적에 보험기간 동안 보장하는 재해로 인하여 발생한 수확량의 감소를 보장하는 방식
종합위험 비가림과수 손해보장	보험목적에 보험기간 동안 보장하는 재해로 인하여 발생한 수확량의 감소와 비가림시설의 손해를 보상하는 방식이다.

1 시기별 조사종류

생육시기	재해	조사내용	조사시기	조사방법	비고
수확전	보상하는 재해 전부	피해사실 확인 조사	사고접수 후 지체없이	• 보상하는 재해로 인한 피해 발생 여부 조사(피해사실이 명백한 경우 생략 가능)	전품목
수확직전	-	착과수 조사	수확직전	• 해당농지의 최초 품종 수확 직전 총착과 수를 조사 - 피해와 관계없이 전 과수원 조사 • 조사방법 : 표본조사	포도, 복숭아, 자두, 감귤(만감류)만 해당
	보상하는 재해 전부	수확량 조사	수확직전	• 사고발생 농지의 수확량조사 • 조사방법 : 전수조사 또는 표본 조사	전품목
수확 시작 후 ~ 수확 종료	보상하는 재해 전부	수확량 조사	사고접수 후 지체 없이	• 사고발생 농지의 수확 중의 수확량 및 감수량의 확인을 통한 수확량조사 • 조사방법 : 전수조사 또는 표본조사	전품목(유자 제외)

수확 완료 후 ~ 보험 종기	보상하는 재해 전부	고사나무 조사	수확완료 후 보험 종기 전	• 보상하는 재해로 고사되거나 또는 회생이 불가능한 나무 수를 조사 - 특약 가입 농지만 해당 • 조사방법 : 전수조사	수확완료 후 추가 고사나무가 없는 경우 생략 가능

2 손해평가 현지조사방법

1 피해사실 확인조사

(1) **조사대상** : 대상 재해로 사고접수 농지 및 조사 필요 농지

(2) **대상 재해** : 자연재해, 조수해, 화재, 병충해(복숭아만 해당 - 세균구멍병으로 인하여 발생하는 피해만 보상)

(3) **조사시기** : 사고접수 직후 실시

(4) **조사방법** :「피해사실 "조사방법" 준용」

1) 추가조사 필요 여부 판단

보상하는 재해 여부 및 피해 정도 등을 감안하여 추가조사(수확량조사)가 필요한지 여부를 판단하여 해당 내용에 대하여 계약자에게 안내하고, 추가조사가(수확량조사) 필요할 것으로 판단된 경우에는 수확기에 손해평가반구성 및 추가조사 일정을 수립한다.

2 수확량조사(포도, 복숭아, 자두만 해당)

[1] 착과수조사

(1) 조사대상 : 사고 여부와 관계없이 보험에 가입한 농지

수확량 = 착과량 − 사고당 감수량의 합

보충자료

〈비교설명을 위한 예시〉

1. 매실, 대추, 살구

수확량 = {품종·수령별 조사대상주수 × 품종·수령별 주당 착과량 × (1 − 착과피해구성률)} + (품종·수령별 주당 평년수확량 × 품종·수령별 미보상주수)

2. 양파, 마늘

수확량 = (표본구간 단위면적당 수확량 × 조사대상면적) + {단위면적당 평년수확량 × (타작물 및 미보상면적 + 기수확면적)}

(2) 조사시기 : 최초 수확 품종 수확기 직전. 단, 감귤(만감류)은 적과종료 후

(3) 조사방법

1) 주수조사

농지내 품종별·수령별 실제결과주수, 미보상주수 및 고사나무주수를 파악한다.

2) 조사대상주수 계산

품종별·수령별 실제결과주수에서 미보상주수 및 고사나무주수를 빼서 조사대상주수를 계산한다.

3) 표본주수 산정

- 과수원별 전체 조사대상주수를 기준으로 품목별 표본주수표에 따라 농지별 전체 표본주수를 산정한다.
- 적정 표본주수는 품종별·수령별 조사대상주수에 비례하여 산정하며, 품종별·수령별 적정표본주수의 합은 전체 표본주수보다 크거나 같아야 한다.

4) 표본주 선정

- 조사대상주수를 농지별 표본주수로 나눈 표본주 간격에 따라 표본주 선정 후 해당 표본주에 표시리본을 부착
- 동일품종·동일재배방식·동일수령의 농지가 아닌 경우에는 품종별·재배방식별·수령별 조사대상주수의 특성이 골고루 반영될 수 있도록 표본주를 선정

5) 착과된 전체 과실수 조사

선정된 표본주별로 착과된 전체 과실수를 세고 표시리본에 기재

6) 미보상비율 확인

품목별 미보상비율 적용표에 따라 미보상비율을 조사한다.

[2] 과중조사

(1) 조사대상 : 사고가 접수된 모든 농지

(2) 조사시기 : 품종별 수확시기에 각각 실시

(3) 조사방법

1) 표본 과실 추출

① 품종별로 착과가 평균적인 3주 이상의 나무에서 크기가 평균적인 과실을 20개 이상 추출한다.

② 표본 과실수는 농지 당 60개(포도, 감귤(만감류) 30개) 이상이어야 한다.

2) 품종별 과실 개수와 무게 조사

추출한 표본 과실을 품종별로 구분하여 개수와 무게를 조사한다.

3) 미보상비율 조사

품목별 미보상비율 적용표에 따라 미보상비율을 조사하며, 품종별로 미보상비율이 다를 경우에는 품종별 미보상비율 중 가장 높은 미보상비율을 적용한다. 다만, 재조사 또는 검증조사로 미보상비율이 변경된 경우에는 재조사 또는 검증조사의 미보상비율을 적용한다.

4) 과중조사 대체

위 사항에도 불구하고 현장에서 과중 조사를 실시하기가 어려운 경우, 품종별 평균과중을 적용(자두 제외)하거나 증빙자료가 있는 경우에 한하여 농협의 품종별 출하

자료로 과중 조사를 대체할 수 있다. (수확전 대상 재해 발생 시 계약자는 수확개시 최소 10일 전에 보험가입 대리점으로 수확 예정일을 통보하고 최초 수확 1일 전에는 조사를 실시한다.)

[3] 착과피해조사

(1) 조사대상 : 착과피해조사는 착과피해를 유발하는 재해(우박, 호우 등)가 접수된 모든 농지

(2) 조사시기 : 품종별 수확시기에 각각 실시

(3) 조사방법

1) 착과피해조사는 착과피해를 유발하는 재해가 있을 경우에만 시행하며, 해당 재해 여부는 재해의 종류와 과실의 상태 등을 고려하여 조사자가 판단한다.

2) 조사대상주수 계산

실제결과주수에서 수확완료주수, 미보상주수 및 고사나무주수를 뺀 조사대상주수를 계산한다.

3) 적정 표본주수 산정

조사대상주수를 기준으로 적정 표본주수를 산정한다(품목별 표본주수표 참고).

4) 착과수조사

착과피해조사에서는 가장 먼저 착과수를 확인하여야 하며, 이때 확인할 착과수는 수확전 착과수조사와는 별개의 조사를 의미한다. 다만, 이전 실시한 착과수조사(이전 착과피해조사 시 실시한 착과수조사 포함)의 착과수와 착과피해조사 시점의 착과수가 큰 차이가 없는 경우에는 별도의 착과수 확인 없이 이전에 실시한 착과수조사 값으로 대체 할 수 있다.

5) 품종별 표본과실 선정 및 피해구성조사

착과수 확인이 끝나면 수확이 완료되지 않은 품종별로 표본 과실을 추출한다. 이때 추출하는 표본 과실수는 품종별 20개 이상(포도, 감귤(만감류)은 농지당 30개 이상, 복숭아·자두는 농지당 60개 이상)으로 하며 표본 과실을 추출할 때에는 품종별 3주 이상의 표본주에서 추출한다. 추출한 표본 과실을 과실분류에 따른 피해인정계수에 따라 품종별로 구분하여 해당 과실 개수를 조사한다.

6) 조사 당시 수확이 완료된 품종이 있거나 피해가 경미하여 피해구성조사가 의미가 없을 때에는 품종별로 피해구성조사를 생략할 수 있다.

[4] 낙과피해조사

(1) 조사대상 : 착과수조사 이후 낙과피해가 발생한 농지

(2) 조사시기 : 사고접수 직후 실시

(3) 조사방법

1) 보상하는 재해 여부 심사

농지 및 작물 상태 등을 감안하여 보상하는 재해로 인한 피해가 맞는지 확인하며, 필요시에는 이에 대한 근거자료(피해사실 확인조사 참조)를 확보할 수 있다.

2) 나무조사 : 품종별·수령별 나무주수 확인

실제결과주수에서 수확완료주수, 미보상주수 및 고사나무주수를 뺀 조사대상주수를 계산한다.

3) 낙과수 조사방법 결정

① 표본조사 : 낙과피해조사는 표본조사로 실시한다.

② 전수조사 : 표본조사가 불가할 경우 실시한다.

4) 낙과수 표본조사

표본주 선정	• 조사대상주수를 기준으로 농지별 전체 적정표본주수를 산정하되(거대재해 발생 시 표본조사의 표본주수는 「품목별 표본주수표」의 1/2 이하로 할 수 있다.), 품종별·수령별 표본주수는 품종별·수령별 조사대상주수에 비례하여 산정한다. • 선정된 품종별·수령별 표본주수를 바탕으로 품종별·수령별 조사대상주수의 특성이 골고루 반영 될 수 있도록 표본주를 선정한다.
표본주 낙과수조사	• 표본주별로 수관면적 내에 있는 낙과수를 조사한다(이때 표본주의 수관면적 내의 낙과는 표본주와 품종이 다르더라도 해당 표본주의 낙과로 본다)

〈표본주 낙과수조사〉

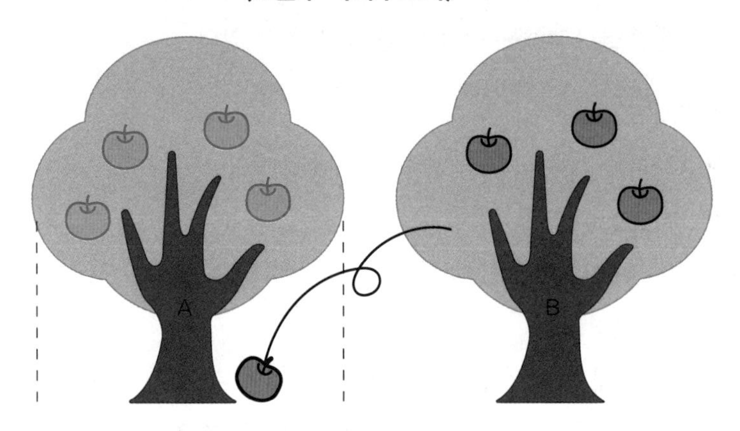

5) 낙과수 전수조사(표본조사가 불가할 경우 실시)

① 전체 낙과에 대한 품종구분이 가능할 경우 : 전체 낙과수를 품종별로 센다.

② 전체 낙과에 대한 품종구분이 불가능할 경우 : 전체 낙과수를 세고, 낙과 중 임의로 100개 이상을 추출하여 품종별로 해당 개수를 센다.

6) 품종별 표본과실 선정 및 피해구성조사

낙과수 확인이 끝나면 낙과 중 품종별로 표본 과실을 추출한다. 이때 추출하는 표본 과실수는 품종별 20개 이상(포도, 감귤(만감류)은 농지당 30개 이상, 복숭아·자두는 농지당 60개 이상)으로 하며, 추출한 표본 과실을 과실분류에 따른 피해 인정계수에 따라 품종별로 구분하여 해당 과실 개수를 조사한다(다만, 전체 낙과수가 60개 미만일 경우 등에는 해당 기준 미만으로도 조사가 가능하다).

7) 피해구성조사 생략

조사 당시 수확기에 해당하지 않는 품종이 있거나 낙과의 피해 정도가 심해 피해 구성조사가 의미가 없는 경우 등에는 품종별로 피해 구성조사를 생략할 수 있다.

3 수확량조사(밤, 호두만 해당)

품종의 수확기가 다른 경우에는 해당 품종의 수확 시작 도래 전마다 수확량조사를 실시한다.

(1) 수확개시 전 수확량조사

수확개시 전 수확량조사는 조사일을 기준으로 해당 농지의 수확이 시작되기 전에 수확량조사를 실시하는 경우를 의미하며, 조기 수확 및 수확해태 등으로 수확개시 여

부에 대한 분쟁이 발생한 경우에는 지역의 농업기술센터 등 농업 전문기관의 판단에 따른다.(품종별 조사시기가 다른 경우에는 최초 조사일을 기준으로 판단한다)

1) 보상하는 재해 여부 심사

농지 및 작물 상태 등을 감안하여 보상하는 재해로 인한 피해가 맞는지 확인하며, 필요시에는 이에 대한 근거자료(피해사실 확인조사 참조)를 확보한다.

2) 주수조사

농지내 품종·수령별로 실제결과주수, 미보상주수 및 고사나무주수를 파악한다.

3) 조사대상주수 계산

실제결과주수에서 미보상주수 및 고사나무주수를 빼서 조사대상주수를 계산한다.

4) 표본주수 산정

농지별 전체 조사대상주수를 기준으로 품목별 표본주수표에 따라 농지별 전체 표본주수를 산정하되, 품종·수령별 표본주수는 품종 및 수령별 주수에 비례하여 산정한다.

5) 표본주 선정

① 조사대상주수를 농지별 표본주수로 나눈 표본주 간격에 따라 표본주 선정 후 해당 표본주에 표시리본을 부착

② 동일품종·동일재배방식·동일수령의 농지가 아닌 경우에는 품종별·재배방식별·수령별 조사대상주수의 특성이 골고루 반영될 수 있도록 표본주를 선정

6) 착과 및 낙과수 조사

선정된 표본주별로 착과된 과실수 및 낙과된 과실수를 조사한다(과실수의 기준은 밤은 송이, 호두는 청피로 한다).

착과수조사	• 선정된 표본주별로 착과된 전체 과실수를 조사한다.
낙과수조사	• 선정된 표본주별로 수관면적 내 낙과된 과실수를 조사한다. • 표본주별 낙과수 확인이 불가능한 경우(계약자 등이 낙과된 과실을 한 곳에 모아 둔 경우 등) : 농지 내 전체 낙과수를 품종별로 구분하여 전수 조사한다. • 전체 낙과에 대하여 품종별 구분이 어려운 경우 : 전체 낙과수를 세고 전체 낙과 중 100개 이상의 표본을 추출하여 해당 표본의 품종을 구분하는 방법을 사용한다.

7) 과중조사

① 농지에서 품종별로 평균적인 착과량을 가진 3주 이상의 표본주에서 크기가 평균적인 과실을 품종별 20개 이상(농지당 최소 60개 이상) 추출한다.

② 밤의 경우, 품종별 과실(송이) 개수를 파악하고, 과실(송이) 내 과립을 분리하여 지름길이를 기준으로 정상·소과를 구분하여 무게를 조사한다. 이때 소과인 과실은 해당 과실 무게를 실제 무게의 80%로 적용한다.

• 정상 : 30mm 초과 • 소과 : 30mm 이하

$$\text{품종별 개당 과중} = \frac{\text{품종별\{정상표본과실 무게합} + (\text{소과 표본 과실 무게합} \times 0.8)\}}{\text{표본과실수}}$$

③ 호두의 경우, 품종별 과실(청피) 개수를 파악하고, 무게를 조사한다.

보충자료

〈밤 소과 구분요령〉

• 30mm 지름의 원형모양 구멍이 뚫린 규격대를 준비하여 샘플조사 시 해당 구멍을 통과하는 과립은 '소과'로 따로 분류한다.

• 아래 그림과 같이 과정부를 위로 향하게 하고 밤의 볼록한 부분이 정면을 향하게 하여 밤이 통과하는지 확인한다.

※ 통과한다 → 30mm이하 → 소과
통과하지 못한다 → 30mm 초과 → 정상

• 밤의 가장 긴 부분이 보이도록 밤을 넣어야 하며, 세로로 넣는 등 구멍에 통과하기 위하여 밤의 방향을 변경하지 아니한다.

〈조사를 위한 밤의 방향〉

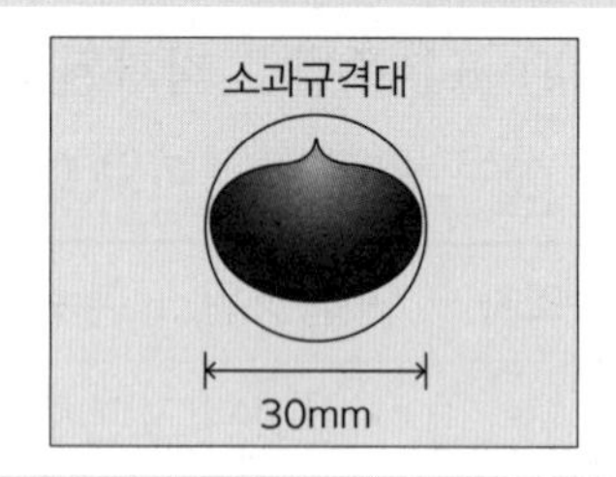

8) 낙과피해 및 착과피해 구성조사

가) 낙과피해 구성조사

낙과 중 임의의 과실 20개 이상(품종별 20개 이상, 농지당 60개 이상)을 추출한 후 과실분류에 따른 피해인정계수에 따라 구분하여 그 개수를 조사한다(다만, 전체 낙과수가 60개 미만일 경우 등에는 해당 기준 미만으로 조사가 가능하다).

나) 착과피해 구성조사

착과피해를 유발하는 재해가 있을 경우 시행하며, 품종별로 3개 이상의 표본주에서 임의의 과실 20개 이상(품종별 20개 이상, 농지당 60개 이상)을 추출한 후 과실분류에 따른 피해인정계수에 따라 구분하여 그 개수를 조사한다.

다) 피해구성조사 생략

조사 당시 착과에 이상이 없는 경우나 낙과의 피해 정도가 심해 피해구성조사가 의미가 없을 경우 등에는 품종별로 피해 구성조사를 생략할 수 있다.

9) 미보상비율 확인

품목별 미보상비율 적용표에 따라 미보상비율을 조사한다.

(2) 수확개시 후 수확량조사

수확개시 후 수확량조사는 조사일을 기준으로 해당 농지의 수확이 시작된 후에 수확량조사를 실시하는 경우를 의미하며, 조기 수확 및 수확 해태 등으로 수확개시 여부에 대한 분쟁이 발생한 경우에는 지역의 농업기술센터 등 농업 전문기관의 판단에 따른다(품종별 조사시기가 다른 경우에는 최초 조사일을 기준으로 판단한다).

1) 보상하는 재해 여부 심사

농지 및 작물 상태 등을 감안하여 보상하는 재해로 인한 피해가 맞는지 확인하며, 필요시에는 이에 대한 근거자료(피해사실 확인조사 참조)를 확보할 수 있다.

2) 주수조사

농지내 품종·수령별로 실제결과주수, 수확완료주수, 미보상주수 및 고사나무주수를 파악한다.

3) 조사대상주수 계산

실제결과주수에서 수확완료주수, 미보상주수 및 고사나무주수를 뺀 조사대상주수를 계산한다.

4) 표본주수 산정

농지별 전체 조사대상주수를 기준으로 품목별 표본주수표에 따라 농지별 전체 표본주수를 산정하되, 품종·수령별 표본주수는 품종·수령별 조사대상주수에 비례하여 산정한다.

5) 표본주 선정

산정한 품종·수령별 표본주수를 바탕으로 품종·수령별 조사대상주수의 특성이 골고루 반영될 수 있도록 표본주를 선정한다.

6) 착과 및 낙과수조사

선정된 표본주별로 착과된 과실수 및 낙과된 과실수를 조사한다(과실수의 기준은 밤은 송이, 호두는 청피로 한다).

가) 착과수 확인 : 선정된 표본주별로 착과된 전체 과실수를 조사한다.

나) 낙과수 확인 : 선정된 표본주별로 수관면적 내 낙과된 과실수를 조사한다.

① 표본주별 낙과수 확인이 불가능한 경우(계약자 등이 낙과된 과실을 한 곳에 모아 둔 경우 등) : 농지 내 전체 낙과수를 품종별로 구분하여 전수 조사한다.

② 전체 낙과에 대하여 품종별 구분이 어려운 경우 : 전체 낙과수를 세고 전체 낙과 중 100개 이상의 표본을 추출하여 해당 표본의 품종을 구분하는 방법을 사용한다.

7) 과중조사

① 농지에서 품종별로 평균적인 착과량을 가진 3주 이상의 표본주에서 크기가 평균적인 과실을 품종별 20개 이상(농지당 최소 60개 이상) 추출한다.

② 밤의 경우, 품종별 과실(송이) 개수를 파악하고, 과실(송이) 내 과립을 분리하여 지름길이를 기준으로 정상(30mm 초과)·소과(30mm 이하)를 구분하여 무게를 조사한다.

③ 호두의 경우, 품종별 과실(청피) 개수를 파악하고, 무게를 조사한다.

8) 기수확량조사

가) 기수확량 : 이미 수확한 량

나) 조사방법 : 출하자료 및 계약자 문답 등을 통하여 조사한다.

9) 낙과피해 및 착과피해 구성조사

가) 낙과피해 구성조사

낙과 중 임의의 과실 20개 이상(품종별 20개 이상, 농지당 60개 이상)을 추출한 후 과실분류에 따른 피해인정계수에 따라 구분하여 그 개수를 조사한다(다만, 전체 낙과수가 60개 미만일 경우 등에는 해당 기준 미만으로도 조사가 가능하다).

나) 착과피해 구성조사

착과피해를 유발하는 재해가 있을 경우 시행하며, 품종별로 3개 이상의 표본주에서 임의의 과실 20개 이상(품종별 20개 이상, 농지당 60개 이상)을 추출한 후 과실분류에 따른 피해인정계수에 따라 구분하여 그 개수를 조사한다.

다) 패해구성조사 생략

조사 당시 착과에 이상이 없는 경우나 낙과의 피해 정도가 심해 피해구성조사가 의미가 없을 경우 등에는 품종별로 피해구성조사를 생략할 수 있다.

10) 미보상비율 확인

품목별 미보상비율 적용표에 따라 미보상비율을 조사한다.

4 수확량조사(참다래만 해당)

(1) 수확개시 전 수확량조사

수확개시 전 수확량조사는 조사일을 기준으로 해당 농지의 수확이 시작되기 전에 수확량조사를 실시하는 경우를 의미하며, 조기수확 및 수확해태 등 으로 수확개시 여부에 대한 분쟁이 발생한 경우에는 지역의 농업기술센터 등 농업 전문기관의 판단에 따른다.

1) 보상하는 재해 여부 심사

농지 및 작물 상태 등을 감안하여 보상하는 재해로 인한 피해가 맞는지 확인하며, 필요시에는 이에 대한 근거자료(피해사실 확인조사 참조)를 확보한다.

2) 주수조사

품종별·수령별로 실제결과주수, 미보상주수 및 고사나무주수를 파악한다.

3) 조사대상주수 계산

실제결과주수에서 미보상주수 및 고사나무주수를 빼서 조사대상주수를 계산한다.

4) 표본주수 산정

농지별 전체 조사대상주수를 기준으로 품목별 표본주수표에 따라 농지별 전체 표본주수를 산정하되, 품종별·수령별 표본주수는 품종별 수령별 조사대상주수에 비례하여 산정한다.

〈참다래 · 매실 · 살구 · 대추 · 오미자 표본주수표〉

참다래		매실·대추·살구		오미자	
조사대상주수	표본주수	조사대상주수	표본주수	조사대상 유인틀 길이	표본주수
50주 미만	5	100주 미만	5	500m 미만	5
50주 이상 100주 미만	6	100주 이상 300주 미만	7	500m 이상 1,000m 미만	6
100주 이상 200주 미만	7	300주 이상 500주 미만	9	1,000m 이상 2,000m 미만	7
200주 이상 500주 미만	8	500주 이상 1,000주 미만	12	2,000m 이상 4,000m 미만	8
500주 이상 800주 미만	9	1,000주 이상	16	4,000m 이상 6,000m 미만	9
800주 이상	10			6,000m 이상	10

5) 표본주 선정

산정한 품종별·수령별 표본주수를 바탕으로 품종별·수령별 조사대상주수의 특성이 골고루 반영될 수 있도록 표본주를 선정한다.

6) 재식간격조사

농지내 품종별·수령별로 재식간격을 조사한다(가입 시 재식간격과 다를 경우 계약변경이 될 수 있음을 안내하고 현지조사서에 기재한다.).

7) 면적 및 착과수조사

가) 면적조사

선정된 표본주별로 해당 표본주 구역의 면적 조사를 위해 길이(윗변, 아랫변, 높이 : 윗변과 아랫변의 거리)를 재고면적을 확인한다.

$$표본구간면적 = \frac{(표본구간\ 윗변길이 + 표본구간\ 아랫변길이) \times 표본구간\ 높이}{2}$$

나) 착과수조사

선정된 해당 구역에 착과된 과실수를 조사한다.

8) 과중조사

① 농지에서 품종별로 착과가 평균적인 3주 이상의 표본주에서 크기가 평균적인 과실을 품종별 20개 이상(농지당 최소 60개 이상) 추출한다.

② 품종별로 과실 개수를 파악하고, 개별 과실 과중이 50g 초과하는 과실과 50g 이하인 과실을 구분하여 무게를 조사한다. 이때, 개별 과실 중량이 50g 이하인 과실은 해당 과실의 무게를 실제 무게의 70%로 적용한다.

$$품종별\ 개당\ 과중 = \frac{품종별\{50g\ 초과\ 표본과실\ 무게\ 합 + (50g\ 이하\ 표본과실\ 무게\ 합 \times 0.7)\}}{표본과실수}$$

9) 착과피해 구성조사(착과피해를 유발하는 재해가 있는 경우)

① 품종별 표본과실 선정 및 피해구성조사

품종별로 3주 이상의 표본주에서 임의의 과실 100개 이상을 추출한 후 과실분류에 따른 피해인정계수에 따라 구분하여 그 개수를 조사한다.

② 조사 당시 착과에 이상이 없는 경우 등에는 품종별로 피해 구성조사를 생략할 수 있다.

10) 미보상비율 확인

품목별 미보상비율 적용표에 따라 미보상비율을 조사한다.

(2) 수확개시 후 수확량조사

수확개시 후 수확량조사는 조사일을 기준으로 해당 농지의 수확이 시작된 후에 수확량조사를 실시하는 경우를 의미하며, 조기 수확 및 수확 해태 등으로 수확개시 여부에 대한 분쟁이 발생한 경우에는 지역의 농업기술센터 등 농업전문기관의 판단에 따른다.

1) 보상하는 재해 여부 심사

농지 및 작물 상태 등을 감안하여 보상하는 재해로 인한 피해가 맞는지 확인하며, 필요시에는 이에 대한 근거자료를 확보한다.

2) 주수조사

품종별·수령별로 실제결과주수, 수확완료주수, 미보상주수 및 고사나무주수를 파악한다.

3) 조사대상주수 계산

실제결과주수에서 수확완료주수, 미보상주수 및 고사나무주수를 뺀 조사대상주수를 계산한다.

4) 표본주수 산정

농지별 전체 조사대상주수를 기준으로 품목별 표본주수표에 따라 농지별 전체 표본주수를 산정하되, 품종별·수령별 표본주수는 품종별·수령별 조사대상주수에 비례하여 산정한다.

5) 표본주 선정

산정한 품종별·수령별 표본주수를 바탕으로 품종별·수령별 조사대상주수의 특성이 골고루 반영될 수 있도록 표본주를 선정한다.

6) 재식간격조사

농지 내 품종별·수령별로 재식 간격을 조사한다(가입 시 재식간격과 다를 경우 계약변경이 될 수 있음을 안내하고 현지조사서에 기재).

7) 면적, 착과 및 낙과수조사

가) 면적확인

선정된 표본주별로 해당 표본주 구역의 면적 조사를 위해 길이(윗변, 아랫변, 높이 : 윗변과 아랫변의 거리)를 재고 면적을 확인한다.

나) 착과 및 낙과수 확인

① 선정된 해당 구역에 착과 및 낙과된 과실수를 조사한다.

② 표본주별 낙과수 확인이 불가능한 경우(계약자 등이 낙과된 과실을 한 곳에 모아 둔 경우 등) : 농지 내 전체 낙과수를 품종별로 구분하여 전수 조사한다.

③ 전체 낙과에 대하여 품종별 구분이 어려운 경우 : 전체 낙과수를 세고 전체 낙과 중 100개 이상의 표본을 추출하여 해당 표본의 품종을 구분하는 방법을 사용한다.

8) 과중조사

① 농지에서 품종별로 착과가 평균적인 3주 이상의 표본주에서 크기가 평균적인 과실을 품종별 20개 이상(농지당 최소 60개 이상) 추출한다.

② 품종별로 과실 개수를 파악하고, 개별 과실 과중이 50g 초과하는 과실과 50g 이하인 과실을 구분하여 무게를 조사한다. 이때, 개별 과실 중량이 50g 이하인 과실은 해당 과실의 무게를 실제 무게의 70%로 적용한다.

품종별 개당 과중

$$= \frac{\text{품종별}\{50g \text{ 초과 표본과실 무게 합} + (50g \text{ 이하 표본과실 무게 합} \times 0.7)\}}{\text{표본과실 수}}$$

9) 기수확량조사

가) 기수확량 : 이미 수확한 량

나) 조사방법 : 출하자료 및 문답 등을 통하여 조사한다.

10) 낙과피해 및 착과피해 구성조사

가) 낙과피해 구성조사

품종별로 낙과 중 임의의 과실 100개 이상을 추출한 후 과실분류에 따른 피해인정계수에 따라 구분하여 그 개수를 조사한다.

나) 착과피해 구성조사

착과피해를 유발하는 재해가 있을 경우 시행하며, 품종별로 3주 이상의 표본주에서 임의의 과실 100개 이상을 추출한 후 과실분류에 따른 피해인정계수에 따라 구분하여 그 개수를 조사한다.

다) 조사 당시 착과에 이상이 없는 경우나 낙과의 피해 정도가 심해 피해구성조사 없이 피해과실분류가 가능한 경우 등에는 품종별로 피해 구성조사를 생략할 수 있다.

11) 미보상비율 확인

품목별 미보상비율 적용표에 따라 미보상비율을 조사한다.

5 **수확량조사**(대추, 매실, 살구만 해당)

수확량조사 시 따거나 수확한 과실은 계약자의 비용 부담으로 한다.

(1) 수확개시 전 수확량조사

수확개시 전 수확량조사는 조사일을 기준으로 해당 농지의 수확이 시작되기 전에 수확량조사를 실시하는 경우를 의미하며, 조기 수확 및 수확 해태 등으로 수확개시 여부에 대한 분쟁이 발생한 경우에는 지역의 농업기술센터 등 농업 전문기관의 판단에 따른다.

1) 보상하는 재해 여부 심사

농지 및 작물 상태 등을 감안하여 보상하는 재해로 인한 피해가 맞는지 확인하며, 필요시에는 이에 대한 근거자료(피해사실 확인조사 참조)를 확보한다.

2) 주수조사

농지내 품종별·수령별로 실제결과주수, 미보상주수 및 고사나무주수를 파악한다.

3) 조사대상주수 계산

실제결과주수에서 미보상주수 및 고사나무주수를 빼서 조사대상주수를 계산한다.

4) 표본주수 산정

농지별 전체 조사대상주수를 기준으로 품목별 표본주수표에 따라 농지별 전체 표본주수를 산정하되, 품종별·수령별 표본주수는 품종별·수령별 조사대상주수에 비례하여 산정한다.

5) 표본주 선정

산정한 품종별·수령별 표본주수를 바탕으로 품종별·수령별 조사대상주수의 특성이 골고루 반영될 수 있도록 표본주를 선정한다.

6) 착과량 및 과중조사

가) 표본과실 수확 및 착과무게조사

선정된 표본주별로 착과된 과실을 전부 수확하여 수확한 과실의 무게를 조사한다. 다만, 현장 상황에 따라 표본주의 착과된 과실 중 절반만을 수확하여 조사할 수 있다.

- 품종·수령별 주당 착과 무게 = 품종·수령별(표본주의 착과 무게 ÷ 표본주수)
- 표본주 착과 무게 = 조사착과량 × 품종별 비대추정지수(매실) × 2(절반조사 시)

7) 비대추정지수 조사(매실)

매실 품목의 경우 품종별 적정 수확일자 및 조사일자, 〈매실 품종별 과실 비대추정지수〉를 참조하여 품종별로 비대추정지수를 조사한다.

〈매실 품종별 과실 비대추정지수〉

조사일	남고	백가하	재래종	천매
30일전	2.871	3.411	3.389	3.463
29일전	2.749	3.252	3.227	3.297
28일전	2.626	3.093	3.064	3.131
27일전	2.504	2.934	2.902	2.965
26일전	2.381	2.775	2.740	2.800
25일전	2.258	2.616	2.577	2.634
24일전	2.172	2.504	2.464	2.518
23일전	2.086	2.391	2.351	2.402
22일전	2.000	2.279	2.238	2.286
21일전	1.914	2.166	2.124	2.171
20일전	1.827	2.054	2.011	2.055
19일전	1.764	1.972	1.933	1.975
18일전	1.701	1.891	1.854	1.895
17일전	1.638	1.809	1.776	1.815

조사일	남고	백가하	재래종	천매
16일전	1.574	1.728	1.698	1.735
15일전	1.511	1.647	1.619	1.655
14일전	1.465	1.598	1.565	1.599
13일전	1.419	1.530	1.510	1.543
12일전	1.373	1.471	1.455	1.487
11일전	1.326	1.413	1.400	1.431
10일전	1.280	1.355	1.346	1.375
9일전	1.248	1.312	1.300	1.328
8일전	1.215	1.270	1.254	1.281
7일전	1.182	1.228	1.208	1.234
6일전	1.149	1.186	1.162	1.187
5일전	1.117	1.144	1.116	1.140
4일전	1.093	1.115	1.093	1.112
3일전	1.070	1.096	1.070	1.084
2일전	1.047	1.057	1.046	1.056
1일전	1.023	1.029	1.023	1.028
수확일	1	1	1	1

※ 위에 없는 품종은 남고를 기준으로 함(출처 : 국립원예특작과학원)

8) 착과피해 구성조사(착과피해를 유발하는 재해가 있었을 경우)

① 각 표본주별로 수확한 과실 중 임의의 과실을 추출하여 과실분류 기준에 따라 구분하여 그 개수 또는 무게를 조사한다. 이때 개수 조사 시에는 표본주당 표본과실수는 100개 이상으로 하며, 무게 조사 시에는 표본주당 표본과실 중량은 1,000g 이상으로 한다.

② 조사 당시 착과에 이상이 없는 경우 등에는 피해구성조사를 생략할 수 있다.

③ 대추·매실·살구의 과실분류에 따른 피해인정계수를 따른다.

9) 미보상비율 확인

품목별 미보상비율 적용표에 따라 미보상비율을 조사한다.

(2) 수확개시 후 수확량조사

수확개시 후 수확량조사는 조사일을 기준으로 해당 농지의 수확이 시작된 후에 수확량조사를 실시하는 경우를 의미하며, 조기 수확 및 수확 해태 등으로 수확개시 여부에 대한 분쟁이 발생한 경우에는 지역의 농업기술센터 등 농업 전문기관의 판단에 따른다.

1) 보상하는 재해 여부 심사

농지 및 작물 상태 등을 감안하여 보상하는 재해로 인한 피해가 맞는지 확인하며, 필요시에는 이에 대한 근거자료(피해사실 확인조사 참조)를 확보한다.

2) 주수조사

농지 내 품종별·수령별로 실제결과주수, 수확완료주수, 미보상주수 및 고사나무주수를 파악한다.

3) 조사대상주수 계산

실제결과주수에서 수확완료주수, 미보상주수 및 고사나무주수를 뺀 조사대상주수를 계산한다.

4) 표본주수 산정

조사대상주수를 기준으로 품목별 표본주수표에 따라 농지별 전체 표본주수를 산정하되, 품종별·수령별 표본주수는 품종별·수령별 조사대상 주수에 비례하여 산정한다.

5) 표본주 선정

산정한 품종별·수령별 표본주수를 바탕으로 품종별·수령별 조사대상주수의 특성이 골고루 반영될 수 있도록 표본주를 선정한다.

6) 과중조사

가) 표본과실 수확 및 착과무게조사

선정된 표본주별로 착과된 과실을 전부 수확하여 수확한 과실의 무게를 조사한다. 다만, 현장 상황에 따라 표본주의 착과된 과실 중 절반만을 수확하여 조사할 수 있다.

나) 낙과무게

① 선정된 표본주별로 수관면적 내 낙과된 과실의 무게를 조사한다.

② 표본주별 낙과수 확인이 불가능한 경우(계약자 등이 낙과된 과실을 한 곳에 모아 둔 경우 등) : 농지 내 전체 낙과수를 품종별로 구분하여 전수 조사한다.

③ 전체 낙과에 대하여 품종별 구분이 어려운 경우 : 전체 낙과 무게를 재고 전체 낙과 중 1,000g 이상의 표본을 추출하여 해당 표본의 품종을 구분하는 방법을 사용한다.

④ 현장 상황에 따라 표본주별로 착과 및 낙과된 과실 중 절반만을 대상으로 조사할 수 있다.

$$\text{품종별 낙과량} = \text{전체 낙과량} \times \frac{\text{품목별 표본과실수(무게)}}{\text{표본과실수(무게)}}$$

7) 비대추정지수 조사(매실)

매실 품목의 경우 품종별 적정 수확일자 및 조사일자, 〈매실 품종별 과실 비대추정지수〉를 참조하여 품종별로 비대추정지수를 조사한다.

8) 기수확량조사

가) 기수확량 : 이미 수확한 량

나) 조사방법 : 출하자료 및 계약자 문답 등을 통하여 조사한다.

9) 낙과피해 및 착과피해 구성조사

가) 낙과피해 구성조사

품종별 낙과 중 임의의 과실 100개 또는 1,000g 이상을 추출하여 과실분류에 따른 피해인정계수에 따른 개수 또는 무게를 조사한다.

나) 착과피해 구성조사

착과피해를 유발하는 재해가 있을 경우 시행하며, 표본주별로 수확한 착과 중 임의의 과실 100개 또는 1,000g 이상을 추출한 후 과실분류에 따른 피해인정계수에 따른 개수 또는 무게를 조사한다.

다) 피해구성조사 생략

조사 당시 착과에 이상이 없는 경우나 낙과의 피해 정도가 심해 피해구성조사가 의미가 없을 경우 등에는 피해 구성조사를 생략할 수 있다.

10) 미보상비율 확인

품목별 미보상비율 적용표에 따라 미보상비율을 조사한다.

6 수확량조사(오미자만 해당)

(1) 수확개시 전 수확량조사

수확개시 전 수확량조사는 조사일을 기준으로 해당 농지의 수확이 시작되기 전에 수확량조사를 실시하는 경우를 의미하며, 조기 수확 및 수확 해태 등으로 수확개시 여부에 대한 분쟁이 발생한 경우에는 지역의 농업기술센터 등 농업 전문기관의 판단에 따른다.

1) 보상하는 재해 여부 심사

농지 및 작물 상태 등을 감안하여 약관에서 정한 보상하는 재해로 인한 피해가 맞는지 확인하며, 필요시에는 이에 대한 근거자료(피해사실 확인조사 참조)를 확보할 수 있다.

2) 유인틀 길이 측정

가입대상 오미자에 한하여 유인틀 형태 및 오미자 수령별로 유인틀의 실제 재배 길이, 고사 길이, 미보상 길이를 측정한다.

3) 조사대상 길이 계산

실제재배 길이에서 고사 길이와 미보상 길이를 빼서 조사대상 길이를 계산한다.

4) 표본구간수 산정

농지별 전체 조사대상 길이를 기준으로 품목별 표본주(구간)표에 따라 농지별 전체 표본구간수를 산정하되, 형태별·수령별 표본구간수는 형태별·수령별 조사대상 길이에 비례하여 산정한다.

5) 표본구간 선정

산정한 형태별·수령별 표본구간수를 바탕으로 형태별·수령별 조사대상 길이의 특성이 골고루 반영될 수 있도록 표본구간(유인틀 길이 방향으로 1m)을 선정한다.

6) 착과량 및 과중조사

선정된 표본구간별로 표본구간 내 착과된 과실을 전부 수확하여 수확한 과실의 무게를 조사한다. 다만, 현장 상황에 따라 표본구간의 착과된 과실 중 절반만을 수확하여 조사할 수 있다.

7) 착과피해 구성조사

착과피해를 유발하는 재해가 있었을 경우에는 아래와 같이 착과피해 구성조사를 실시한다.

① 표본구간에서 수확한 과실 중 임의의 과실을 추출하여 과실분류에 따른 피해인정계수에 따라 구분하여 그 무게를 조사한다. 이때 표본으로 추출한 과실 중량은 3,000g 이상(조사한 총착과 과실 무게가 3,000g 미만인 경우에는 해당 과실 전체)으로 한다.

② 조사 당시 착과에 이상이 없는 경우 등에는 피해구성조사를 생략할 수 있다.

8) 미보상비율 확인

품목별 미보상비율 적용표에 따라 미보상비율을 조사한다.

(2) 수확개시 후 수확량조사

수확개시 후 수확량조사는 조사일을 기준으로 해당 농지의 수확이 시작된 후에 수확량조사를 실시하는 경우를 의미하며, 조기 수확 및 수확 해태 등으로 수확개시 여부에 대한 분쟁이 발생한 경우에는 지역의 농업기술센터 등 농업 전문기관의 판단에 따른다.

1) 보상하는 재해 여부 심사

농지 및 작물 상태 등을 감안하여 약관에서 정한 보상하는 재해로 인한 피해가 맞는지 확인하며, 필요시에는 이에 대한 근거자료(피해사실 확인조사 참조)를 확보할 수 있다.

2) 유인틀 길이 측정

가입대상 오미자에 한하여 유인틀 형태 및 오미자 수령별로 유인틀의 실제 재배 길이, 수확완료 길이, 고사 길이, 미보상 길이를 측정한다.

3) 조사대상 길이 계산

실제재배 길이에서 수확완료 길이, 고사 길이와 미보상 길이를 빼서 조사대상 길이를 계산한다.

4) 표본구간수 산정

농지별 전체 조사대상 길이를 기준으로 품목별 표본주(구간)표에 따라 농지별 전체 표본구간수를 산정하되, 형태별·수령별 표본구간수는 형태별·수령별 조사대상 길이에 비례하여 산정한다.

5) 표본구간 선정

산정한 형태별·수령별 표본구간수를 바탕으로 형태별·수령별 조사대상길이의 특성이 골고루 반영될 수 있도록 표본구간(유인틀 길이 방향으로 1m)를 선정한다.

6) 과중조사

① 선정된 표본구간별로 표본구간 내 착과된 과실과 낙과된 과실의 무게를 조사한다. 다만, 현장 상황에 따라 표본구간별로 착과된 과실 중 절반만을 수확하여 조사할 수 있다.

② 계약자 등이 낙과된 과실을 한곳에 모아 둔 경우 등 낙과 표본조사가 불가능한 경우에는 낙과 전수조사를 실시한다. 낙과 전수조사 시에는 농지 내 전체낙과에 대하여 무게를 조사한다.

7) 기수확량조사

가) 기수확량 : 이미 수확한 량

나) 조사방법 : 출하자료 및 문답 등을 통하여 조사한다.

8) 낙과피해 및 착과피해 구성조사

① 낙과피해 구성조사는 표본구간의 낙과(낙과전수조사를 실시했을 경우에는 전체 낙과를 기준으로 한다) 중 임의의 과실 3,000g 이상(조사한 총 낙과과실 무게가 3,000g 미만인 경우에는 해당 과실 전체)을 추출하여 피해 구성 구분 기준에 따른 무게를 조사한다.

② 착과피해 구성조사는 표본구간에서 수확한 과실 중 임의의 과실을 추출하여 과실분류에 따른 피해인정계수에 따라 구분하여 그 무게를 조사한다. 이때 표본으로 추출한 과실 중량은 3,000g 이상(조사한 총착과 과실 무게가 3,000g 미만인 경우에는 해당 과실 전체)으로 한다.

③ 조사 당시 착과에 이상이 없는 경우나 낙과의 피해 정도가 심해 피해구성조사가 의미가 없을 경우 등에는 피해구성조사를 생략할 수 있다.

9) 미보상비율 확인

품목별 미보상비율 적용표에 따라 미보상비율을 조사한다.

7 수확량조사(유자만 해당)

(1) 수확개시 전 수확량조사

수확개시 전 수확량조사는 조사일을 기준으로 해당 농지의 수확이 시작되기 전에 수확량조사를 실시하는 경우를 의미하며, 조기 수확 및 수확 해태 등으로 수확개시 여부에 대한 분쟁이 발생한 경우에는 지역의 농업기술센터 등 농업전문기관의 판단에 따른다.

1) 보상하는 재해 여부 심사

농지 및 작물 상태 등을 감안하여 보상하는 재해로 인한 피해가 맞는지 확인하며, 필요시에는 이에 대한 근거자료(피해사실 확인조사 참조)를 확보한다.

2) 주수조사

품종별·수령별로 실제결과주수, 미보상주수 및 고사나무주수를 파악한다.

3) 조사대상주수 계산

실제결과주수에서 미보상주수 및 고사나무주수를 빼서 조사대상주수를 계산한다.

4) 표본주수 산정

농지별 전체 조사대상주수를 기준으로 품목별 표본주수표에 따라 농지별 전체 표본주수를 산정하되, 품종별·수령별 표본주수는 품종별·수령별 조사대상주수에 비례하여 산정한다.

〈유자 표본주수표〉

조사대상주수	표본주수	조사대상주수	표본주수
50주 미만	5	200주 이상, 500주 미만	8
50주 이상, 100주 미만	6	500주 이상, 800주 미만	9
100주 이상, 200주 미만	7	800주 이상	10

5) 표본주 선정

산정한 품종별·수령별 표본주수를 바탕으로 품종별·수령별 조사대상 주수의 특성

이 골고루 반영될 수 있도록 표본주를 선정한다.

6) 착과수조사

선정된 표본주별로 착과된 전체 과실수를 조사한다.

7) 과중조사

농지에서 품종별로 착과가 평균적인 3개 이상의 표본주에서 크기가 평균적인 과실을 품종별 20개 이상(농지당 최소 60개 이상) 추출하여 품종별 과실개수와 무게를 조사한다.

8) 착과피해 구성조사

착과피해를 유발하는 재해가 있었을 경우에는 아래와 같이 착과피해 구성조사를 실시한다.

① 착과피해 구성조사는 착과피해를 유발하는 재해가 있을 경우 시행하며, 품종별로 3개 이상의 표본주에서 임의의 과실 100개 이상을 추출한 후 과실분류에 따른 피해인정계수에 따라 구분하여 그 개수를 조사 한다.

② 조사 당시 착과에 이상이 없는 경우 등에는 품종별로 피해구성조사를 생략할 수 있다.

9) 미보상비율 확인

품목별 미보상비율 적용표에 따라 미보상비율을 조사한다.

8 **종합위험 비가림시설 피해조사**(포도, 대추, 참다래만 해당)

(1) **조사기준** : 해당 목적물인 비가림시설의 구조체와 피복재의 재조달가액을 기준금액으로 수리비를 산출한다.

(2) **평가 단위** : 물리적으로 분리 가능한 시설 1동을 기준으로 보험 목적물별 평가한다.

(3) **조사방법**

1) 피복재 : 피복재의 피해면적을 조사한다.

2) 구조체

① 손상된 골조를 재사용할 수 없는 경우 : 교체 수량 확인 후 교체 비용 산정

② 손상된 골조를 재사용할 수 있는 경우 : 보수 면적확인 후 보수비용 산정

9 나무손해보장 특약 고사나무조사(포도, 복숭아, 자두, 감귤(만감류), 참다래, 매실, 살구, 유자만 해당)

(1) 나무손해보장 특약 가입 여부 및 사고접수 여부 확인

해당 특약을 가입한 농지 중 사고가 접수된 모든 농지에 대해서 고사나무 조사를 실시한다.

(2) 조사시기의 결정

고사나무 조사는 수확완료 시점 이후에 실시하되, 나무손해보장 특약 종료 시점을 고려하여 결정한다.

(3) 보상하는 재해 여부 심사

농지 및 작물 상태 등을 감안하여 보상하는 재해로 인한 피해가 맞는지 확인하며, 필요시에는 이에 대한 근거자료(피해사실 확인조사 참조)를 확보한다.

(4) 주수조사

1) 포도, 복숭아, 자두, 감귤(만감류), 매실, 살구, 유자 품목에 대해서 품종별·수령별로 실제결과주수, 수확완료 전 고사주수, 수확완료 후 고사주수 및 미보상 고사주수를 조사한다.

가) 수확완료 전 고사주수

고사나무조사 이전 조사(착과수조사, 착과피해조사, 낙과피해조사 및 수확개시 전·후 수확량조사)에서 보상하는 재해로 고사한 것으로 확인된 주수를 말한다.

나) 수확완료 후 고사주수

보상하는 재해로 고사한 나무 중 고사나무조사 이전 조사에서 확인되지 않은 나무주수를 말한다.

다) 미보상 고사주수

보상하는 재해 이외의 원인으로 고사한 나무주수를 의미하며 고사 나무조사 이전 조사(착과수조사, 착과피해조사 및 낙과피해조사, 수확개시 전·후 수확량조사)에서 보상하는 재해 이외의 원인으로 고사하여 미보상주수로 조사된 주수를 포함한다.

라) 수확완료 후 고사주수가 없는 경우(계약자 유선 확인 등)에는 고사나무조사를 생략할 수 있다.

2) 참다래 품목에 대해서는 품종별·수령별로 실제결과주수와 고사주수, 미보상 고사주수를 조사한다.

10 미보상비율조사(모든 조사 시 동시조사)

상기 모든 조사마다 미보상비율 적용표에 따라 미보상비율을 조사한다.

3 보험금 산정방법 및 지급기준

1 수확감소보험금

(1) 지급보험금의 계산에 필요한 보험가입금액, 평년수확량, 수확량, 미보상감수량, 자기부담비율 등은 과수원별로 산정하며, 품종별로 산정하지 않는다.

(2) 보상하는 재해로 인하여 피해율이 자기부담비율을 초과하는 경우에만 지급보험금이 발생한다.

보험금	보험금 = 보험가입금액 × (피해율 − 자기부담비율)
피해율	피해율 = (평년수확량 − 수확량 − 미보상감수량) ÷ 평년수확량 유자의 평년수확량 값 적용 : 평균수확량보다 최근 7년간 과거 수확량의 올림픽 평균값이 더 클 경우 올림픽 평균값을 적용
복숭아 피해율	복숭아 피해율 = (평년수확량 − 수확량 − 미보상감수량 + 병충해감수량) / 평년수확량 ※ 병충해감수량 = 병충해 입은 과실의 무게 × 0.5 (세균구멍병으로 인한 피해과는 50%형 피해과실로 인정)
미보상감수량	미보상감수량 = (평년수확량 − 수확량) × 미보상비율

(3) 보험금 등의 지급한도(비가림과수 - 포도, 대추, 참다래)

① 보상하는 손해로 지급할 보험금은 상기 (2)를 적용하여 계산하며, 보험증권에 기재된 농작물의 보험가입금액을 한도로 한다.

② 손해방지비용, 대위권 보전비용, 잔존물 보전비용은 상기 (2)를 적용하여 계산한 금액이 보험가입금액을 초과하는 경우에도 지급한다. 단, 손해방지비용은 20만 원을 한도로 지급한다.

- 잔존물 보전비용 : 재해보험사업자가 잔존물을 취득할 의사표시를 하고 잔존물을 취득한 경우에 한하여 지급한다.
- 농작물의 경우 잔존물 제거비용은 지급하지 않는다.

2 포도, 복숭아, 감귤(만감류) 수확량감소 추가보장 특약의 보험금

보상하는 재해로 피해율이 자기부담비율을 초과하는 경우 적용한다.

보험금 = 보험가입금액 × (피해율 × 10%)

3 나무손해보장특약의 보험금

보험금 = 보험가입금액 × (피해율 − 자기부담비율)

① 피해율 = 피해주수(고사된 나무) ÷ 실제결과주수

② 피해주수는 수확전 고사주수와 수확완료 후 고사주수를 더하여 산정하며, 미보상 고사주수는 피해주수에서 제외한다.

③ 대상 품목 및 자기부담비율은 약관에 따른다.

4 종합위험 비가림시설(포도, 참다래, 대추) 보험금

(1) 손해액이 자기부담금을 초과하는 경우 : 아래와 같이 계산한 보험금을 지급한다.

보험금 = Min(손해액 − 자기부담금, 보험가입금액)

① 재해보험사업자가 보상할 손해액은 그 손해가 생긴 때와 곳에서의 가액에 따라 계산한다.

② 재해보험사업자는 1사고 마다 재조달가액(보험의 목적과 동형·동질의 신품을 조달하는데 소요되는 금액) 기준으로 계산한 손해액에서 자기부담금을 차감한 금액을 보험가입금액 내에서 보상한다.

(2) 동일한 계약의 목적과 동일한 사고에 관하여 보험금을 지급하는 다른 계약(공제계약을 포함한다)이 있고 이들의 보험가입금액의 합계액이 보험가액보다 클 경우 : 아래에 따라 지급보험금을 계산한다. 이 경우 보험자 1인에 대한 보험금 청구를 포기한 경우에도 다른 보험자의 지급보험금 결정에는 영향을 미치지 않는다.

1) 다른 계약이 이 계약과 지급보험금의 계산 방법이 같은 경우

$$\text{손해액} = \frac{\text{이 계약의 보험가입금액}}{\text{다른 계약이 없는 것으로하여 각각 계산한 보험가입금액의 합계액}}$$

2) 다른 계약이 이 계약과 지급보험금의 계산 방법이 다른 경우

$$\text{손해액} = \frac{\text{이 계약에 의한 보험금}}{\text{다른 계약이 없는 것으로하여 각각 계산한 보험금의 합계액}}$$

3) 보험계약이 타인을 위한 보험계약이면서 보험계약자가 다른 계약으로 인하여 「상법」 제682조에 따른 대위권 행사의 대상이 된 경우에는 실제 그 다른 계약이 존재함에도 불구하고 그 다른 계약이 없다는 가정하에 계산한 보험금을 그 다른 보험계약에 우선하여 이 보험계약에서 지급한다.

4) 보험계약을 체결한 재해보험사업자가 타인을 위한 보험에 해당하는 다른 계약의 보험계약자에게 「상법」 제682조에 따른 대위권을 행사할 수 있는 경우에는 이 보험계약이 없다는 가정하에 다른 계약에서 지급받을 수 있는 보험금을 초과한 손해액을 이 보험계약에서 보상한다.

(3) 하나의 보험가입금액으로 둘 이상의 보험의 목적을 계약한 경우

하나의 보험가입금액으로 둘 이상의 보험의 목적을 계약한 경우에는 전체가액에 대한 각 가액의 비율로 보험가입금액을 비례배분하여 지급보험금을 계산한다.

(4) 재해보험사업자의 보상

재해보험사업자는 보험의 목적이 손해를 입은 장소에서 실제로 수리 또는 복구되지 않은 때에는 재조달가액에 의한 보상을 하지 않고 시가(감가상각된 금액)로 보상한다.

(5) 계약자 또는 피보험자의 통지

계약자 또는 피보험자는 손해 발생 후 늦어도 180일 이내에 수리 또는 복구 의사를 재해보험사업자에 서면으로 통지해야 한다.

(6) 자기부담금

- 30만 원 ≦ 손해액의 10% ≦ 100만 원
- 피복재 단독사고, 10만 원 ≦ 손해액의 10% ≦ 30만 원

① 최소자기부담금(30만 원)과 최대자기부담금(100만 원)을 한도로 보험사고로 인하여 발생한 손해액의 10%에 해당하는 금액을 자기부담금으로 한다. 다만, 피복재 단독사고는 최소 자기부담금(10만 원)과 최대자기부담금(30만 원)을 한도로 한다.

② ①의 자기부담금은 단지 단위, 1사고 단위로 적용한다.

(7) 보험금 등의 지급한도 : 다음과 같다.

- 보상하는 손해로 지급할 보험금과 잔존물 제거비용은 각각 상기 (1) ~ (5)의 지급보험금 계산방법을 적용하여 계산하고, 그 합계액은 보험증권에 기재된 비가림시설의 보험가입금액을 한도로 한다. 단, 잔존물 제거비용은 손해액의 10%를 초과할 수 없다.
- 비용손해 중 손해방지비용, 대위권 보전비용, 잔존물 보전비용은 상기 (1) ~ (5)의 방법을 적용하여 계산한 금액이 보험가입금액을 초과하는 경우에도 지급한다.
- 잔존물 보전비용 : 재해보험사업자가 잔존물을 취득할 의사표시를 하고 잔존물을 취득한 경우에 한하여 지급한다.
- 비용손해 중 기타 협력비용은 보험가입금액을 초과한 경우에도 전액 지급한다.

1) 포도, 복숭아, 자두 수확량조사

- **착과수조사(최초 수확 품종 수확전)**
- **과중조사(품종별 수확시기)**
- **착과피해조사(피해 확인 가능 시기)**
- **낙과피해조사(착과수조사 이후 낙과피해 시)**
- **고사나무조사(수확완료 후)**

1. 착과수(수확개시 전 착과수조사 시)

(1) 품종·수령별 착과수 = 품종·수령별 조사대상주수 × 품종·수령별 주당 착과수

- 품종·수령별 조사대상주수 = 품종·수령별 실제결과주수 − 품종·수령별 고사주수 − 품종·수령별 미보상주수
- 품종·수령별 주당 착과수 = 품종·수령별 표본주의 착과수 ÷ 품종·수령별 표본주수

2. 착과수(착과피해조사 시)

(1) 품종·수령별 착과수 = 품종·수령별 조사대상주수 × 품종·수령별 주당 착과수

- 품종·수령별 조사대상주수 = 품종·수령별 실제결과주수 − 품종·수령별 고사주수 − 품종·수령별 미보상주수 − 품종·수령별 수확완료주수
- 품종·수령별 주당 착과수 = 품종별·수령별 표본주의 착과수 ÷ 품종별·수령별 표본주수

3. 과중조사(사고접수건에 대해 실시)

(1) 품종별 과중 = 품종별 표본과실 무게 ÷ 품종별 표본과실수

4. **낙과수 산정**(착과수조사 이후 발생한 낙과사고마다 산정)

〈표본조사 시- 품종·수령별 낙과수 조사〉

(1) **품종·수령별 낙과수 = 품종·수령별 조사대상 주수 × 품종·수령별 주당 낙과수**

- 품종·수령별 조사대상주수 = 품종·수령별 실제결과주수 − 품종·수령별 고사주수 − 품종·수령별 미보상주수 − 품종·수령별 수확완료주수
- 품종·수령별주당 낙과수 = 품종·수령별 표본주의 낙과수 ÷ 품종·수령별 표본주수

〈전수조사 시 - 품종별 낙과수조사〉

- 전체 낙과수에 대한 품종 구분이 가능할 때 : 품종별로 낙과수 조사
- 전체 낙과수에 대한 품종 구분이 불가능할 때 (전체 낙과수 조사 후 품종별 안분)

(1) **품종별 낙과수 = 전체 낙과수 × (품종별 표본과실 수 ÷ 품종별 표본과실 수의 합계)**

(2) **품종별 주당 낙과수 = 품종별 낙과수 ÷ 품종별 조사대상주수**

- 품종별 조사대상주수 = 품종별 실제결과주수 − 품종별 고사주수 − 품종별 미보상주수 − 품종별 수확완료주수)

5. **피해구성조사**(낙과 및 착과피해 발생 시 실시)

(1) **피해구성률** = {(50%형 피해과실수 × 0.5) + (80%형 피해과실수 × 0.8) + (100%형 피해과실 수 × 1)} ÷ 표본과실수

(2) **금차 피해구성률** = 피해구성률 − Max A

- 금차 피해구성률은 다수 사고인 경우 적용
- Max A : 금차 사고전 기조사된 착과피해구성률 중 최댓값을 말함

※ 금차 피해구성률이 영(0)보다 작은 경우에는 영(0)으로 함

6. **착과량 산정**(착과량 = 품종·수령별 착과량의 합)

(1) **품종·수령별 착과량 = (품종·수령별 착과수 × 품종별 과중) + (품종·수령별 주당 평년수확량 × 미보상주수)**

※ 단, 품종별 과중이 없는 경우(과중 조사 전 기수확 품종)에는 품종·수령별 평년수확량을 품종·수령별 착과량으로 한다.

- 품종·수령별 주당 평년수확량 = 품종·수령별 평년수확량 ÷ 품종·수령별 실제결과주수
- 품종·수령별 평년수확량 = 평년수확량 × (품종·수령별 표준수확량 ÷ 표준수확량)
- 품종·수령별 표준수확량 = 품종·수령별 주당 표준수확량 × 품종·수령별 실제결과주수

7. 감수량 산정(사고마다 산정)

(1) 금차 감수량 = 금차 착과 감수량 + 금차 낙과 감수량 + 금차 고사주수 감수량

- 금차 착과 감수량 = 금차 품종·수령별 착과 감수량의 합
- 금차 품종·수령별 착과 감수량 = 금차 품종·수령별 착과수 × 품종별 과중 × 금차 품종별 착과피해 구성률
- 금차 낙과 감수량 = 금차 품종·수령별 낙과수 × 품종별 과중 × 금차 낙과피해 구성률
- 금차 고사주수 감수량 = (품종·수령별 금차 고사분과실수) × 품종별 과중
- 품종·수령별 금차 고사주수 = 품종·수령별 고사주수 − 품종·수령별 기조사 고사주수

8. 피해율 산정

(1) 피해율(포도, 자두, 감귤(만감류)) = (평년수확량 − 수확량 − 미보상감수량) ÷ 평년수확량

(2) 피해율(복숭아) = (평년수확량 − 수확량 − 미보상감수량 + 병충해감수량) ÷ 평년수확량

- 미보상감수량 = (평년수확량 - 수확량) × 최댓값(미보상비율1, 미보상비율 2, …)

9. 수확량 산정

(1) 착과수조사 이전 사고의 피해사실이 인정된 경우

- 수확량 = 착과량 - 사고당 감수량의 합

(2) 착과수조사 이전 사고의 접수가 없거나, 피해사실이 인정되지 않은 경우

- 수확량 = Max(평년수확량, 착과량)- 사고당 감수량의 합

※ 수확량은 품종별 개당 과중조사 값이 모두 입력된 경우 산정됨

10.병충해 감수량(복숭아만 해당)

(1) 병충해감수량 = 금차 병충해 착과감수량 + 금차 병충해 낙과감수량

1) 병충해 착과감수량 = 품종·수령별 병충해 인정피해 (착과)과실수 × 품종별 과중

- 품종·수령별 병충해 인정피해 (착과)과실수 = 품종·수령별 잔여착과수 × 품종별 병충해 병충해피해구성비율
- 품종별 병충해 착과피해구성률 = (병충해 착과피해과실수 × 0.5) ÷ 표본 착과과실수

2) 금차 병충해 낙과감수량 = 금차 품종·수령별 병충해 인정피해 (낙과)과실수 × 품종별 과중

- 금차 품종·수령별 병충해 인정피해 (낙과)과실수 = 금차 품종·수령별 낙과 피해과실수 × 품종별 병충해 낙과피해구성비율
- 품종별 병충해 낙과피해구성비율 = (병충해 낙과 피해과실수 × 0.5) ÷ 표본낙과과실수

2) 호두, 밤 수확개시 전 수확량조사(조사일 기준)

최초 수확전

1. 수확개시 이전 수확량조사

(1) 기본사항

- 품종별(·수령별) 조사대상 주수 = 품종별(·수령별) 실제결과주수 − 품종별(·수령별) 미보상주수 − 품종별(·수령별) 고사나무주수
- 품종별(·수령별) 평년수확량 = 평년수확량 × {(품종별(·수령별) 주당 표준수확량 × 품종별(·수령별) 실제결과주수) ÷ 표준수확량}
- 품종별(·수령별) 주당 평년수확량 = 품종별(·수령별) 평년수확량 ÷ 품종별(·수령별) 실제결과주수

(2) 착과수조사

품종별(·수령별) 주당 착과수 = 품종별(·수령별) 표본주의 착과수 ÷ 품종별(·수령별) 표본주수

(3) 낙과수조사

1) 표본조사

품종별(·수령별) 주당 낙과수 = 품종별(·수령별) 표본주의 낙과수 ÷ 품종별(·수령별) 표본주수

2) 전수조사

- 전체 낙과에 대하여 품종별 구분이 가능한 경우 : 품종별 낙과수 조사
- 전체 낙과에 대하여 품종별 구분이 불가한 경우 : 전체 낙과수 조사 후 낙과수 중 표본을 추출하여 품종별 개수 조사
- 품종별 낙과수 = 전체 낙과수 × (품종별 표본과실 수 ÷ 전체 표본과실 수의 합계)
- 품종별 주당 낙과수 = 품종별 낙과수 ÷ 품종별 조사대상 주수
- 품종별 조사대상 주수 = 품종별 실제결과주수 − 품종별 고사주수 − 품종별 미보상주수

(4) 과중조사

- (밤) 품종별 개당 과중 = 품종별{정상 표본과실 무게 + (소과 표본과실 무게 × 0.8)} ÷ 표본과실 수
- (호두) 품종별 개당 과중 = 품종별 표본과실 무게 합계 ÷ 표본과실 수

(5) 피해구성조사(품종별로 실시)

피해구성률 = {(50%형 피해과실 수×0.5) + (80%형 피해과실 수×0.8) + (100%형 피해과실 수×1)} ÷ 표본과실 수

(6) 피해율 = (평년수확량 − 수확량 − 미보상감수량) ÷ 평년수확량

- 수확량 = {품종별(·수령별) 조사대상 주수 × 품종별(·수령별) 주당 착과수 × (1 − 착과피해구성률) × 품종별 과중 } + {품종별(·수령별) 조사대상 주수 × 품종별(·수령별) 주당 낙과수 × (1 − 낙과피해구성률) × 품종별 과중} + (품종별(·수령별) 주당 평년수확량 × 품종별(·수령별) 미보상주수)
- 미보상감수량 = (평년수확량 − 수확량) × 미보상비율

3) 호두, 밤 수확개시 후 수확량조사(조사일 기준)

사고발생 직후

1. 수확개시 후 수확량조사

(1) 착과수조사

품종별(·수령별) 주당 착과수 = 품종별(·수령별) 표본주의 착과수 ÷ 품종별(·수령별) 표본주수

(2) 낙과수조사

1) 표본조사

품종별(·수령별) 주당 낙과수 = 품종별(·수령별) 표본주의 낙과수 ÷ 품종별(·수령별) 표본주수

2) 전수조사

- 전체 낙과에 대하여 품종별 구분이 가능한 경우 : 품종별 낙과수 조사
- 전체 낙과에 대하여 품종별 구분이 불가한 경우 : 전체 낙과수 조사 후 낙과수 중 표본을 추출하여 품종별 개수 조사
- 품종별 낙과수 = 전체 낙과수 × (품종별 표본과실 수 ÷ 전체 표본과실 수의 합계)

- 품종별 주당 낙과수 = 품종별 낙과수 ÷ 품종별 조사대상 주수
- 품종별 조사대상 주수 = 품종별 실제결과주수 − 품종별 고사주수 − 품종별 미보상주수 − 품종별 수확완료주수

(3) **과중조사**

- (밤) 품종별 개당 과중 = 품종별{정상 표본과실 무게 + (소과 표본과실 무게 × 0.8)} ÷ 표본과실 수
- (호두) 품종별 개당 과중 = 품종별 표본과실 무게 합계 ÷ 표본과실 수

(4) **피해구성조사**(품종별로 실시)

- 피해구성률 = {(50%형 피해과실 수 × 0.5) + (80%형 피해과실 수 × 0.8) + (100%형 피해과실 수 × 1)} ÷ 표본과실 수
- 금차 피해구성률 = 피해구성률 − Max A
- 금차 피해구성률은 다수 사고인 경우 적용
- Max A : 금차 사고전 기조사된 착과피해구성률 중 최댓값을 말함

※ 금차 피해구성률이 영(0)보다 작은 경우에는 영(0)으로 함

(5) **금차 수확량**

금차 수확량 = {품종별(·수령별) 조사대상 주수 × 품종별(·수령별) 주당 착과수 × 품종별(·수령별) 개당 과중 × (1 − 금차 착과피해구성률)} + {품종별(·수령별) 조사대상 주수 × 품종별(·수령별) 주당 낙과수 × 품종별 개당 과중 × (1 − 금차 낙과피해구성률)} + (품종별(·수령별) 주당 평년수확량 × 품종별(·수령별) 미보상주수)

(6) **감수량**

감수량 = (품종별 조사대상 주수 × 품종별 주당 착과수 × 금차 착과피해구성률 × 품종별 개당 과중) + (품종별 조사대상 주수 × 품종별 주당 낙과수 × 금차 낙과피해구성률 × 품종별 개당 과중) + {품종별 금차 고사주수 × (품종별 주당 착과수 + 품종별 주당 낙과수) × 품종별 개당 과중 × (1 − Max A)}

- 품종별 조사대상 주수 = 품종별 실제 결과주수 − 품종별 미보상주수 − 품종별 고사나무주수 − 품종별 수확완료주수
- 품종별 평년수확량 = 평년수확량 × {(품종별 주당 표준수확량 × 품종별 실제결과주수) ÷ 표준수확량}
- 품종별 주당 평년수확량 = 품종별 평년수확량 ÷ 품종별 실제결과주수
- 품종별 금차 고사주수 = 품종별 고사주수 − 품종별 기조사 고사주수

2. 피해율 산정

(1) 금차 수확개시 후 수확량조사가 최초 조사인 경우(이전 수확량조사가 없는 경우)

1) 금차 수확량 + 금차 감수량 + 기수확량 〈 평년수확량인 경우

- 피해율 = (평년수확량 − 수확량 − 미보상감수량) ÷ 평년수확량
- 수확량 = 평년수확량 − 금차 감수량
- 미보상감수량 = 금차 감수량 × 미보상비율

2) 금차 수확량 + 금차 감수량 + 기수확량 ≧ 평년수확량인 경우

- 피해율 = (평년수확량 − 수확량 − 미보상감수량) ÷ 평년수확량
- 수확량 = 금차 수확량 + 기수확량
- 미보상감수량 = {평년수확량 − (금차 수확량 + 기수확량)} × 미보상비율

(2) 수확개시 전 수확량조사가 있는 경우(이전 수확량조사에 수확개시 전 수확량조사가 포함된 경우)

1) 금차 수확량 + 금차 감수량 + 기수확량 〉 수확개시 전 수확량조사 수확량 → 오류 수정 필요

2) 금차 수확량 + 금차 감수량 + 기수확량 〉 이전 조사 금차 수확량 + 이전 조사 기수확량 → 오류 수정 필요

3) 금차 수확량 + 금차 감수량 + 기수확량 ≦ 수확개시 전 수확량조사 수확량이면서 금차 수확량 + 금차 감수량 + 기수확량 ≦ 이전 조사 금차 수확량 + 이전 조사 기수확량인 경우

- 피해율 = (평년수확량 − 수확량 − 미보상감수량) ÷ 평년수확량
- 수확량 = 수확개시전 수확량 − 사고당 감수량의 합
- 미보상감수량 = {평년수확량 − (수확개시 전 수확량 − 사고당 감수량의 합)} × Max(미보상비율)

(3) 수확개시 후 수확량조사만 있는 경우(이전 수확량조사가 모두 수확개시 후 수확량조사인 경우)

1) 금차 수확량 + 금차 감수량 + 기수확량 〉 이전 조사 금차 수확량 + 이전 조사 기수확량 → 오류 수정 필요

2) 금차 수확량 + 금차 감수량 + 기수확량 ≦ 이전 조사 금차 수확량 + 이전 조사 기수확량인 경우

① 최초 조사가 금차 수확량 + 금차 감수량 + 기수확량 〈 평년수확량인 경우

- 피해율 = (평년수확량 − 수확량 − 미보상감수량) ÷ 평년수확량
- 수확량 = 평년수확량 − 사고당 감수량의 합

- 미보상감수량 = 사고당 삼수량의 합 × Max(미보상비율)

② 최초 조사가 금차 수확량 + 금차 감수량 + 기수확량 ≥ 평년수확량인 경우
- 피해율 = (평년수확량 − 수확량 − 미보상감수량) ÷ 평년수확량
- 수확량 = 최초 조사 금차 수확량 + 최초 조사 기수확량 − 2차 이후 사고당 감수량의 합
- 미보상감수량 = {평년수확량 − (최초 조사 금차 수확량 + 최초 조사 기수확량) + 2차 이후 사고당 감수량의 합} × Max(미보상비율)

4) 참다래 수확개시 전 수확량조사(조사일 기준)

최초 수확전

1. 착과수조사

품종·수령별 착과수 = 품종·수령별 표본조사대상면적 × 품종·수령별 면적(m^2)당 착과수

- 품종·수령별 표본조사대상면적 = 품종·수령별 재식 면적 × 품종·수령별 표본조사대상 주수
- 품종·수령별 면적(m^2)당 착과수 = 품종·수령별 (표본구간 착과수 ÷ 표본구간 넓이)
- 재식면적 = 주간 거리 × 열간 거리
- 품종별·수령별 표본조사대상주수 = 품종·수령별 실제 결과주수 − 품종·수령별 미보상주수 - 품종·수령별 고사나무주수
- 표본구간 넓이 = (표본구간 윗변 길이 + 표본구간 아랫변 길이) × 표본구간 높이(윗변과 아랫변의 거리) ÷ 2

2. 과중조사

품종별 개당 과중 = 품종별 표본과실 무게 합계 ÷ 표본과실 수

3. 피해구성조사(품종별로 실시)

- 피해구성률 = {(50%형 피해과실수 × 0.5) + (80%형 피해과실수 × 0.8) + (100%형 피해과실수 × 1)} ÷ 표본과실수
- 금차 피해구성률 = 피해구성률 − Max A
- 금차 피해구성률은 다수 사고인 경우 적용
- Max A : 금차 사고전 기조사된 착과피해구성률 중 최댓값을 말함

※ 금차 피해구성률이 영(0)보다 작은 경우에는 영(0)으로 함

4. 피해율 산정

피해율 = (평년수확량 − 수확량 − 미보상감수량) ÷ 평년수확량

- 수확량 = {품종·수령별 착과수 × 품종별 과중 × (1 − 피해구성률)} + {품종·수령별 면적(m^2)당 평년수확량 × 품종·수령별 미보상주수 × 품종·수령별 재식면적}
- 품종·수령별 면적(m^2)당 평년수확량 = 품종별·수령별 평년수확량 ÷ 품종·수령별 재식면적 합계
- 품종·수령별 평년수확량 = 평년수확량 × (품종별·수령별 표준수확량 ÷ 표준수확량)
- 미보상감수량 = (평년수확량 − 수확량) × 미보상비율

5) 참다래 수확개시 후 수확량조사(조사일 기준)

사고발생 직후

1. 착과수조사

- 품종·수령별 착과수 = 품종·수령별 표본조사대상면적 × 품종·수령별 면적(m^2)당 착과수
- 품종·수령별 조사대상 면적 = 품종·수령별 재식 면적 × 품종·수령별 표본조사대상 주수
- 품종·수령별 면적(m^2)당 착과수 = 품종별·수령별 표본구간 착과수 ÷ 품종·수령별 표본구간 넓이
- 재식 면적 = 주간 거리 × 열간 거리
- 품종·수령별 조사대상 주수 = 품종·수령별 실제 결과주수 − 품종·수령별 미보상주수 − 품종·수령별 고사나무주수 − 품종·수령별 수확완료주수
- 표본구간 넓이 = (표본구간 윗변 길이 + 표본구간 아랫변 길이) × 표본구간 높이(윗변과 아랫변의 거리) ÷ 2

2. 낙과수조사

(1) 표본조사

- 품종·수령별 낙과수 = 품종·수령별 조사대상면적 × 품종·수령별 면적(m^2)당 낙과수
- 품종·수령별 면적(m^2)당 낙과수 = 품종·수령별 표본주의 낙과수 ÷ 품종·수령별 표본구간 넓이

(2) **전수조사**

- 전체 낙과에 대하여 품종별 구분이 가능한 경우 : 품종별 낙과수 조사
- 전체 낙과에 대하여 품종별 구분이 불가한 경우 : 품종별 낙과수 = 전체 낙과수 × (품종별 표본과실수 ÷ 전체 표본과실수의 합계)

3. 과중조사

품종별 개당 과중 = 품종별 표본과실 무게 합계 ÷ 표본과실 수

4. 피해구성조사(품종별로 실시)

- 피해구성률 = {(50%형 피해과실수×0.5)+(80%형 피해과실수×0.8)+(100%형 피해과실수×1)}÷표본과실 수
- 금차 피해구성률 = 피해구성률 − Max A
- 금차 피해구성률은 다수 사고인 경우 적용
- Max A : 금차 사고전 기조사된 착과피해구성률 중 최댓값을 말함

※ 금차 피해구성률이 영(0)보다 작은 경우에는 영(0)으로 함

5. 금차 수확량

금차 수확량= {품종·수령별 착과수 × 품종별 개당 과중 × (1 − 금차 착과피해구성률)} + {품종·수령별 낙과수 × 품종별 개당 과중 × (1 − 금차 낙과피해구성률)} + {품종·수령별 m^2 당 평년수확량 × 미보상주수 × 품종·수령별 재식면적}

6. 금차 감수량

금차 감수량 = {품종·수령별 착과수 × 품종별 과중 × 금차 착과피해구성률} + {품종·수령별 낙과수 × 품종별 과중 × 금차 낙과피해구성률} + {품종·수령별 m^2 당 평년수확량 × 금차 고사주수 × (1 − Max A)) × 품종·수령별 재식면적}

- 금차 고사주수 = 고사주수 − 기조사 고사주수
- 품종·수령별 면적(m^2)당 평년수확량 = 품종·수령별 평년수확량 ÷ 품종·수령별 재식면적 합계
- 품종·수령별 평년수확량 = 평년수확량 × (품종·수령별 표준수확량 ÷ 표준수확량)

7. 피해율 산정

(1) **금차 수확개시 후 수확량조사가 최초 조사인 경우**(이전 수확량조사가 없는 경우)

1) 금차 수확량 + 금차 감수량 + 기수확량 〈 평년수확량인 경우

- 피해율 = (평년수확량 − 수확량 − 미보상감수량) ÷ 평년수확량
- 수확량 = 평년수확량 − 금차 감수량

• 미보상감수량 = 금차 감수량 × 미보상비율

2) 금차 수확량 + 금차 감수량 + 기수확량 ≧ 평년수확량인 경우

• 피해율 = (평년수확량 − 수확량 − 미보상감수량) ÷ 평년수확량

• 수확량 = 금차 수확량 + 기수확량

• 미보상감수량 = (평년수확량 − (금차 수확량 + 기수확량)) × 미보상비율

(2) **수확개시 전 수확량조사가 있는 경우**(이전 수확량조사에 수확개시 전 수확량조사가 포함된 경우)

1) 금차 수확량 + 금차 감수량 + 기수확량 〉 수확개시 전 수확량조사 수확량 → 오류 수정 필요

2) 금차 수확량 + 금차 감수량 + 기수확량 〉 이전 조사 금차 수확량 + 이전 조사 기수확량 → 오류 수정 필요

3) 금차 수확량 + 금차 감수량 + 기수확량 ≦ 수확개시 전 수확량조사 수확량 이면서 금차 수확량 + 금차 감수량 + 기수확량 ≦ 이전 조사 금차 수확량 + 이전 조사 기수확량인 경우

• 피해율 = (평년수확량 − 수확량 − 미보상감수량) ÷ 평년수확량

• 수확량 = 수확개시전 수확량 − 사고당 감수량의 합

• 미보상감수량 = {평년수확량 − (수확개시 전 수확량 − 사고당 감수량의 합)} × Max(미보상비율)

(3) **수확개시 후 수확량조사만 있는 경우**(이전 수확량조사가 모두 수확개시 후 수확량조사인 경우)

1) 금차 수확량 + 금차 감수량 + 기수확량 〉 이전 조사 금차 수확량 + 이전 조사 기수확량 → 오류 수정 필요

2) 금차 수확량 + 금차 감수량 + 기수확량 ≦ 이전 조사 금차 수확량 + 이전 조사 기수확량인 경우

① 최초 조사가 금차 수확량 + 금차 감수량 + 기수확량 〈 평년수확량인 경우

• 피해율 = (평년수확량 − 수확량 − 미보상감수량) ÷ 평년수확량

• 수확량 = 평년수확량 − 사고당 감수량의 합

• 미보상감수량 = 사고당 감수량의 합 × Max(미보상비율)

② 최초 조사가 금차 수확량 + 금차 감수량 + 기수확량 ≧ 평년수확량인 경우

• 피해율 = (평년수확량 − 수확량 − 미보상감수량) ÷ 평년수확량

• 수확량 = 최초 조사 금차 수확량 + 최초 조사 기수확량 − 2차 이후 사고당 감수량의 합

• 미보상감수량 = {평년수확량 − (최초 조사 금차 수확량 + 최초 조사 기수확량) + 2차 이후 사고당 감수량의 합} × Max(미보상비율)

6) 매실, 대추, 살구 수확개시 전 수확량조사(조사일 기준)

최초 수확전

1. 피해율 = (평년수확량 - 수확량 - 미보상감수량) ÷ 평년수확량

(1) 수확량 = {품종·수령별 조사대상주수 × 품종·수령별 주당 착과량 × (1 − 착과피해구성률)} + (품종·수령별 주당 평년수확량 × 품종·수령별 미보상주수)

(2) 미보상감수량 = (평년수확량 − 수확량) × 미보상비율

• 품종·수령별 조사대상주수 = 품종·수령별 실제결과주수 − 품종·수령별 미보상주수 − 품종·수령별 고사나무주수

• 품종·수령별 평년수확량 = 평년수확량 × (품종별 표준수확량 ÷ 표준수확량)

• 품종·수령별 주당 평년수확량 = 품종별·수령별 (평년수확량 ÷ 실제결과주수)

• 품종·수령별 주당 착과량 = 품종별·수령별 (표본주의 착과무게 ÷ 표본주수)

• 표본주 착과무게 = 조사 착과량 × 품종별 비대추정지수(매실) × 2(절반조사 시)

(3) 피해구성조사

피해구성률 = {(50%형 피해과실무게 × 0.5) + (80%형 피해과실무게 × 0.8) + (100%형 피해과실무게 × 1)} ÷ 표본과실무게

7) 매실, 대추, 살구 수확개시 후 수확량조사(조사일 기준)

사고발생 직후

1. 금차 수확량

금차 수확량 = {품종·수령별 조사대상주수 × 품종·수령별 주당 착과량 × (1 − 금차 착과피해구성률)} + {품종·수령별 조사대상주수 × 품종별(·수령별) 주당 낙과량 × (1 − 금차 낙과피해구성률)} + (품종별 주당 평년수확량 × 품종별 미보상주수)

2. 금차 감수량

금차 감수량 = (품종·수령별 조사대상주수 × 품종·수령별 주당 착과량 × 금차 착과피해구성률) + (품종·수령별 조사대상 주수 × 품종별(·수령별) 주당 낙과량 × 금차 낙과피해구성률) + {품종·수령별 금차 고사주수 × (품종·수령별 주당 착과량 + 품종별(·수령별) 주당 낙과량) × (1 − Max A)}

- 품종·수령별 조사대상주수 = 품종·수령별 실제 결과주수 − 품종·수령별 미보상주수 − 품종·수령별 고사나무주수 − 품종·수령별 수확완료주수
- 품종·수령별 평년수확량 = 평년수확량 ÷ 품종·수령별 표준수확량 합계 × 품종·수령별 표준수확량
- 품종·수령별 주당 평년수확량 = 품종·수령별 평년수확량 ÷ 품종·수령별 실제 결과주수
- 품종·수령별 주당 착과량 = 품종·수령별 표본주의 착과량 ÷ 품종·수령별 표본주수
- 표본주 착과무게 = 조사 착과량 × 품종별 비대추정지수(매실) × 2(절반조사 시)
- 품종·수령별 금차 고사주수 = 품종·수령별 고사주수 − 품종·수령별 기조사 고사주수

3. 낙과량조사

(1) 표본조사

품종·수령별 주당 낙과량 = 품종·수령별 표본주의 낙과량 ÷ 품종·수령별 표본주수

(2) 전수조사

- 품종별 주당 낙과량 = 품종별 낙과량 ÷ 품종별 표본조사대상 주수
- 전체 낙과에 대하여 품종별 구분이 가능한 경우 : 품종별 낙과량 조사
- 전체 낙과에 대하여 품종별 구분이 불가한 경우 : 품종별 낙과량 = 전체 낙과량 × (품종별 표본과실 수(무게) ÷ 표본 과실 수(무게))

4. 피해구성조사

- 피해구성률 = {(50%형 피해과실무게 × 0.5) + (80%형 피해과실무게×0.8) + (100%형 피해과실무게)×1)} ÷ 표본과실무게
- 금차 피해구성률 = 피해구성률 − Max A
- 금차 피해구성률은 다수 사고인 경우 적용
- Max A : 금차 사고전 기조사된 착과피해구성률 중 최댓값을 말함

※ 금차 피해구성률이 영(0)보다 작은 경우에는 영(0)으로 함

5. 피해율 산정

(1) 금차 수확개시 후 수확량조사가 최초 조사인 경우(이전 수확량조사가 없는 경우)

1) 금차 수확량 + 금차 감수량 + 기수확량 〈 평년수확량인 경우

- 피해율 = (평년수확량 − 수확량 − 미보상감수량) ÷ 평년수확량

- 수확량 = 평년수확량 − 금차 감수량
- 미보상감수량 = 금차 감수량 × 미보상비율

2) 금차 수확량 + 금차 감수량 + 기수확량 ≧ 평년수확량인 경우
- 피해율 = (평년수확량 − 수확량 − 미보상감수량) ÷ 평년수확량
- 수확량 = 금차 수확량 + 기수확량
- 미보상감수량 = (평년수확량 − (금차 수확량 + 기수확량)) × 미보상비율

(2) **수확개시 전 수확량조사가 있는 경우**(이전 수확량조사에 수확개시 전 수확량조사가 포함된 경우)

1) 금차 수확량 + 금차 감수량 + 기수확량 〉 수확개시 전 수확량조사 수확량 → 오류수정 필요

2) 금차 수확량 + 금차 감수량 + 기수확량 〉 이전 조사 금차 수확량 + 이전 조사 기수확량 → 오류수정 필요

3) 금차 수확량 + 금차 감수량 + 기수확량 ≦ 수확개시 전 수확량조사 수확량이면서 금차 수확량 + 금차 감수량 + 기수확량 ≦ 이전 조사 금차 수확량 + 이전 조사 기수확량인 경우
- 피해율 = (평년수확량 − 수확량 − 미보상감수량) ÷ 평년수확량
- 수확량 = 수확개시전 수확량 − 사고당 감수량의 합
- 미보상감수량 = {평년수확량 − (수확개시 전 수확량 − 사고당 감수량의 합)} × Max(미보상비율)

(3) **수확개시 후 수확량조사만 있는 경우**(이전 수확량조사가 모두 수확개시 후 수확량조사인 경우)

1) 금차 수확량 + 금차 감수량 + 기수확량 〉 이전 조사 금차 수확량 + 이전 조사 기수확량 → 오류 수정 필요

2) 금차 수확량 + 금차 감수량 + 기수확량 ≦ 이전 조사 금차 수확량 + 이전 조사 기수확량인 경우

① 최초 조사가 금차 수확량 + 금차 감수량 + 기수확량 〈 평년수확량인 경우
- 피해율 = (평년수확량 − 수확량 − 미보상감수량) ÷ 평년수확량
- 수확량 = 평년수확량 − 사고당 감수량의 합
- 미보상감수량 = 사고당 감수량의 합 × Max(미보상비율)

② 최초 조사가 금차 수확량 + 금차 감수량 + 기수확량 ≧ 평년수확량인 경우
- 피해율 = (평년수확량 − 수확량 − 미보상감수량) ÷ 평년수확량

- 수확량 = 최초 조사 금차 수확량 + 최초 조사 기수확량 − 2차 이후 사고당 감수량의 합
- 미보상감수량 = {평년수확량 − (최초 조사 금차 수확량 + 최초 조사 기수확량) + 2차 이후 사고당 감수량의 합} × Max(미보상비율)

8) 오미자수확개시 전 수확량조사(조사일 기준)

최초 수확전

1 피해율 = (평년수확량 − 수확량 − 미보상감수량) ÷ 평년수확량

(1) 수확량 = {형태·수령별 조사대상길이 × 형태·수령별 m당 착과량 × (1 − 착과피해구성률)} + (형태·수령별 m당 평년수확량 × 형태·수령별 미보상 길이)

- 형태·수령별 조사대상길이 = 형태·수령별 실제재배길이 − 형태·수령별 미보상길이 − 형태·수령별 고사길이
- 형태·수령별 길이(m)당 착과량 = 형태·수령별 표본구간의 착과무게 ÷ 형태·수령별 표본구간 길이의 합
- 표본구간 착과무게 = 조사 착과량 × 2(절반조사 시)
- 형태·수령별 길이(m)당 평년수확량 = 형태·수령별 평년수확량 ÷ 형태·수령별 실제재배길이
- 형태·수령별 평년수확량 = 평년수확량×{(형태·수령별 m당 표준수확량×형태·수령별 실제재배길이) ÷ 표준수확량

(2) 미보상감수량 = (평년수확량 − 수확량) × 미보상비율

(3) 피해구성조사

피해구성률 = {(50%형 피해과실무게 × 0.5) + (80%형 피해과실무게 × 0.8) + (100%형 피해과실무게 × 1)} ÷ 표본과실무게

9) 오미자 수확개시 후 수확량조사(조사일 기준)

사고발생 직후

1. 기본사항

- 형태·수령별 조사대상길이 = 형태·수령별 실제재배길이 − 형태·수령별 수확완료길이 − 형태·수령별 미보상길이 − 형태·수령별 고사 길이
- 형태·수령별 평년수확량 = 평년수확량 ÷ 표준수확량 × 형태·수령별 표준수확량
- 형태·수령별 길이(m)당 평년수확량 = 형태·수령별 평년수확량 ÷ 형태·수령별 실제재배길이
- 형태·수령별 길이(m)당 착과량 = 형태·수령별 표본구간의 착과무게 ÷ 형태·수령별 표본구간 길이의 합
- 표본구간 착과무게 = 조사 착과량 × 2(절반조사 시)
- 형태·수령별 금차 고사 길이 = 형태·수령별 고사 길이 − 형태·수령별 기조사 고사 길이

2. 낙과량 조사

(1) 표본조사

형태·수령별 길이(m)당 낙과량 = 형태·수령별 표본구간의 낙과량의 합 ÷ 형태·수령별 표본구간 길이의 합

(2) 전수조사

길이(m)당 낙과량 = 낙과량 ÷ 전체 조사대상길이의 합

3. 피해구성조사

- 피해구성률 = {(50%형 과실무게 × 0.5) + ((80%형 과실무게 × 0.8) + (100%형 과실무게×1)} ÷ 표본 과실무게
- 금차 피해구성률 = 피해구성률 − Max A
- Max A : 금차 사고전 기조사된 착과피해구성률 중 최댓값을 말함

※ 금차 피해구성률이 영(0)보다 작은 경우 : 금차 감수과실수는 영(0)으로 함

4. 금차 수확량

금차 수확량 = {형태·수령별 조사대상길이 × 형태·수령별 m당 착과량 × (1 − 금차 착과피해구성률)} + {형태·수령별 조사대상길이 × 형태·수령별 m당 낙과량 × (1 − 금차 낙과피해구성률)} + (형태·수령별 m당 평년수확량 × 형태별수령별 미보상 길이)

5. 금차 감수량

금차 감수량 = (형태·수령별 조사대상길이 × 형태·수령별 m당 착과량 × 금차 착과피해구성률) + (형태·수령별 조사대상길이 × 형태·수령별 m당 낙과량 × 금차 낙과피해구성률) + (형태·수령별 금차 고사 길이 × (형태·수령별 m당 착과량 + 형태·수령별 m당 낙과량) × (1 − Max A))

6. 피해율 산정

(1) 금차 수확개시 후 수확량조사가 최초 조사인 경우(이전 수확량조사가 없는 경우)

1) 금차 수확량 + 금차 감수량 + 기수확량 〈 평년수확량인 경우
- 피해율 = (평년수확량 − 수확량 − 미보상감수량) ÷ 평년수확량
- 수확량 = 평년수확량 − 금차 감수량
- 미보상감수량 = 금차 감수량 × 미보상비율

2) 금차 수확량 + 금차 감수량 + 기수확량 ≧ 평년수확량인 경우
- 피해율 = (평년수확량 − 수확량 − 미보상감수량) ÷ 평년수확량
- 수확량 = 금차 수확량 + 기수확량
- 미보상감수량 = {평년수확량 − (금차 수확량 + 기수확량)} × 미보상비율

(2) 수확개시 전 수확량조사가 있는 경우(이전 수확량조사에 수확개시 전 수확량조사가 포함된 경우)

1) 금차 수확량 + 금차 감수량 + 기수확량 〉 수확개시 전 수확량조사 수확량 → 오류 수정 필요

2) 금차 수확량 + 금차 감수량 + 기수확량 〉 이전 조사 금차 수확량 + 이전 조사 기수확량 → 오류 수정 필요

3) 금차 수확량 + 금차 감수량 + 기수확량 ≦ 수확개시 전 수확량조사 수확량 이면서 금차 수확량 + 금차 감수량 + 기수확량 ≦ 이전 조사 금차 수확량 + 이전 조사 기수확량인 경우

- 피해율 = (평년수확량 − 수확량 − 미보상감수량) ÷ 평년수확량
- 수확량 = 수확개시전 수확량 − 사고당 감수량의 합
- 미보상감수량 = {평년수확량 − (수확개시 전 수확량 − 사고당 감수량의 합)} × Max(미보상비율)

(3) 수확개시 후 수확량조사만 있는 경우(이전 수확량조사가 모두 수확개시 후 수확량조사인 경우)

1) 금차 수확량 + 금차 감수량 + 기수확량 〉 이전 조사 금차 수확량 + 이전 조사 기수확량 → 오류 수정 필요

2) 금차 수확량 + 금차 감수량 + 기수확량 ≦ 이전 조사 금차 수확량 + 이전 조사 기수확량인 경우

① 최초 조사가 금차 수확량 + 금차 감수량 + 기수확량 〈 평년수확량인 경우

- 피해율 = (평년수확량 − 수확량 − 미보상감수량) ÷ 평년수확량
- 수확량 = 평년수확량 − 사고당 감수량의 합
- 미보상감수량 = 사고당 감수량의 합 × Max(미보상비율)

② 최초 조사가 금차 수확량 + 금차 감수량 + 기수확량 ≧ 평년수확량인 경우

- 피해율 = (평년수확량 − 수확량 − 미보상감수량) ÷ 평년수확량
- 수확량 = 최초 조사 금차 수확량 + 최초 조사 기수확량 − 2차 이후 사고당 감수량의 합
- 미보상감수량 = {평년수확량 − (최초 조사 금차 수확량 + 최초 조사 기수확량) + 2차 이후 사고당 감수량의 합} × Max(미보상비율)

10) 유자 수확량조사

최초 수확전

1. 기본사항

- 품종·수령별 조사대상주수 = 품종·수령별 실제결과주수 − 품종·수령별 미보상주수 − 품종·수령별 고사주수
- 품종·수령별 평년수확량 = 평년수확량 ÷ 표준수확량 × 품종·수령별 표준수확량
- 품종·수령별 주당 평년수확량 = 품종·수령별 평년수확량 ÷ 품종·수령별 실제결과주수
- 품종·수령별 과중 = 품종·수령별 표본과실 무게합계 ÷ 품종·수령별 표본과실수
- 품종·수령별 표본주당 착과수 = 품종·수령별 표본주 착과수 합계 ÷ 품종·수령별 표본주수
- 품종·수령별 표본주당 착과량 = 품종·수령별 표본주당 착과수 × 품종·수령별 과중

2. 피해구성조사

피해구성률 = {(50%형 피해과실수 × 0.5) + (80%형 피해과실수 × 0.8) + (100%형 피해과실수 × 1)} ÷ 표본과실수

3. 피해율 = (평년수확량 − 수확량 − 미보상감수량) ÷ 평년수확량

- 수확량 = {품종·수령별 표본조사대상 주수 × 품종·수령별 표본주당 착과량 × (1 − 착과피해구성률)} + (품종·수령별 주당 평년수확량 × 품종·수령별 미보상주수)
- 미보상감수량 = (평년수확량 − 수확량) × 미보상비율

03 핵심내용 정리하기

1 포도, 복숭아, 자두, 감귤(만감류), 호두, 밤, 참다래, 대추, 매실, 살구, 오미자, 유자

1 **주당착과수 조사** : 포도, 복숭아, 자두, 감귤(만감류), 호두, 밤, 유자

2 **주당착과량 조사** : 대추, 매실, 살구

3 **m^2당착과수 조사** : 참다래

4 **m당착과량 조사** : 오미자

〈참다래〉

〈오미자〉

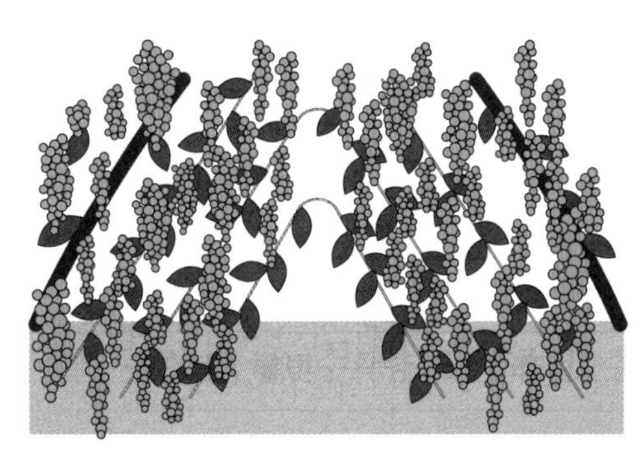

• 보험금 = 보 × (피 − 자)

• 피해율 = (평 − 수 − 미 + 병) / 평

5 **수확량** : 포도, 복숭아, 자두, 감귤(만감류)

(1) 착과수조사 이전 사고의 피해사실이 인정된 경우

수확량 = 착과량 − 사고당 감수량의 합

(2) 착과수조사 이전 사고의 접수가 없거나, 피해사실이 인정되지 않은 경우

수확량 = Max(평년수확량, 착과량) − 사고당 감수량의 합

2 수확개시전(前) 부분

1 호두, 밤

수확량 = 착과수확량 + 낙과수확량 + 미보상주수수확량
= {품종별 조사대상 주수 × 품종별 주당 착과수 × (1 − 착과피해구성률) × 품종별 과중}
+ {품종별 조사대상 주수 × 품종별 주당 낙과수 × (1 − 낙과피해구성률) × 품종별 과중}
+ (품종별 주당 평년수확량 × 품종별 미보상주수)

2 참다래 / 매실, 대추, 살구 / 오미자 / 유자

수확량 = 착과수확량 + 미보상주수수확량

(1) 참다래

{품종·수령별 착과수 × 품종별 과중 × (1 − 피해구성률)} + {품종·수령별 면적(m^2)당 평년수확량 × 품종·수령별 미보상주수 × 품종·수령별 재식면적}

(2) 매실, 대추, 살구

{품종·수령별 조사대상주수 × 품종·수령별 주당 착과량 × (1 − 착과피해구성률)} + (품종·수령별 주당 평년수확량 × 품종·수령별 미보상주수)

(3) 오미자

{형태·수령별 조사대상길이 × 형태·수령별 m당 착과량 × (1 − 착과피해구성률)} + (형태·수령별 m당 평년수확량 × 형태·수령별 미보상 길이)

(4) 유자

{품종·수령별 표본조사대상 주수 × 품종·수령별 표본주당 착과량 × (1 − 착과피해구성률)} + (품종·수령별 주당 평년수확량 × 품종·수령별 미보상주수)

	과중조사(개당과중)	착과피해	낙과피해
적과전	× (가입과중)	품종별 1주이상 / 과수원당 3주이상	100개 이상
포도, 복숭아, 자두, 감귤(만감류)	포도, 감귤(만감류) 3-20-30 복숭아, 자두 3-20-60	포도, 감귤(만감류) 3-20-30 복숭아, 자두 3-20-60	포도, 감귤(만감류) 20-30 복숭아, 자두 20-60
호두, 밤	3-20-60	3-20-60	20-60
참다래	3-20-60	3-100	100
유자	3-20-60	3-100	
대추, 매실, 살구	-	100개 또는 1,000g	
오미자	-	3,000g	

※ 주의사항 : 두밤이부터 전/후있고, 유자는 전만 있다 등 기본 개념을 가지고 보아야 오해가 없는 표이다.

정리노트

3 수확개시후(後) 부분

1 (前有後有) 수확개시 전 수확량조사가 있는 경우(이전 수확량조사에 수확개시 전 수확량조사가 포함된 경우)

- 금차 수확량 + 금차 감수량 + 기수확량 〉 수확개시 전 수확량조사 수확량
  → 오류 수정 필요
- 금차 수확량 + 금차 감수량 + 기수확량 〉 이전 조사 금차 수확량 + 이전 조사 기수확량 → 오류 수정 필요
- 금차 수확량 + 금차 감수량 + 기수확량 ≦ 수확개시 전 수확량조사 수확량이면서
  금차 수확량 + 금차 감수량 + 기수확량 ≦ 이전 조사 금차 수확량 + 이전 조사 기수확량인 경우

① 피해율 = (평년수확량 − 수확량 − 미보상감수량) ÷ 평년수확량

② 수확량 = 수확개시전 수확량 − 사고당 감수량의 합

③ 미보상감수량 = {평년수확량 − (수확개시 전 수확량 − 사고당 감수량의 합)} × Max(미보상비율)

2 (後有1) 금차 수확개시 후 수확량조사가 최초 조사인 경우(이전 수확량조사가 없는 경우)

(1) 금차 수확량 + 금차 감수량 + 기수확량 〈 평년수확량인 경우

① 피해율 = (평년수확량 − 수확량 − 미보상감수량) ÷ 평년수확량

② 수확량 = 평년수확량 − 금차 감수량

③ 미보상감수량 = {~~평년수확량~~ − (~~평년수확량~~ − 금차감수량)} × 미보상비율
= 금차 감수량 × 미보상비율

(2) 금차 수확량 + 금차 감수량 + 기수확량 ≧ 평년수확량인 경우

① 피해율 = (평년수확량 − 수확량 − 미보상감수량) ÷ 평년수확량

② 수확량 = 금차수확량 + ~~금차감수량~~ + 기수확량 − ~~금차감수량~~
= 금차 수확량 + 기수확량

③ 미보상감수량 = (평년수확량 − (금차 수확량 + 기수확량)) × 미보상비율

3 (後有 여러개) 수확개시 후 수확량조사만 있는 경우(이전 수확량조사가 모두 수확개시 후 수확량조사인 경우)

- 금차 수확량 + 금차 감수량 + 기수확량 〉 이전 조사 금차 수확량 + 이전 조사 기수확량 → 오류 수정 필요
- 금차 수확량 + 금차 감수량 + 기수확량 ≦ 이전 조사 금차 수확량 + 이전 조사 기수확량인 경우

(1) 최초 조사가 금차 수확량 + 금차 감수량 + 기수확량 〈 평년수확량인 경우

① 피해율 = (평년수확량 − 수확량 − 미보상감수량) ÷ 평년수확량

② 수확량 = 평년수확량 − 사고당 감수량의 합

③ 미보상감수량 = {~~평년수확량~~ − (~~평년수확량~~ − 사고당 감수량의 합)} × Max(미보상비율)

= 사고당 감수량의 합 × Max(미보상비율)

(2) 최초 조사가 금차 수확량 + 금차 감수량 + 기수확량 ≧ 평년수확량인 경우

① 피해율 = (평년수확량 − 수확량 − 미보상감수량) ÷ 평년수확량

② 수확량 = 최초 조사 금차 수확량 + 최초 조사 금차 감수량 + 최초 조사 기수확량 − 사고당 감수량의 합

= 최초 조사 금차 수확량 + 최초 조사 기수확량 − 2차 이후 사고당 감수량의 합

③ 미보상감수량 = {평년수확량 − (최초 조사 금차 수확량 + 최초 조사 기수확량) + 2차 이후 사고당 감수량의 합} × Max(미보상비율)

04 워크북으로 마무리하기

01 다음은 종합위험 수확감소보장방식 참다래 품목에 가입한 과수원에 관한 내용이다. 아래 주어진 내용을 보고 수확감소보험금을 산출하시오. (단, 주어진 내용 이외에는 고려하지 않음, 모든 표본구간은 모두 동일한 넓이로 조사됨.)

〈계약사항〉

품목	보험가입금액	평년수확량	실제결과주수	재식면적		자기부담비율
				주간거리	열간거리	
참다래 (대흥)	20,000,000원	10,000kg	200주	4m	5m	20%

〈조사내용〉 수확개시 전 보상하는 재해로 인한 피해가 확인됨

고사주수	미보상 주수	과중조사 (표본과실:60개)		표본구간 면적조사			표본구간 착과수 조사 (표본주수 8주)		미보상 비율
		50g 이하	50g 초과	윗변	아랫변	높이	착과수합계	피해구성률	
10주	0주	1500g /35개	2100g /25개	3m	3m	4m	5,760개	20%	0%

02 다음은 종합위험 수확감소보장방식 밤 품목에 가입한 과수원에 관한 내용이다. 주어진 내용을 보고 수확감소보험금을 그 산식과 함께 산출하시오. (주어진 내용 외는 고려하지 않는다.)

〈계약사항〉

보험가입금액	평년 수확량	가입주수		품종별 주당 표준수확량		자기부담비율
1천만 원	4,000kg	A품종 11년생 200주	B품종 12년생 200주	A품종 20kg	B품종 20kg	20%

〈조사내용〉

구분	재해종류	사고일자	조사일자	조사내용
수확 개시후 수확량조사	자연 재해	9월 1일	9월 2일	〈기수확량〉 • A품종 11년생 : 200kg • B품종 12년생 : 200kg 〈금차수확량〉 • A품종 11년생 : 800kg • B품종 12년생 : 800kg 〈금차감수량〉 • A품종 11년생 : 900kg • B품종 12년생 : 900kg 〈미보상비율〉 : 10%

정답

01

수확감소보험금 = 보험가입금액 × (피해율 − 자기부담비율)
= 20,000,000원 × (0.0424−0.2) = 0원

피해율 = (평−수−미)/평
= (10,000kg−9,576kg−0)/10,000 = 0.0424 = 4.24%

미보상감수량 = (10,000kg−9,576kg) × 0% = 0

수확량 = {품종·수령별 착과수 × 품종별 과중 × (1 − 피해구성률)}
+ (품종·수령별 면적(m^2)당 평년수확량 × 품종·수령별 미보상주수 × 품종·수령별 재식면적)
= 228,000개 × 0.0525kg/개 × (1 − 0.2) + 0 = 9,576kg

품종·수령별 착과수 = 품종·수령별 재식 면적 × 품종·수령별 표본조사대상주수 × 품종·수령별(표본구간 착과수 ÷ 표본구간 넓이)
= (4 × 5)m^2 × (200 − 10 − 0) × (5,760개 ÷ (12m^2 × 8) = 228,000개

개당 과중 = (1.5kg × 0.7 + 2.1kg) ÷ 60개 = 0.0525kg/개

답 : 0원 끝

02

수확감소보험금 = 보험가입금액 × (피해율 − 자기부담비율)
= 10,000,000 × (0.405 − 0.2) = 2,050,000원

문제의 경우는 금차 수확개시 후 수확량조사가 최초 조사인 경우(이전 수확량조사가 없는 경우)에 해당한다.

금차 수확량 1,600kg + 금차 감수량 1,800kg + 기수확량 400kg 〈 평년수확량 4,000kg

피해율 = (평년수확량 − 수확량 − 미보상감수량) ÷ 평년수확량
= (4,000kg − 2,200kg − 180kg) ÷ 4,000kg = 0.405
수확량 = 평년수확량 − 금차 감수량 = 4,000kg − 1,800kg = 2,200kg
미보상감수량 = 금차 감수량 × 미보상비율 = 1,800kg × 0.1 = 180kg

답 : 2,050,000원 끝

제1절 과수작물 손해평가 및 보험금 산정 ③

01 기출유형 확인하기

제7회 위의 계약사항 및 표본주 조사내용을 참조하여 과실손해 피해율의 계산과정과 값을 쓰시오. (7점)

위의 계약사항 및 표본주 조사내용을 참조하여 과실손해보험금의 계산과정과 값을 쓰시오. (6점)

위의 표본조사방법에서 ( )에 들어갈 내용을 각각 쓰시오. (2점)

제9회 종합위험 과실손해보장방식 감귤에 관한 내용이다. 다음의 조건 1~2를 참조하여 다음 물음에 답하시오. (15점)

물음 1) 과실손해보장 보통약관 보험금의 계산과정과 값(원)을 쓰시오. (5점)

물음 2) 동상해과실손해보장 특별약관 보험금의 계산과정과 값(원)을 쓰시오. (10점)

02 기본서 내용 익히기

Ⅲ 종합위험 과실손해보장방식(오디, 감귤(온주밀감류))

종합위험 과실손해보장이란 보험 목적에 보험기간 동안 보장하는 재해(종합위험)로 과실손해가 발생되어 이로 인한 수확량감소에 대한 보장을 받는 방식이다.

1 품목별 조사종류

생육시기	재해	조사내용	조사시기	조사방법	비고
수확전	보상하는 재해 전부	피해사실 확인조사	사고접수 후 지체 없이	• 보상하는 재해로 인한 피해발생 여부 조사(피해사실이 명백한 경우 생략 가능)	전품목
		수확전 과실손해조사	사고접수 후 지체 없이	• 표본주의 과실 구분 • 조사방법 : 표본조사	감귤(온주밀감류)만 해당

생육시기	재해	조사내용	조사시기	조사방법	비고
수확직전	보상하는 재해 전부	과실손해 조사	결실완료 후	• 결실수 조사 • 조사방법: 표본조사	오디만 해당
		과실손해 조사	수확직전	• 사고발생 농지의 과실피해조사 • 조사방법: 표본조사	감귤(온주밀감류)만 해당
수확 시작 후 ~ 수확 종료	보상하는 재해 전부	동상해 과실손해 조사	사고접수 후 지체 없이	• 표본주의 착과피해 조사 • 12월1일 ~ 익년 2월 말일 사고 건에 한함 • 조사방법: 표본조사	감귤(온주밀감류)만 해당
수확 완료 후 ~ 보험종기	보상하는 재해 전부	고사나무 조사	수확완료 후 보험 종기전	• 보상하는 재해로 고사되거나 또는 회생이 불가능한 나무수를 조사 • 특약 가입 농지만 해당 • 조사방법: 전수조사	수확완료 후 추가 고사 나무가 없는 경우 생략 가능

2 손해평가 현지조사방법

1 피해사실 확인조사

(1) **조사대상** : 대상 재해로 사고접수 농지 및 조사 필요 농지

(2) **대상 재해** : 자연재해, 조수해, 화재

(3) **조사시기** : 사고접수 직후 실시

(4) **조사방법**

1) 「피해사실 "조사방법" 준용」

2) 추가조사 필요 여부 판단

보상하는 재해 여부 및 피해 정도 등을 감안하여 추가조사가 필요한지를 판단하여 해당 내용에 대하여 계약자에게 안내하고, 추가조사가 필요할 것으로 판단된 경우에는 손해평가반 구성 및 추가조사 일정을 수립한다.

2 수확전 과실손해조사(감귤(온주밀감류)만 해당)

(1) 사고가 발생한 과수원에 대하여 실시하며, 조사시기는 사고접수 후 즉시 실시한다. 다만, 수확전 사고 조사 전 계약자가 피해 미미(자기부담비율 이하의 사고) 등의 사유로 조사를 취소한 과수원은 수확전 사고조사를 실시하지 않는다.

(2) **수확전 과실손해조사** : 다음 각 목에 따라 실시한다.

1) 보상하는 재해로 인한 피해 여부 심사

과수원 및 작물 상태 등을 감안하여 보상하는 재해로 인한 피해가 맞는지 확인하며, 필요시에는 이에 대한 근거자료 (피해사실 확인조사 참조)를 확보한다.

2) 표본조사

가) 표본주 선정 : 농지별 가입면적을 기준으로 품목별 표본주수표에 따라 농지별 전체 표본주수를 과수원에 고루 분포되도록 선정한다(단, 필요하다고 인정되는 경우 표본 주수를 줄일 수도 있으나 최소 3주 이상 선정한다).

〈오디, 복분자, 감귤(온주밀감류) 표본주수표〉

오디		복분자		감귤	
조사대상주수	표본주수	조사대상주수	표본 포기수	가입면적	표본 주수
50주 미만	6	1,000포기 미만	8	5,000m² 미만	4
50주 이상 100주 미만	7	1,000포기 이상 1,500포기 미만	9	10,000m² 미만	6
100주 이상 200주 미만	8	1,500포기 이상 2,000포기 미만	10	10,000m² 이상	8
200주 이상 300주 미만	9	2,000포기 이상 2,500포기 미만	11	-	-
300주 이상 400주 미만	10	2,500포기 이상 3,000포기 미만	12	-	-
400주 이상 500주 미만	11	3,000포기 이상	13	-	-

오디		복분자		감귤	
조사대상주수	표본주수	조사대상주수	표본 포기수	가입면적	표본 주수
500주 이상 600주 미만	12	-	-	-	-
600주 이상	13	-	-	-	-

나) 표본주 조사

① 선정한 표본주에 리본을 묶고 수관 면적 내 피해 및 정상과실을 조사한다.

② 표본주의 과실을 100%형 피해 과실과 정상과실로 구분한다.

③ 100%형 피해 과실은 착과된 과실 중 100% 피해가 발생한 과실 및 보상하는 재해로 낙과된 과실을 말한다.

④ ②에서 선정된 과실 중 보상하지 않는 손해(병충해, 생리적 낙과 포함)에 해당하는 과실과 부분 착과피해 과실은 정상과실로 구분한다.

다) 미보상비율 확인 : 품목별 미보상비율 적용표에 따라 미보상비율을 조사한다.

(3) 수확전 사고조사건 : 수확전 사고조사 건은 추후 과실손해조사를 진행한다.

3 과실손해조사(오디만 해당)

(1) 조사대상

① 피해사실확인조사 시 과실손해조사가 필요하다고 판단된 과수원에 대하여 실시한다

② 가입 이듬해 5월 31일 이전 사고가 접수된 모든 농지

③ 다만, 과실손해조사 전 계약자가 피해 미미(자기부담비율 이내의 사고) 등의 사유로 과실손해조사 실시를 취소한 과수원은 과실손해조사를 실시하지 않는다.

(2) 조사시기 : 결실 완료 직후부터 최초 수확전까지로 한다.

(3) 조사방법

1) 보상하는 재해 여부 심사

과수원 및 작물 상태 등을 감안하여 보상하는 재해로 인한 피해가 맞는지 확인하며, 필요시에는 이에 대한 근거자료(피해사실 확인조사 참조)를 확보한다.

2) 주수조사

품종별·수령별로 실제결과주수를, 품종별·수령별 고사(결실불능)주수, 미보상주수 확인하며, 확인한 실제결과주수가 가입 주수 대비 10% 이상 차이가 날 경우에는 계약 사항을 변경해야 한다.

가) 품종별·수령별 결실불능주수 확인

품종별·수령별로 보상하는 재해로 인하여 고사(결실불능)한 주수를 조사한다.

나) 품종별·수령별 미보상주수 확인

품종별·수령별로 보상하는 재해 이외의 원인으로 결실이 이루어지지 않는 주수를 조사한다.

3) 조사대상주수 계산

품종별·수령별 실제결과주수에서 품종별·수령별 고사(결실불능)주수 및 품종별·수령별 미보상주수를 빼서 품종별·수령별 조사대상주수를 계산한다.

4) 표본주수 산정

농지별 전체 조사대상주수를 기준으로 품목별 표본주수표에 따라 농지별 전체 표본주수를 산정하되, 품종별·수령별 표본주수는 품종별·수령별 조사대상주수에 비례하여 산정한다.

5) 표본주 선정

산정한 품종별·수령별 표본주수를 바탕으로 품종별·수령별 조사대상주수의 특성이 골고루 반영될 수 있도록 표본주를 선정한다.

6) 표본주 조사

가) 표본가지 선정 : 표본주에서 가장 긴 결과모지 3개를 표본가지로 선정한다.

※ 결과모지 : 결과지보다 1년 더묵은 가지

나) 길이 및 결실수 조사 : 표본가지별로 가지의 길이 및 결실수를 조사한다.

4 과실손해조사(감귤(온주밀감류)만 해당)

(1) 조사대상

① 피해사실확인조사 시 과실손해조사가 필요하다고 판단된 과수원에 대하여 실시한다.

② 보장종료일 이전 사고가 접수된 모든 농지

③ 다만, 과실손해 조사 전 계약자가 피해 미미(자기부담비율 이하의 사고) 등의 사유로 조사를 취소한 과수원은 제외한다.

(2) 조사시기 : 주품종 수확 시기

(3) 조사방법

1) 보상하는 재해 여부 심사

과수원 및 작물 상태 등을 감안하여 보상하는 재해로 인한 피해가 맞는지 확인하며, 필요시에는 이에 대한 근거자료(피해사실 확인조사 참조)를 확보한다.

2) 표본조사

가) 표본주 선정 : 농지별 가입면적을 기준으로 품목별 표본주수표에 따라 농지별 전체 표본주수를 과수원에 고루 분포되도록 선정한다(단, 필요하다고 인정되는 경우 표본 주수를 줄일 수도 있으나 최소 2주 이상 선정한다).

나) 표본주 조사

① 선정한 표본주에 리본을 묶고 주지별(원가지) 아주지(버금가지) 1 ~ 3개를 수확한다.

② 수확한 과실을 정상과실, 등급 내 피해과실 및 등급 외 피해과실로 구분한다.

③ 등급 내 피해과실은 30%형 피해과실, 50%형 피해과실, 80%형 피해과실, 100%형 피해과실로 구분하여 등급 내 과실피해율을 산정한다.

④ 등급 외 피해과실은 30%형 피해과실, 50%형 피해과실, 80%형 피해과실, 100%형 피해과실로 구분한 후, 인정비율(50%)을 적용하여 등급 외 과실피해율을 산정한다.

⑤ 위의 ③, ④항에서 선정된 과실 중 보상하지 않는 손해(병충해 등)에 해당하는 경우 정상과실로 구분한다.

(4) 주 품종 최초 수확 이후 사고가 발생한 경우 : 추가로 과실손해조사를 진행할 수 있다.

기수확한 과실이 있는 경우 수확한 과실은 정상과실로 본다.

〈감귤(온주밀감류) 등급 내·외 과실분류〉

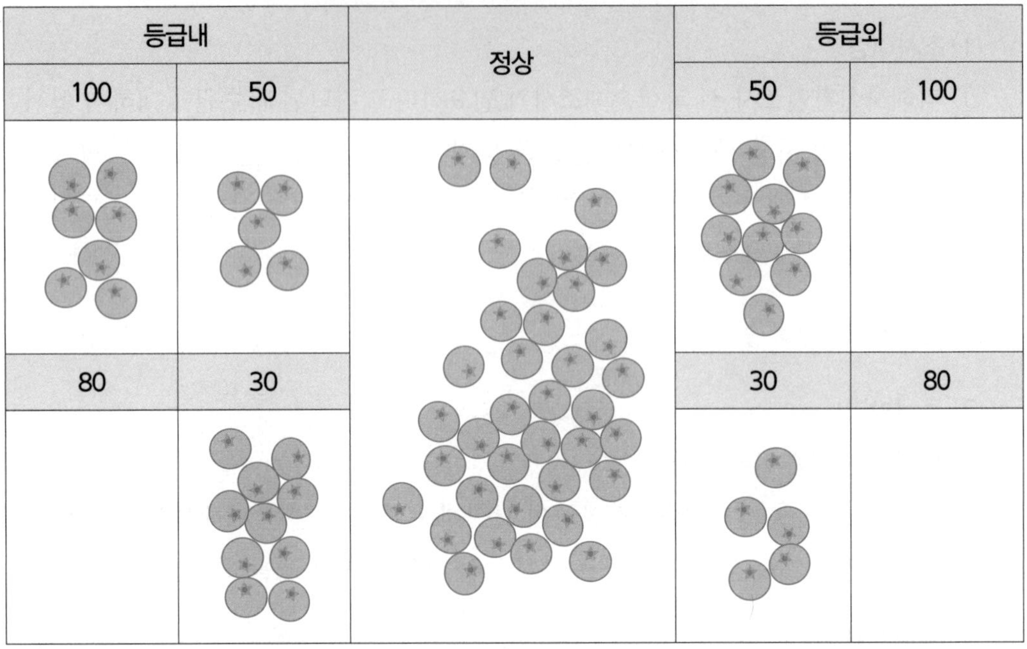

등급내		정상	등급외	
100	50		50	100
80	30		30	80

과실분류		비 고
정상과실	0	무피해 과실 또는 보상하는 재해로 과피 전체 표면 면적의 10% 내로 피해가 있는 경우
등급 내 피해과실	30%형	보상하는 재해로 과육은 피해가 없고 과피 전체 표면 면적의 10% 이상 30% 미만의 피해가 있는 경우
	50%형	보상하는 재해로 과육은 피해가 없고 과피 전체 표면 면적의 30% 이상 50% 미만의 피해가 있는 경우
	80%형	보상하는 재해로 과육은 피해가 없고 과피 전체 표면 면적의 50% 이상 80% 미만의 피해가 있는 경우
	100%형	보상하는 재해로 과피 전체 표면 면적의 80% 이상 피해가 있거나 과육의 부패 및 무름 등의 피해가 있는 경우

<table>
<tr><th colspan="2">과실분류</th><th>비 고</th></tr>
<tr><td rowspan="4">등급 외
피해과실</td><td>30%형</td><td>〈제주특별자치도 감귤생산 및 유통에 관한 조례시행규칙〉
제18조 4항에 준하여 과실의 크기만으로 등급 외 크기이면서 무피해 과실 또는 보상하는 재해로 과피 및 과육 피해가 없는 경우를 말함</td></tr>
<tr><td>50%형</td><td>〈제주특별자치도 감귤생산 및 유통에 관한 조례시행규칙〉
제18조 4항에 준하여 과실의 크기만으로 등급 외 크기이면서 보상하는 재해로 과육은 피해가 없고, 과피 전체 표면 면적의 10%이상 피해가 있으며, 과실 횡경이 71mm 이상인 경우를 말함</td></tr>
<tr><td>80%형</td><td>〈제주특별자치도 감귤생산 및 유통에 관한 조례시행규칙〉
제 18조 4항에 준하여 과실의 크기만으로 등급 외 크기이면서 보상하는 재해로 과육은 피해가 없고, 과피 전체 표면 면적의 10%이상 피해가 있으며, 과실 횡경이 49mm 미만인 경우를 말함</td></tr>
<tr><td>100%형</td><td>〈제주특별자치도 감귤생산 및 유통에 관한 조례시행규칙〉
제 18조 4항에 준하여 과실의 크기만으로 등급 외 크기이면서 과육부패 및 무름 등의 피해가 있어 가공용으로도 공급될 수 없는 과실을 말함</td></tr>
</table>

5 동상해 과실손해조사(감귤(온주밀감류)만 해당)

(1) **동상해 과실손해조사** : 수확기 동상해로 인해 피해가 발생한 경우에 실시하며 다음 각 목에 따라 실시한다.

1) 보상하는 재해 여부 심사

과수원 및 작물 상태 등을 감안하여 보상하는 재해로 인한 피해가 맞는지 확인하며, 필요시에는 이에 대한 근거자료(피해사실 확인조사 참조)를 확보한다.

2) 표본조사

가) 표본주 선정 : 농지별 가입면적을 기준으로 품목별 표본주수표에 따라 농지별 전체 표본주수를 과수원에 고루 분포되도록 선정한다(단, 필요하다고 인정되는 경우 표본 주수를 줄일 수도 있으나 최소 2주 이상 선정한다).

나) 표본주 조사

① 선정한 표본주에 리본을 묶고 동서남북 4가지에 대하여 기 수확한 과실수를 조사한다.

② 기수확한 과실수를 파악한 뒤, 4가지에 착과된 과실을 전부 수확한다.

③ 수확한 과실을 정상과실, 80%형 피해과실, 100%형 피해과실로 구분하여 동상해 피해과실수를 산정한다(다만, 필요시에는 해당 기준 절반 조사도 가능하다).

다) 위의 나) ③에서선정된 과실 중 보상하지 않는 손해(병충해 등)에 해당하는 경우 정상과실로 구분한다. 또한 사고 당시 기수확한 과실비율이 수확기 경과비율보다 현저히 큰 경우에는 기수확한 과실비율과 수확기 경과비율의 차이에 해당하는 과실수를 정상과실로 한다.

6 고사나무 조사(감귤(온주밀감류)만 해당)

(1) 조사대상 : 나무손해보장특약을 가입한 농지 중 사고가 접수된 모든 농지

(2) 조사시기의 결정

고사나무 조사는 수확완료 시점 이후에 실시하되, 나무손해보장 특약 종료 시점을 고려하여 결정한다.

(3) 조사방법

1) 고사나무조사 필요 여부 확인

① 수확완료 후 고사나무가 있는 경우에만 조사 실시

② 기조사(착과수조사 및 수확량조사 등)시 확인된 고사나무 이외에 추가 고사나무가 없는 경우에는 조사 생략 가능

2) 보상하는 재해 여부 심사

농지 및 작물 상태 등을 감안하여 보상하는 재해로 인한 피해가 맞는지 확인하며, 필요시에는 이에 대한 근거자료(피해사실 확인조사 참조)를 확보할 수 있다.

3) 고사주수 확인

① 고사기준에 맞는 품종별·수령별 추가 고사주수 확인

② 보상하는 재해 이외의 원인으로 고사한 나무는 미보상고사주수로 조사한다.

3 보험금 산정방법 및 지급기준

1 과실손해보험금의 산정

(1) 오디

피해율이 자기부담비율을 초과하는 경우 과실손해보험금은 아래와 같이 계산한다.

과실손해보험금 = 보험가입금액 × (피해율 − 자기부담비율)
※ 피해율 = (평년결실수 − 조사결실수 − 미보상감수결실수) ÷ 평년결실수

1) 조사결실수

품종별·수령별로 환산결실수에 조사대상주수를 곱한 값에 주당 평년결실수에 미보상주수를 곱한 값을 더한 후 전체 실제결과주수로 나누어 산출한다.

조사결실수 = Σ{(품종·수령별 환산결실수 × 품종·수령별 조사대상주수) + (품종별 주당 평년결실수 × 품종·수령별 미보상주수)} ÷ 전체 실제결과주수

2) 미보상 감수 결실수

평년결실수에서 조사결실수를 뺀 값에 미보상비율을 곱하여 산출하며, 해당 값이 0보다 작을 때에는 0으로 한다.

미보상감수결실수 = Max{(평년결실수 − 조사결실수) × 미보상비율, 0}

3) 환산결실수

품종별·수령별로 표본가지 결실수 합계를 표본가지 길이 합계로 나누어 산출한다.

품종·수령별 환산결실수 = 품종·수령별 표본가지 결실수 합계 ÷ 품종·수령별 표본가지 길이 합계

4) 조사대상주수

실제결과주수에서 고사주수와 미보상주수를 빼어 산출한다.

품종·수령별 표본조사대상 주수 = 품종·수령별 실제결과주수 − 품종·수령별 고사주수 − 품종·수령별 미보상주수

5) 주당 평년결실수 : 품종별로 평년결실수를 실제결과주수로 나누어 산출한다.

품종별 주당 평년결실수 = 품종별 평년결실수 ÷ 품종별 실제결과주수

6) 자기부담비율 : 보험가입할 때 선택한 비율로 한다.

(2) 감귤(온주밀감류)

1) 과실손해보험금의 계산

손해액이 자기부담금을 초과하는 경우, 보험가입금액을 한도로 보장기간 중 산정된 손해액에서 자기부담금을 차감하여 산정한다.

과실손해보험금 = 손해액 − 자기부담금
※ 손해액 = 보험가입금액 × 피해율
※ 자기부담금 = 보험가입금액 × 자기부담비율

2) 피해율 산출

$$피해율 = \frac{피해과실수}{기준과실수} \times (1 - 미보상비율)$$

※ 기준과실수 = 표본주의 과실수 총 합계
※ 피해과실수 = 등급 내 피해과실수 + (등급 외 피해과실수 × 50%)

가) 등급 내 피해과실수

(등급 내 30%형 피해과실수 합계 × 30%) + (등급 내 50%형 피해과실수 합계 × 50%) + (등급 내 80%형 피해과실수 합계 × 80%) + (등급 내 100%형 피해과실수 합계 × 100%)

나) 등급 외 피해과실수

(등급 외 30%형 피해과실수 합계 × 30%) + (등급 외 50%형 피해과실수 합계 × 50%) + (등급 외 80%형 피해과실수 합계 × 80%) + (등급 외 100%형 피해과실수 합계 × 100%)

3) 피해과실수

① 피해과실수를 산정할 때, 보장하지 않는 재해로 인한 부분은 피해과실수에서 제외한다.

② 피해과실수는 출하등급을 분류하고 이에 과실분류에 따른 피해인정계수를 적용하여 산정한다.

〈과실분류에 따른 피해인정계수〉

구분	정상과실	30%형 피해과실	50%형 피해과실	80%형 피해과실	100%형 피해과실
피해인정계수	0	0.3	0.5	0.8	1

2 동상해 과실손해보장 특별약관 보험금 산정(감귤(온주밀감류))

(1) 동상해 과실손해보험금은 보험기간 내에 동상해로 인한 손해액이 자기부담금을 초과하는 경우 : 다음과 같이 계산한 동상해 손해보험금을 지급한다.

동상해 과실손해보험금 = 손해액 − 자기부담금

① 손해액 = {보험가입금액 − (보험가입금액 × 기사고피해율)} × 수확기잔존비율 × 동상해피해율 × (1 − 미보상비율)}

② 자기부담금 = 절대값|보험가입금액 × 최솟값(주계약피해율 − 자기부담비율, 0)|

③ 단, 기사고 피해율은 주계약피해율의 미보상비율을 반영하지 않은 값과 이전 사고의 동상해 과실손해피해율을 합산한 값임

(2) 동상해 피해율 산출

동상해 피해율

$$= \frac{\{(\text{동상해 80\%형 피해과실수 합계} \times 80\%) + (\text{동상해 100\%형 피해과실수 합계} \times 100\%)\}}{\text{기준과실수}}$$

※ 기준과실수 = 정상과실수 + 동상해피해 80%형 과실수 + 동상해피해 100%형 과실수

(3) 수확기 잔존비율

사고발생 월	잔존비율(%)
12월	(100 − 38) − (1 × 사고발생일자)
1월	(100 − 68) − (0.8 × 사고발생일자)
2월	(100 − 93) − (0.3 × 사고발생일자)

※ 사고발생일자는 해당월의 사고발생일자를 의미한다.

3 **종합위험 나무손해보장 특별약관 보험금 산정**(감귤(온주밀감류))

① 보험기간 내에 보상하는 손해에서 규정한 재해로 인한 피해율이 자기부담비율을 초과하는 경우 재해보험사업자가 지급할 보험금은 아래에 따라 계산한다.

지급보험금 = 보험가입금액 × (피해율 − 자기부담비율)

※ 피해율 = 피해주수(고사된 나무) ÷ 실제결과주수

② 자기부담비율은 5%로 한다.

4 **과실손해 추가보장 특별약관 보험금 산정**(감귤(온주밀감류))

보상하는 재해로 손해액이 자기부담금을 초과하는 손해가 발생한 경우 적용한다.

보험금 = 보험가입금액 × 주계약 피해율 × 10%

※ 주계약 피해율은 과실손해보장(보통약관) 품목별 담보조항(감귤(온주밀감류))에서 산출한 피해율을 말한다.

03 핵심내용 정리하기

1 오디 과실손해보험금

오디 과실손해보험금= 보험가입금액 × (피해율 − 자기부담비율)
※ 피해율 = (평년결실수 − 조사결실수 − 미보상 감수 결실수) ÷ 평년결실수

1 조사결실수

조사결실수 = Σ{(품종·수령별 환산결실수 × 품종·수령별 조사대상주수) + (품종별 주당 평년결실수 × 품종·수령별 미보상주수)} ÷ 전체 실제결과주수

① 품종·수령별 환산결실수 = 품종·수령별 표본가지 결실수 합계 ÷ 품종·수령별 표본가지 길이 합계
② 품종·수령별 표본조사대상 주수 = 품종·수령별 실제결과주수 − 품종·수령별 고사주수 − 품종·수령별 미보상주수
③ 품종별 주당 평년결실수 = 품종별 평년결실수 ÷ 품종별 실제결과주수
④ 품종별 평년결실수 = (평년결실수 × 전체 실제결과주수) × (대상 품종 표준결실수 × 대상 품종 실제결과주수) ÷ Σ(품종별 표준결실수 × 품종별 실제결과주수)

2 미보상 감수결실수

미보상감수결실수 = Max((평년결실수 − 조사결실수) × 미보상비율, 0)

2 감귤 과실손해보험금

감귤 과실손해보험금 = 손해액 − 자기부담금
※ 손해액 = 보험가입금액 × 피해율
※ 자기부담금 = 보험가입금액 × 자기부담비율

1 과실손해피해율

과실손해피해율 = {(등급 내 피해과실수 + 등급 외 피해과실수 × 50%) ÷ 기준과실수} × (1 − 미보상비율)

2 피해 인정 과실수

피해 인정 과실수 = 등급 내 피해과실수 + 등급 외 피해과실수 × 50%

(1) 등급 내 피해과실수

등급 내 피해과실수 = (등급 내 30%형 과실수 합계 × 0.3) + (등급 내 50%형 과실수 합계 × 0.5) + (등급 내 80%형 과실수 합계 × 0.8) + (등급 내 100%형 과실수 × 1)

(2) 등급 외 피해과실수

등급 외 피해 과실수 = (등급 외 30%형 과실수 합계 × 0.3) + (등급 외 50%형 과실수 합계×0.5) + (등급 외 80%형 과실수 합계 × 0.8) + (등급 외 100%형 과실수 × 1)

※ 만감류는 등급 외 피해 과실수를 피해 인정 과실수 및 과실손해피해율에 반영하지 않음

(3) 기준과실수 : 모든 표본주의 과실수 총 합계

단, 수확전 사고조사를 실시한 경우에는 아래와 같이 적용한다.

(수확전 사고조사 결과가 있는 경우) 과실손해피해율 = [{최종 수확전 과실손해 피해율 ÷ (1 − 최종 수확전 과실손해 조사 미보상비율)} + {(1 − (최종 수확전 과실손해 피해율 ÷ (1 − 최종 수확전 과실손해 조사 미보상비율)) × (과실손해 피해율 ÷ (1 − 과실손해미보상비율))}] × {1 − 최댓값(최종 수확전 과실손해 조사 미보상비율, 과실손해 미보상비율)}

3 동상해 과실손해피해율

동상해 과실손해피해율 = 동상해 피해과실수 ÷ 기준과실수

$$= \frac{(80\%\text{형 피해과실수} \times 0.8) \times (100\%\text{형 피해과실수} \times 1)}{\text{정상과실수} + 80\%\text{형 피해과실수} + 100\%\text{형 피해과실수}}$$

① 동상해 피해과실수 = (80%형 피해과실수 × 0.8) + (100%형 피해과실수 × 1)

② 기준과실수(모든 표본주의 과실수 총 합계) = 정상과실수 + 80%형 피해과실수 + 100%형 피해과실수

04 워크북으로 마무리하기

01 과실손해조사(감귤, 만감류 아님)에 관한 내용이다. 다음 물음에 답하시오. (15점)

〈계약사항〉

보험가입금액	가입면적	자기부담비율
25,000,000원	4,800m^2	10%

〈표본주 조사내용 (단위: 개)〉

구분	30%형 피해과실수	50%형 피해과실수	80%형 피해과실수	100%형 피해과실수
등급 내	80	120	120	60
등급 외	110	130	90	140

정상과실수 : 1,150개

※ 수확전 사고조사는 실시하지 않았음

〈표본조사방법〉

1. 표본주 선정
   농지별 가입면적을 기준으로 품목별 표본주수표(별표1)에 따라 농지별 전체 표본주수를 과수원에 고루 분포되도록 선정한다.(단, 필요하다고 인정되는 경우 표본 주수를 줄일 수도 있으나 최소 (①)주 이상 선정한다.)
2. 표본주 조사
   선정한 표본주에 리본을 묶고 주지별(원가지) 아주지(버금가지) (②)개를 수확한다.

(1) 위의 계약사항 및 표본주 조사내용을 참조하여 과실손해피해율의 계산과정과 값을 쓰시오. (7점)

(2) 위의 계약사항 및 표본주 조사내용을 참조하여 과실손해보험금의 계산과정과 값을 쓰시오. (6점)

(3) 위의 표본조사방법에서 ( )에 들어갈 내용을 각각 쓰시오. (2점)

정답

01

(1)

과실손해피해율 = [{(등급 내 피해과실수) + (등급 외 피해과실수) × 50%} ÷ (기준과실수)] × (1 − 미보상비율)
= [{(80 × 0.3 + 120 × 0.5 + 120 × 0.8 + 60 × 1)+(110 × 0.3 + 130 × 0.5 + 90 × 0.8 + 140 × 1) × 0.5} ÷ (80 + 120 + 120 + 60 + 110 + 130 + 90 + 140 + 1,150)] × (1 − 0)
= {(24 + 60 + 96 + 60) + (33 + 65 + 72 + 140) × 0.5} ÷ 2,000 = 0.1975
= 19.75%

답 : 19.75% 끝

(2)

과실손해보험금 = 손해액 − 자기부담금
= 4,937,500원 − 2,500,000원 = 2,437,500원
손해액 = 보험가입금액 × 피해율 = 25,000,000원 × 19.75% = 4,937,500원
자기부담금 = 보험가입금액 × 자기부담비율
= 25,000,000원 × 10% = 2,500,000원

답 : 2,437,500원 끝

(3) 답 : ① 2, ② 1 ~ 3 끝

제1절 과수작물 손해평가 및 보험금 산정 ④

01 기출유형 확인하기

제1회 다음은 농작물재해보험 업무방법에서 정하는 농작물의 손해평가와 관련한 내용이다. 괄호에 알맞은 내용을 답란에 순서대로 쓰시오. (2.5점)

제2회 다음은 업무방법에서 정하는 종합위험 복분자 품목의 고사결과모지수 산정방법에 관한 내용이다. 괄호에 알맞은 내용을 답란에 쓰시오. (5점)

제4회 복분자 농사를 짓고 있는 △△마을의 A와 B농가는 4월에 저온으로 인해 큰 피해를 입어 경작이 어려운 상황에서 농작물재해보험 가입사실을 기억하고 경작불능보험을 청구하였다. 두 농가의 피해를 조사한 결과에 따른 경작불능보험금을 구하시오. (5점)

제5회 다음의 계약사항 및 조사내용을 참조하여 피해율을 구하시오. (5점)

제8회 수확전 피해율(%)의 계산과정과 값을 쓰시오. (5점)

수확후 피해율(%)의 계산과정과 값을 쓰시오. (6점)

지급보험금의 계산과정과 값을 쓰시오. (3점)

제9회 수확전 과실손해보장방식 '복분자'품목에 관한 내용이다. 다음 물음에 답하시오. (15점)

물음 1) 아래 표는 복분자의 과실손해보험금 산정 시 수확일자별 잔여수확량 비율(%)을 구하는 식이다. 다음 (　　)에 들어갈 계산식을 쓰시오. (10점)

물음 2) 아래 조건을 참조하여 과실손해보험금(원)을 구하시오. (5점)

IV 수확전 종합위험 과실손해보장방식(복분자, 무화과)

수확전 종합위험 과실손해보장방식이란, 보험의 목적에 대해 보험기간 개시일부터 수확개시 이전까지는 자연재해, 조수해, 화재에 해당하는 종합적인 위험을 보장하고, 수확개시 이후부터 수확 종료 시점까지는 태풍(강풍), 우박에 해당하는 특정한 위험에 대해 보장하는 방식이다.

보험기간	보장위험
보험기간 개시일 ~ 수확개시 이전	종합위험 : 자연재해, 조수해, 화재
수확개시 이후 ~ 수확 종료 시점	특정위험 : 태풍(강풍), 우박

1 시기별 조사종류

생육시기	재해	조사내용	조사시기	조사방법	비고
수확전	보상하는 재해 전부	피해사실 확인 조사	사고접수 후 지체 없이	• 보상하는 재해로 인한 피해발생여부 조사(피해사실이 명백한 경우 생략 가능)	전품목
		경작불능 조사	사고접수 후 지체없이	• 해당 농지의 피해면적비율 또는 보험목적인 식물체 피해율 조사	복분자만 해당
		과실손해 조사	수정완료 후	• 살아있는 결과모지수 조사 및 수정불량(송이)피해율 조사 • 조사방법: 표본조사	복분자만 해당
수확직전	보상하는 재해 전부	과실손해 조사	수확직전	• 사고발생 농지의 과실피해 조사 • 조사방법: 표본조사	무화과만 해당

생육 시기	재해	조사내용	조사시기	조사방법	비고
수확 시작 후 ~ 수확 종료	태풍(강풍), 우박	과실손해 조사	사고접수 후 지체 없이	• 전체 열매수(전체 개화수) 및 수확 가능 열매수 조사 6월1일 ~ 6월20일 사고건에 한함 • 조사방법: 표본조사	복분자만 해당
				• 표본주의 고사 및 정상 결과지수 조사 • 조사방법: 표본조사	무화과만 해당
수확 완료 후 ~ 보험 종기	보상하는 재해 전부	고사나무 조사	수확완료 후 보험 종기 전	• 보상하는 재해로 고사되거나 또는 회생이 불가능한 나무수를 조사 - 특약 가입 농지만 해당 • 조사방법: 전수조사	(무화과) 수확완료 후 추가 고사나무가 없는 경우 생략 가능

2 손해평가 현지조사방법

1 피해사실 확인조사

(1) **조사대상** : 대상 재해로 사고접수 농지 및 조사 필요 농지

(2) **대상 재해**

1) 수확개시 이전 : 자연재해, 조수해(鳥獸害), 화재

2) 수확개시 이후 : 태풍(강풍), 우박

(3) **조사시기** : 사고접수 직후 실시

(4) **조사방법**

1) 「피해사실 "조사방법" 준용」

2) 추가조사(과실손해조사) 필요 여부 판단

보상하는 재해 여부 및 피해 정도 등을 감안하여 추가조사(과실손해조사)가 필요한지 여부를 판단하여 해당 내용에 대하여 계약자에게 안내하고, 추가조사가(과실손

해조사) 필요할 것으로 판단된 경우에는 수확기에 손해평가반구성 및 추가조사 일정을 수립한다.

2 경작불능조사

(1) 대상 품목 : 복분자

(2) 조사대상 : 피해사실 확인조사 시 경작불능조사가 필요하다고 판단된 농지 또는 사고접수 시 이에 준하는 피해가 예상되는 농지

(3) 조사시기 : 피해사실 확인조사 직후 또는 사고접수 직후로 한다.

(4) 조사방법

1) 보험기간 확인

경작불능보장의 보험기간은 계약체결일 24시부터 수확개시 시점(단, 가입 이듬해 5월 31일을 초과할 수 없음)까지로, 해당 기간 내 사고인지 확인한다.

2) 보상하는 재해 여부 심사

농지 및 작물 상태 등을 감안하여 보상하는 재해로 인한 피해가 맞는지 확인하며, 필요시에는 이에 대한 근거자료(피해사실확인조사 참조)를 확보한다.

3) 실제 경작면적확인 · 재식면적확인

① GPS 면적측정기 또는 지형도 등을 이용하여 보험 가입면적과 실제 경작면적을 비교한다.

② 재식면적확인 : 주간 길이와 이랑폭 확인

③ 실제 경작면적이 보험 가입면적 대비 10% 이상 차이(혹은 1,000m^2 초과)가 날 경우에는 계약 사항을 변경해야 한다.

4) 경작불능 여부 확인

가) 식물체 피해율 65% 이상 여부 확인

식물체 피해율 = 식물체가 고사한 면적 ÷ 보험가입 면적

나) 계약자의 경작불능보험금 신청 여부 확인

구분		계약자의 보험금 신청	
		신청	미신청
식물체 피해율	65% 이상	경작불능조사	(종합위험)과실손해조사
	65% 미만	(종합위험)과실손해조사	

5) 산지폐기 여부 확인(경작불능후 조사)

이전 조사에서 보상하는 재해로 식물체 피해율이 65% 이상이고 계약자가 경작불능보험금을 신청한 농지에 대하여, 산지폐기 여부를 확인한다.

3 (종합위험)과실손해조사

(1) 대상 품목 : 복분자

1) 조사대상 : 종합위험방식 보험기간(계약 체결일 24시부터 가입 이듬해 5월 31일 이전)까지의 사고로 피해사실 확인조사 시 추가조사가 필요하다고 판단된 농지 또는 경작불능조사 결과 종합위험 과실손해조사가 필요할 것으로 결정된 농지. 단, 경작불능보험금이 지급된 농지는 제외함

2) 조사시기 : 수정완료 직후부터 최초 수확전까지

3) 조사 제외 대상 : 종합위험 과실손해조사 전 계약자가 피해 미미(자기부담 비율 이내의 사고) 등의 사유로 종합위험 과실손해조사를 취소한 농지는 조사를 실시하지 않는다.

4) 조사방법

가) 보상하는 재해 여부 심사

과수원 및 작물 상태 등을 감안하여 보상하는 재해로 인한 피해가 맞는지 확인하며, 필요시에는 이에 대한 근거 자료(피해사실 확인조사 참조)를 확보한다.

나) 실제 경작면적확인 · 재식면적확인

① GPS 면적측정기 또는 지형도 등을 이용하여 보험 가입면적과 실제 경작면적을 비교한다.

② 재식면적확인 : 주간 길이와 이랑폭 확인

③ 실제 경작면적이 보험 가입면적 대비 10% 이상 차이(혹은 1,000m^2 초과)가 날 경우에는 계약 사항을 변경해야 한다.

다) 기준일자 확인

기준일자는 사고일자로 하며, 기준일자에 따라 보장재해가 달라짐에 유의한다.

라) 표본조사

표본포기수 산정	• 가입포기수를 기준으로 품목별 표본구간수표에 따라 표본포기수를 산정한다. • 다만, 실제경작면적 및 재식면적이 가입사항과 차이가 나서 계약변경이 될 경우에는 변경될 가입포기수를 기준으로 표본 포기수를 산정한다.
표본포기 선정	• 산정한 표본포기수를 바탕으로 조사 농지의 특성이 골고루 반영될 수 있도록 표본포기를 선정한다.
표본구간 선정	• 선정한 표본포기 전후 2포기씩 추가하여 총 5포기를 표본구간으로 선정한다. • 다만, 가입 전 고사한 포기 및 보상하는 재해 이외의 원인으로 피해를 입은 포기가 표본구간에 포함될 경우에는 해당 포기를 표본구간에서 제외하고 이웃한 포기를 표본구간으로 선정하거나 표본포기를 변경한다.
살아있는 결과모지수 조사	• 각 표본구간별로 살아있는 결과모지수 합계를 조사한다. ※ 결과모지 : 결과지보다 1년 더 묵은 가지
수정불량(송이) 피해율 조사	• 각 표본포기에서 임의의 6송이를 선정하여 1송이당 맺혀있는 전체 열매수와 피해(수정불량) 열매수를 조사한다. • 다만, 현장 사정에 따라 조사할 송이 수는 가감할 수 있다.
미보상비율 확인	• 품목별 미보상비율 적용표에 따라 미보상비율을 조사한다.

(2) **대상 품목** : 무화과

1) 조사대상 : 종합위험방식 보험기간(계약 체결일 24시부터 가입 이듬해 7월 31일 이전)까지의 사고로 피해사실 확인조사 시 추가조사가 필요하다고 판단된 농지

2) 조사시기 : 최초 수확 품종 수확기 이전까지

3) 조사방법

가) 보상하는 재해여부 심사

과수원 및 작물 상태 등을 감안하여 보상하는 재해로 인한 피해가 맞는지 확인하며, 필요시에는 이에 대한 근거 자료(피해사실 확인조사 참조)를 확보한다.

나) 주수조사

농지내 품종별·수령별 실제결과주수, 미보상주수 및 고사나무주수를 파악한다.

다) 조사대상주수 계산

품종별·수령별 실제결과주수에서 미보상주수 및 고사나무주수를 빼서 조사대상주수를 계산한다.

라) 표본주수 산정

① 과수원별 전체 조사대상주수를 기준으로 품목별 표본주수표에 따라 농지별 전체 표본주수를 산정한다.

② 적정 표본주수는 품종별·수령별 조사대상주수에 비례하여 산정하며, 품종별·수령별 적정표본주수의 합은 전체 표본주수보다 크거나 같아야 한다.

마) 표본주 선정

① 조사대상주수를 농지별 표본주수로 나눈 표본주 간격에 따라 표본주 선정 후 해당 표본주에 표시리본을 부착

② 동일품종·동일재배방식·동일수령의 농지가 아닌 경우에는 품종별·재배방식별·수령별 조사대상주수의 특성이 골고루 반영될 수 있도록 표본주를 선정

바) 착과수조사

선정된 표본주마다 착과된 전체 과실수를 세고 리본 및 현지조사서에 조사내용을 기재한다.

사) 착과피해조사

① 착과피해조사는 착과피해를 유발하는 재해가 있을 경우에만 시행한다. 해당 재해 여부는 재해의 종류와 과실의 상태 등을 고려하여 조사자가 판단한다.

② 품종별로 3개 이상의 표본주에서 임의의 과실 100개 이상을 추출한 후 피해 구성 구분 기준에 따라 구분하여 그 개수를 조사한다.

③ 조사 당시 착과에 이상이 없는 경우 등에는 품종별로 피해구성조사를 생략할 수 있다.

〈과실분류에 따른 피해인정계수〉

과실분류	피해인정계수	비 고
정상과	0	피해가 없거나 경미한 과실
50%형 피해과실	0.5	일반시장에 출하할 때 정상과실에 비해 50%정도의 가격하락이 예상되는 품질의 과실(단, 가공공장공급 및 판매 여부와 무관)
80%형 피해과실	0.8	일반시장 출하가 불가능하나 가공용으로 공급될 수 있는 품질의 과실(단, 가공공장공급 및 판매 여부와 무관)
100%형 피해과실	1	일반시장 출하가 불가능하고 가공용으로도 공급될 수 없는 품질의 과실

아) 미보상비율 확인

품목별 미보상비율 적용표에 따라 미보상비율을 조사한다.

4 (특정위험)과실손해조사

(1) 대상 품목 : 복분자

1) 조사대상 : 특정위험방식 보험기간(가입 이듬해 6월 1일부터 수확기 종료 시점(다만 가입 이듬해 6월 20일 초과할 수 없음)까지) 중 사고가 발생하는 경우

2) 조사시기 : 사고접수 직후

3) 조사 제외 대상 : 특정위험 과실손해조사 전 계약자가 피해 미미(자기부담비율 이내의 사고) 등의 사유로 특정위험 과실손해조사를 취소한 농지는 조사를 실시하지 않는다.

4) 조사방법

가) 보상하는 재해 여부 심사

과수원 및 작물 상태 등을 감안하여 보상하는 재해로 인한 피해가 맞는지 확인하며, 필요시에는 이에 대한 근거자료를 확보할 수 있다.

나) 실제 경작면적확인·재식면적확인

① GPS 면적측정기 또는 지형도 등을 이용하여 보험 가입면적과 실제 경작면적을 비교한다.

② 재식면적확인 : 주간 길이와 이랑폭 확인

③ 실제 경작면적이 보험 가입면적 대비 10% 이상 차이(혹은 1,000m^2 초과)가 날 경우에는 계약 사항을 변경해야 한다.

다) 기준일자 확인

기준일자는 사고발생 일자로 하되, 농지의 상태 및 수확 정도 등에 따라 조사자가 수정할 수 있다.

〈기준일자에 따른 잔여수확량 비율 확인〉

품목	사고일자	경과비율(%)
복분자	1 ~ 7일	98 − 사고발생일자
	8 ~ 20일	$\frac{(\text{사고발생일자}^2 - 43 \times \text{사고발생일자} + 460)}{2}$

※ 사고 발생일자는 6월 중 사고 발생일자를 의미한다.

라) 표본조사

표본포기수 산정	• 가입포기수를 기준으로 품목별 표본구간수표에 따라 표본포기수를 산정한다. • 다만, 실제경작면적 및 재식면적이 가입사항과 차이가 나서 계약 변경이 될 경우에는 변경될 가입포기수를 기준으로 표본 포기수를 산정한다.
표본포기 선정	• 산정한 표본포기수를 바탕으로 조사 농지의 특성이 골고루 반영될 수 있도록 표본포기를 선정한다.
표본송이 조사	• 각 표본포기에서 임의의 6송이를 선정하여 1송이당 전체 열매수(전체 개화수)와 수확 가능한 열매수(전체 결실수)를 조사한다. • 다만, 현장 사정에 따라 조사할 송이수는 가감할 수 있다.

(2) 대상 품목 : 무화과

1) 조사대상 : 특정위험방식 보험기간 (가입 이듬해 8월 1일 이후부터 수확기 종료 시점 (가입한 이듬해 10월 31일을 초과할 수 없음)) 사고가 발생하는 경우

2) 조사방법

가) 보상하는 재해 여부 심사

과수원 및 작물 상태 등을 감안하여 보상하는 재해로 인한 피해가 맞는지 확인하며, 필요시에는 이에 대한 근거자료(피해사실 확인조사 참조)를 확보할 수 있다.

나) 주수조사

① 품종별·재배방식별·수령별 실제결과주수를 확인

② 고사주수, 미보상주수, 기수확주수, 수확불능주수 확인

③ 조사대상주수 확인 : 품종별·재배방식별·수령별 실제결과주수에서 미보상주수, 고사주수, 수확불능주수를 빼고 조사대상주수를 계산한다.

다) 기준일자 확인

① 기준일자는 사고발생 일자로 하되, 농지의 상태 및 수확 정도 등에 따라 조사자가 수정할 수 있다.

② 기준일자에 따른 잔여수확량 비율 확인

라) 표본조사

① 표본포기수 산정

② 3주 이상의 표본주에 달려있는 결과지수를 구분하여 고사결과지수, 미고사결과지수, 미보상고사결과지수를 각각 조사한다.

5 고사나무 조사

(1) 조사대상 : 무화과

나무손해보장특약을 가입한 농지 중 사고가 접수된 모든 농지

(2) 조사시기의 결정

고사나무 조사는 수확완료 시점 이후에 실시하되, 나무손해보장 특약 종료 시점을 고려하여 결정한다.

(3) 조사방법

1) 고사나무조사 필요 여부 확인

① 수확완료 후 고사나무가 있는 경우에만 조사 실시

② 기조사(착과수조사 및 수확량조사 등)시 확인된 고사나무 이외에 추가 고사나무가 없는 경우에는 조사 생략 가능

2) 보상하는 재해 여부 심사

농지 및 작물 상태 등을 감안하여 보상하는 재해로 인한 피해가 맞는지 확인하며, 필요시에는 이에 대한 근거자료(피해사실 확인조사 참조)를 확보할 수 있다.

3) 고사기준에 맞는 품종별·수령별 추가 고사주수 확인, 보상하는 재해 이외의 원인으로 고사한 나무는 미보상고사주수로 조사한다.

6 미보상비율 확인

미보상비율 적용표에 따라 미보상비율을 조사한다.

3 보험금 산정방법 및 지급기준

1 경작불능보험금의 산정

(1) 대상 품목 : 복분자

(2) **지급조건** : 경작불능조사 결과 식물체 피해율이 65% 이상이고, 계약자가 경작불능보험금을 신청한 경우에 지급한다.

(3) 지급보험금

지급보험금 = 보험가입금액 × 자기부담비율별 지급비율

〈자기부담비율별 경작불능보험금 지급비율표〉

자기부담비율	10%형	15%형	20%형	30%형	40%형
지급 비율	45%	42%	40%	35%	30%

2 과실손해보험금의 산정

(1) 대상 품목 : 복분자

1) 과실손해보험금의 계산

보상하는 재해로 피해율이 자기부담비율을 초과하는 경우 과실손해보험금을 아래와 같이 산정한다.

과실손해보험금 = 보험가입금액 × (피해율 − 자기부담비율)
※ 피해율 = 고사결과모지수 ÷ 평년결과모지수

2) 고사결과모지수

〈5월 31일 이전에 사고가 발생한 경우〉
(평년결과모지수 − 살아있는 결과모지수) + 수정불량환산 고사결과모지수 − 미보상 고사결과 모지수

〈6월 01일 이후에 사고가 발생한 경우〉
수확감소환산 고사결과모지수 − 미보상 고사결과모지수

① 수정불량환산 고사결과모지수 = 살아있는 결과모지수 × 수정불량환산계수

② 수정불량환산계수 = $\frac{\text{수정불량결실수}}{\text{전체결실수}}$ − 자연수정불량률

③ 자연수정불량률 : 15% (2014 복분자 수확량 연구용역 결과반영)

3) 수확감소환산 고사결과모지수

〈5월 31일 이전 사고로 인한 고사결과모지수가 존재하는 경우〉
(살아있는 결과모지수 − 수정불량환산 고사결과모지수) × 누적수확감소환산계수

〈5월 31일 이전 사고로 인한 고사결과모지수가 존재하지 않는 경우〉
평년결과모지수 × 누적수확감소환산계수

① 누적수확감소환산계수 = 수확감소환산계수의 누적 값

② 수확감소환산계수 = 수확일자별 잔여수확량 비율 − 결실률

〈수확일자별 잔여수확량비율〉

품목	사고일자	경과비율(%)
복분자	6월 1일 ~ 7일	98 − 사고발생일자
	6월 8일 ~ 20일	$\frac{(\text{사고발생일자}^2 - 43 \times \text{사고발생일자} + 460)}{2}$

※ 결실률 $= \frac{\text{전체결실수}}{\text{전체개화수}}$

4) 미보상 고사결과모지수

수확감소환산 고사결과모지수에 미보상비율을곱하여 산출한다. 다수의 특정위험 과실손해조사가 이루어진 경우에는 제일 높은 미보상비율을 적용한다.

수확감소환산 고사결과모지수 × 최댓값(특정위험 과실손해조사별 미보상비율)

(2) 대상 품목 : 무화과

1) 지급보험금

지급보험금 = 보험가입금액 × (피해율 − 자기부담비율)

2) 피해율

피해율은 7월 31일 이전 사고피해율과 8월 1일 이후 사고피해율을 합산한다.

피해율 = 7/1전 피해율 + 8/1후 피해율

3) 피해율 산출

가) 무화과의 7월 31일 이전 사고피해율

(평년수확량 − 수확량 − 미보상감수량) ÷ 평년수확량

나) 무화과의 8월 1일 이후 사고피해율

(1 − 수확전 사고피해율) × 잔여수확량비율 × 결과지피해율

※ 수확전 사고피해율은 7월 31일 이전 발생한 기사고 피해율로 한다.

다) 사고발생일에 따른 잔여수확량 산정식

품목	사고발생 월	잔여수확량 산정식(%)
무화과	8월	100 − 1.06 × 사고발생일자
	9월	(100 − 33) − 1.13 × 사고발생일자
	10월	(100 − 67) − 0.84 × 사고발생일자

※ 결과지 피해율

$$= \frac{\text{고사결과지수} + \text{미고사결과지수} \times \text{착과피해율} - \text{미보상고사결과지수}}{\text{기준결과지수}}$$

※ 기준결과지수 = 고사결과지수 + 미고사결과지수

※ 고사결과지수 = 보상고사결과지수 + 미보상고사결과지수

3 종합위험 나무손해보장 특별약관 보험금 산정(무화과)

① 보험기간 내에 보상하는 손해에서 규정한 재해로 인한 피해율이 자기부담 비율을 초과하는 경우 재해보험사업자가 지급할 보험금은 아래에 따라 계산한다.

지급보험금 = 보험가입금액 × (피해율 − 자기부담비율)

※ 피해율 = 피해주수(고사된 나무) ÷ 실제결과주수

② 자기부담비율은 5%로 한다.

03 핵심내용 정리하기

1 복분자 과실손해보험금

복분자 과실손해보험금 = 보험가입금액 × (피해율 − 자기부담비율)

※ 피해율 = 고사결과모지수 ÷ 평년결과모지수

1 고사결과모지수

고사결과모지수 = (1) 종합위험(5.31이전) 과실손해 고사결과모지수 + (2) 특정위험(6.1이후) 과실손해 고사결과 모지수

(1) 종합위험(5.31이전) 과실손해 고사결과모지수

종합고모
= 평년결과모지수 − (기준 살아있는 결과모지수 − 수정불량환산 고사결과모지수 + 미보상 고사결과모지수)
= 평년결과모지수 − (기준 살아있는 결과모지수 − 수정불량환산 고사결과모지수) − 미보상 고사결과모지수
※ (기 − 수)값 따로 써 놓을 것

1) 기준 살아있는 결과모지수

기준 살아있는 결과모지수 = 표본구간 살아있는 결과모지수의 합 ÷ (표본구간수 × 5)

2) 수정불량환산 고사결과모지수

수정불량환산 고사결과모지수 = 표본구간 수정불량 고사결과모지수의 합 ÷ (표본구간수 × 5)

① 표본구간 수정불량 고사결과모지수 = 표본구간 살아있는 결과모지수 × 수정불량환산계수

② 수정불량환산계수 = (수정불량결실수 ÷ 전체결실수) − 자연수정불량률
= 최댓값((표본포기 6송이 피해 열매수의 합 ÷ 표본포기 6송이 열매수의 합계)− 15%, 0)

- 자연수정불량률 : 15%(2014 복분자 수확량 연구용역 결과반영)

3) 미보상 고사결과모지수

미보상 고사결과모지수 = 최댓값({평년결과모지수 − (기준 살아있는 결과모지수 − 수정불량환산 결과모지수)} × 미보상비율, 0)

(2) 특정위험(6.1이후) 과실손해 고사결과 모지수

특정고모 = 수확감소환산 고사결과모지수 − 미보상 고사결과모지수

1) 수확감소환산 고사결과모지수

가) 종합위험 과실손해조사를 실시한 경우

수확감소환산 고사결과모지수 = (기준 살아있는 결과모지수 − 수정불량환산 고사결과모지수) × 누적수확감소환산계수

나) 종합위험 과실손해조사를 실시하지 않은 경우

수확감소환산 고사결과모지수 = 평년결과모지수 × 누적수확감소환산계수

① 누적수확감소환산계수 = 특정위험 과실손해조사별 수확감소환산계수의 합
② 수확감소환산계수 = 최댓값(기준일자별 잔여수확량 비율 − 결실율, 0)
③ 결실율 = 전체결실수 ÷ 전체개화수
= Σ(표본송이의 수확 가능한 열매수) ÷ Σ(표본송이의 총열매수)

2) 미보상 고사결과모지수

미보상 고사결과모지수 = 수확감소환산 고사결과모지수 × 최댓값(특정위험 과실손해조사별 미보상비율)

2 무화과 지급보험금

무화과 지급보험금 = 보험가입금액 × (피해율 − 자기부담비율)

※ 피해율 = (1) 7월 31일 이전 피해율 + (2) 8월 1일 이후 피해율

(1) 7월 31일 이전 피해율

피해율 = (평년수확량 − 수확량 − 미보상감수량) ÷ 평년수확량

1) 수확량

수확량 = {품종별·수령별 조사대상주수 × 품종·수령별 주당 수확량 × (1 − 피해구성률)} + (품종·수령별 주당 평년수확량 × 미보상주수)

① 품종·수령별 주당 수확량 = 품종·수령별 주당 착과수 × 표준과중

② 품종·수령별 주당 착과수 = 품종·수령별 표본주 과실수의 합계 ÷ 품종·수령별 표본주수

2) 미보상감수량

미보상감수량 = (평년수확량 − 수확량) × 미보상비율

보충자료

- 피해구성조사
- 피해구성률 : {(50%형 과실수 × 0.5) + (80%형 과실수 × 0.8) + (100%형 과실수 × 1)} ÷ 표본과실수

(2) 8월 1일 이후 피해율

피해율 = (1 − 수확전 사고피해율) × 잔여수확량비율 × 결과지 피해율

1) 결과지 피해율

결과지 피해율 = (고사결과지수 + 미고사결과지수 × 착과피해율 − 미보상고사결과지수) ÷ 기준결과지수

① 기준결과지수 = 고사결과지수 + 미고사결과지수

② 고사결과지수 = 보상고사결과지수 + 미보상고사결과지수

※ 8월1일 이후 사고가 중복 발생할 경우 금차 피해율에서 전차 피해율을 차감하고 산정함

보충자료

〈기본사항〉

- 품종·수령별 조사대상주수 = 품종·수령별 실제결과주수 − 품종·수령별 미보상주수 − 품종·수령별 고사주수
- 품종·수령별 평년수확량 = 평년수확량 × (품종·수령별 주당 표준수확량×품종·수령별 실제결과주수 ÷ 표준수확량)
- 품종·수령별 주당 평년수확량 = 품종·수령별 평년수확량 ÷ 품종·수령별 실제결과주수

04 워크북으로 마무리하기

01 다음은 복분자 품목에 관한 내용이다. 아래 괄호에 알맞은 내용을 순서대로 쓰시오.

〈고사결과모지수 계산방법〉

(1) 5월 31일 이전에 사고가 발생한 경우

{(①) − 살아있는 결과모지수} + (②) 고사결과모지수 − 미보상 고사결과 모지수

(2) 6월 01일 이후에 사고가 발생한 경우

(③) 고사결과모지수 − (④) 고사결과모지수

※ 자연수정불량률 : (⑤)% (2014 복분자 수확량 연구용역 결과반영)

02 다음의 계약사항 및 조사내용을 참조하여 피해율을 구하시오. (단, 피해율은 소수점 셋째 자리에서 반올림하여 둘째자리까지 다음 예시와 같이 구하시오. 예시 : 피해율 12.345% → 12.35%로 기재) (5점)

〈계약사항〉

상품명	보험가입금액(만 원)	평년수확량(kg)
무화과	1,000	200

〈조사내용〉

보상고사 결과지수(개)	미보상고사 결과지수(개)	정상결과지수(개) (=미고사결과지수)	사고일	수확전 사고피해율(%)
12	8	20	2019.09.07	20

※ 잔여수확량(경과)비율 = {(100 − 33) − (1.13 × 사고발생일)}

※ 착과피해율 없음

정답

01 답 : ① 평년결과모지수, ② 수정불량환산, ③ 수확감소환산, ④ 미보상, ⑤ 15 끝

02

피해율 = 7월 31일 이전 사고피해율 + 8월 1일 이후 사고피해율 = 34.18%

7월 31일 이전 사고피해율 = 20%

8월 1일 이후 사고피해율 = (1 − 수확전 사고피해율) × 잔여수확량비율 × 결과지 피해율
= 0.8 × 0.5909 × 0.3 = 0.141816 = 0.1418 = 14.18%

잔여수확량비율 = {(100 − 33) − (1.13 × 사고발생일)}
= {(100 − 33) − (1.13 × 7)}
= 59.09%

결과지피해율 = (고사결과지수 + 미고사결과지수 × 착과피해율 − 미보상고사결과지수) ÷ 기준결과지수 = (20개 + 20개 × 0 − 8) ÷ 40개 = 0.3

고사결과지수 = 보상고사결과지수 + 미보상고사결과지수 = 12 + 8 =20개
기준결과지수 = 고사결과지수 + 미고사결과지수 = 20개 + 20개 = 40개

답 : 34.18% 끝

제2절 논작물 손해평가 및 보험금 산정

01 기출유형 확인하기

제1회 재이앙·재직파보험금, 경작불능보험금, 수확감소보험금의 지급사유를 각각 서술하시오. (5점)

아래 조건(1, 2, 3)에 따른 보험금을 산정하시오. (10점)

벼 상품의 수확량조사 3가지 유형을 구분하고, 각 유형별 수확량조사시기와 조사방법에 관하여 서술하시오. (15점)

제2회 종합위험 수확감소보장방식 벼 품목에서 사고가 접수된 농지의 수량요소조사방법에 의한 수확량조사 결과가 다음과 같을 경우 수확량과 피해율을 구하시오. (15점)

제3회 아래의 계약사항과 조사내용에 따른 표본구간 유효중량, 피해율 및 보험금을 구하시오. (15점)

제4회 종합위험 수확감소보장방식 논작물 벼 품목의 통상적인 영농활동 중 보상하는 손해가 발생하였다. 아래 조사종류별 조사시기, 보험금 지급사유 및 지급보험금 계산식을 각각 쓰시오. (15점)

종합위험 수확감소보장방식 벼 품목의 가입농가가 보상하는 재해로 피해를 입어 수확량조사방법 중 수량요소조사를 실시하였다. 아래 계약사항 및 조사내용을 기준으로 주어진 조사표의 ① ~ ⑫항의 해당 항목값을 구하시오. (15점)

제5회 병충해담보 특약에서 담보하는 7가지 병충해를 쓰시오. (5점)

수확감소에 따른 A농지 ① 피해율, ② 보험금과 B농지, ③ 피해율, ④ 보험금을 각각 구하시오. (5점)

각 농지의 식물체가 65%이상 고사하여 경작불능보험금을 받을 경우, A농지 ⑤ 보험금과 B농지 ⑥ 보험금을 구하시오. (5점)

제6회 A농지의 재이앙·재직파보험금을 구하시오. (2점)

B농지의 수확감소보험금을 구하시오. (3점)

제7회 종합위험 수확감소보장방식 논작물 관련 내용이다. 계약사항과 조사내용을 참조하여 피해율의 계산과정과 값을 쓰시오. (5점)

제8회 논작물에 대한 피해사실 확인조사 시 추가조사 필요 여부 판단에 관한 내용이다. (　)에 들어갈 내용을 쓰시오. (5점)

재이앙보험금의 지급가능한 횟수를 쓰시오. (2점)

재이앙보험금의 계산과정과 값을 쓰시오. (3점)

수확량감소보험금의 계산과정과 값을 쓰시오. (10점)

제9회 종합위험 수확감소보장방식 '논작물'에 관한 내용으로 보험금 지급사유에 해당하며, 아래 물음에 답하시오. (15점)

물음 1) 종합위험 수확감소보장방식 논작물(조사료용 벼)에 관한 내용이다. 다음 조건을 참조하여 경작불능보험금의 계산식과 값(원)을 쓰시오. (3점)

물음 2) 종합위험 수확감소보장방식 논작물(벼)에 관한 내용이다. 다음 조건을 참조하여 표본조사에 따른 수확량감소보험금의 계산과정과 값(원)을 쓰시오. (6점)

물음 3) 종합위험 수확감소보장방식 논작물(벼)에 관한 내용이다. 다음 조건을 참조하여 전수조사에 따른 수확량감소보험금의 계산과정과 값(원)을 쓰시오. (6점)

02 기본서 내용 익히기

I 수확감소보장(벼, 조사료용 벼, 밀, 보리, 귀리)

수확감소보장은 자연재해 등 보장하는 재해로 피해를 입어 수확량의 감소에 대하여 피보험자에게 보상하는 방식이다.

1 시기별 조사종류

생육시기	재해	조사내용	조사시기	조사방법	비고
수확전	보상하는 재해 전부	피해사실 확인 조사	사고접수 후 지체 없이	• 보상하는 재해로 인한 피해발생 여부 조사(피해사실이 명백한 경우 생략 가능)	전품목
		이앙(직파) 불능 조사	이앙 한계일 (7.31)이후	• 이앙(직파)불능 상태 및 통상적인 영농활동 실시 여부 조사	벼만 해당
		재이앙(재직파) 조사	사고접수 후 지체 없이	• 해당농지에 보상하는 손해로 인하여 재이앙(재직파)이 필요한 면적 또는 면적비율조사	벼만 해당
		경작불능조사	사고접수 후 지체 없이	• 해당 농지의 피해면적비율 또는 보험목적인 식물체 피해율 조사	전품목
수확직전	보상하는 재해 전부	수확량조사	수확직전	• 사고발생 농지의 수확량조사·조사방법: 전수조사 또는 표본조사	벼, 밀, 보리, 귀리
수확시작 후 ~ 수확종료	보상하는 재해 전부	수확량조사	사고접수 후 지체 없이	• 사고발생 농지의 수확 중의 수확량 및 감수량의 확인을 통한 수확량조사 • 조사방법: 전수조사 또는 표본조사 (벼는 수량요소조사도 가능)	벼, 밀, 보리, 귀리
		수확불능확인 조사	조사 가능일	• 사고발생 농지의 제현율 및 정상 출하 불가 확인 조사	벼만 해당

2 손해평가 현지조사방법

1 피해사실 확인조사

(1) **조사대상** : 대상 재해로 사고접수 농지 및 조사 필요 농지

(2) **대상 재해** : 자연재해, 조수해(鳥獸害), 화재

병해충 7종(해당특약 가입시 보장 – 벼 품목만 해당) : 흰잎마름병, 줄무늬잎마름병, 세균성벼알마름병, 도열병, 깨씨무늬병, 먹노린재, 벼멸구

(3) **조사시기** : 사고접수 직후 실시

(4) **조사방법**

1) 보상하는 재해로 인한 피해 여부 확인

기상청 자료 확인 및 현지 방문 등을 통하여 보상하는 재해로 인한 피해가 맞는지 확인하며, 필요시에는 이에 대한 근거로 다음의 자료를 확보한다.

① 기상청 자료, 농업기술센터 의견서 및 손해평가인 소견서 등 재해 입증자료

② 피해농지 사진 : 농지의 전반적인 피해 상황 및 세부 피해내용이 확인 가능하도록 촬영

③ ICT 기반 무인항공기를 활용한 피해농지 촬영

2) 추가조사 필요 여부 판단

보상하는 재해 여부 및 피해 정도 등을 감안하여 이앙·직파불능 조사(농지 전체 이앙·직파불능 시), 재이앙·재직파 조사(면적피해율 10% 초과), 경작불능조사(식물체피해율 65% 이상), 수확량조사(자기부담비율 초과) 중 필요한 조사를 판단하여 해당 내용에 대하여 계약자에게 안내하고, 추가조사가 필요할 것으로 판단된 경우에는 손해평가반 구성 및 추가조사 일정을 수립한다.

3) 피해사실 확인조사 생략

단, 태풍 등과 같이 재해 내용이 명확하거나 사고접수 후 바로 추가조사가 필요한 경우 등에는 피해사실 확인조사를 생략할 수 있다.

2 이앙·직파불능 조사(벼)

피해사실 확인조사 시 이앙·직파불능조사가 필요하다고 판단된 농지에 대하여 실시하는 조사로, 손해평가반은 피해농지를 방문하여 보상하는 재해 여부 및 이앙·직파불능 여부를 조사한다.

(1) **조사대상** : 벼

(2) **조사시기** : 이앙 한계일(7월 31일) **이후**

(3) **이앙·직파불능보험금 지급 대상 여부 조사**

1) 보상하는 재해 여부 심사

농지 및 작물 상태 등을 감안하여 보상하는 재해로 인한 피해가 맞는지 확인하며, 필요시 이에 대한 근거자료(피해사실 확인조사 참조)를 확보한다.

2) 실제 경작면적확인

GPS 면적측정기 또는 지형도 등을 이용하여 보험 가입면적과 실제 경작면적을 비교한다. 이때 실제 경작면적이 보험 가입면적 대비 10% 이상 차이가 날 경우에는 계약사항을 변경해야 한다.

3) 이앙·직파불능 판정 기준

보상하는 손해로 인하여 이앙 한계일(7월 31일)까지 해당 농지 전체를 이앙·직파하지 못한 경우 이앙·직파불능피해로 판단한다.

4) 통상적인 영농활동 이행 여부 확인

대상 농지에 통상적인 영농활동(논둑 정리, 논갈이, 비료시비, 제초제 살포 등)을 실시했는지를 확인한다.

3 재이앙·재직파조사(벼)

피해사실 확인조사 시 재이앙·재직파조사가 필요하다고 판단된 농지에 대하여 실시하는 조사로, 손해평가반은 피해농지를 방문하여 보상하는 재해 여부 및 피해면적을 조사한다.

(1) **조사대상** : 벼

(2) **조사시기** : 사고접수 직후 실시

(3) **재이앙·재직파보험금 지급 대상 여부 조사(1차 : 재이앙·재직파 전(前) 조사)**

1) 보상하는 재해 여부 심사

농지 및 작물 상태 등을 감안하여 정한 보상하는 재해로 인한 피해가 맞는지 확인하며, 필요시에는 이에 대한 근거자료(피해사실 확인조사 참조)를 확보할 수 있다.

2) 실제 경작면적확인

GPS 면적측정기 또는 지형도 등을 이용하여 보험 가입면적과 실제 경작면적을 비교한다. 이때 실제 경작면적이 보험 가입면적 대비 10% 이상 차이가 날 경우에는 계약 사항을 변경해야 한다.

3) 피해면적확인

GPS 면적측정기 또는 지형도 등을 이용하여 실제 경작면적대비 피해면적을 비교 및 조사한다.

4) 피해면적의 판정기준

① 묘가 본답의 바닥에 있는 흙과 분리되어 물 위에 뜬 면적

② 묘가 토양에 의해 묻히거나 잎이 흙에 덮여져 햇빛이 차단된 면적

③ 묘는 살아 있으나 수확이 불가능할 것으로 판단된 면적

(4) 재이앙·재직파 이행 완료 여부 조사(재이앙·재직파 후(後) 조사)

재이앙·재직파보험금 대상 여부 조사(전(前) 조사) 시 재이앙·재직파보험금 지급 대상으로 확인된 농지에 대하여, 재이앙·재직파가 완료되었는지를 조사한다. 피해 면적 중 일부에 대해서만 재이앙·재직파가 이루어진 경우에는 재이앙·재직파가 이루어지지 않은 면적은 피해면적에서 제외한다.

(5) 농지별 상황에 따라 재이앙·재직파 전(前) 조사가 어려운 경우 : 최초 이앙에 대한 증빙 자료를 확보하여 최초이앙 시기와 피해 사실에 대한 확인을 하여야 한다.

4 경작불능조사

피해사실 확인조사 시 경작불능조사가 필요하다고 판단된 농지 또는 사고접수 시 이에 준하는 피해가 예상되는 농지에 대하여 실시하는 조사

(1) 조사대상 : 벼, 조사료용 벼, 밀, 보리

(2) 조사시기 : 사고 후 ~ 출수기

(3) 경작불능보험금 지급 대상 여부 조사(경작불능 전(前)조사)

1) 보상하는 재해 여부 심사

농지 및 작물 상태 등을 감안하여 보상하는 재해로 인한 피해가 맞는지 확인하며, 필요시에는 이에 대한 근거자료(피해사실 확인조사 참조)를 확보한다.

2) 실제 경작면적확인

GPS 면적측정기 또는 지형도 등을 이용하여 보험 가입면적과 실제 경작면적을 비교한다. 이때 실제 경작면적이 보험 가입면적 대비 10% 이상 차이가 날 경우에는 계약사항을 변경해야 한다.

3) 식물체 피해율조사

목측 조사를 통해 조사대상 농지에서 보상하는 재해로 인한 식물체 피해율이 65%(분질미는 60%) 이상 여부를 조사한다.

4) 계약자의 경작불능보험금 신청 여부 확인

식물체 피해율이 65%(분질미는 60%) 이상인 경우 계약자에게 경작불능보험금 신청 여부를 확인한다.

5) 수확량조사대상 확인(조사료용 벼 제외)

식물체 피해율이 65%(분질미는 60%) 미만이거나, 식물체 피해율이 65%(분질미는 60%) 이상이 되어도 계약자가 경작불능보험금을 신청하지 않은 경우에는 향후 수확량조사가 필요한 농지로 결정한다.

6) 산지폐기 여부 확인

이전 조사에서 보상하는 재해로 식물체 피해율이 65%(분질미는 60%) 이상인 농지에 대하여 해당 농지에 대하여 산지폐기 여부를 확인한다.

5 수확량조사(조사료용벼 제외)

피해사실 확인조사 시 수확량조사가 필요하다고 판단된 농지에 대하여 실시하는 조사로, 수확량조사의 조사방법은 수량요소조사, 표본조사, 전수조사가 있으며, 현장 상황에 따라 조사방법을 선택하여 실시할 수 있다. 단, 거대재해 발생 시 대표농지를 선정하여 각 수확량조사의 조사 결과 값(조사수확비율, 단위면적당 조사수확량 등)을 대표농지의 인접 농지(동일'리'등 생육환경이 유사한 인근 농지)에 적용할 수 있다. 다만, 동일 농지에 대하여 복수의 조사방법을 실시한 경우 피해율 산정의 우선순위는 전수조사, 표본조사, 수량요소조사 순으로 적용한다.

(1) 조사대상에 따른 조사방법

조사대상	조사방법
벼	수량요소조사
벼, 밀, 보리, 귀리	표본조사
	전수조사

(2) 조사시기에 따른 조사방법

조사시기	조사방법
수확전 14일 전후	수량요소조사
알곡이 여물어 수확이 가능한 시기	표본조사
수확시	전수조사

(3) 수확량조사 손해평가절차

1) 보상하는 재해 여부 심사

농지 및 작물 상태 등을 감안하여 보상하는 재해로 인한 피해가 맞는지 확인하며, 필요시에는 이에 대한 근거자료(피해 사실 확인조사 참조)를 확보한다.

2) 경작불능보험금 대상 여부 확인

식물체 피해율이 65%(분질미는 60%) 이상인 경작불능보험금 대상인지 확인한다.

3) 면적확인

구분	내용
실제 경작면적확인	• GPS 면적측정기 또는 지형도 등을 이용하여 보험 가입면적과 실제 경작면적을 비교한다. • 이때 실제 경작면적이 보험 가입면적 대비 10% 이상 차이가 날 경우에는 계약 사항을 변경해야 한다.
고사면적확인	• 보상하는 재해로 인하여 해당 작물이 수확될 수 없는 면적을 확인한다.
타작물 및 미보상 면적확인	• 해당 작물 외의 작물이 식재되어 있거나 보상하는 재해 이외의 사유로 수확이 감소한 면적을 확인한다.
기수확면적확인	• 조사 전에 수확이 완료된 면적을 확인한다.
조사대상 면적확인	• 실제경작면적에서 고사면적, 타작물 및 미보상면적, 기수확면적을 제외하여 조사대상 면적을 확인한다.

4) 수확불능 대상 여부 확인

벼의 제현율이 65%(분질미는 70%) 미만으로 정상적인 출하가 불가능한지를 확인한다. 단, 경작불능보험금 대상인 경우에는 수확불능에서 제외한다.

※ 제현 : 벼의 껍질을 벗겨내는 것

5) 조사방법 결정 : 조사시기 및 상황에 맞추어 적절한 조사방법을 선택한다.

(4) 수량요소조사 손해평가방법

1) 표본포기 수 : 4포기(가입면적과 무관함)

2) 표본포기 선정

재배 방법 및 품종 등을 감안하여 조사대상 면적에 동일한 간격으로 골고루 배치될 수 있도록 표본 포기를 선정한다. 다만, 선정한 포기가 표본으로 부적합한 경우(해당 포기의 수확량이 현저히 많거나 적어서 표본으로 대표성을 가지기 어려운 경우 등)에는 가까운 위치의 다른 포기를 표본으로 선정한다.

3) 표본포기조사

선정한 표본 포기별로 이삭상태 점수 및 완전낟알상태 점수를 조사한다.

가) 이삭상태 점수조사

표본 포기별로 포기당 이삭 수에 따라 아래 이삭상태 점수표를 참고하여 점수를 부여한다.

〈이삭상태 점수표〉

포기당 이삭수	점수
16 미만 (~ 15)	1
16 이상 (16 ~)	2

나) 완전낟알상태 점수조사

표본 포기별로 평균적인 이삭 1개를 선정하여, 선정한 이삭별로 이삭당 완전낟알수에 따라 아래 완전낟알상태 점수표를 참고하여 점수를 부여한다.

〈완전낟알상태 점수표〉

이삭당 완전낟알수	점수
51개 미만 (~ 50)	1

이삭당 완전낟알수	점수
51개 이상 61개 미만 (51 ~ 60)	2
61개 이상 71개 미만 (61 ~ 70)	3
71개 이상 81개 미만 (71 ~ 80)	4
81개 이상 (81 ~)	5

〈이삭상태·완전낟알수 조사〉

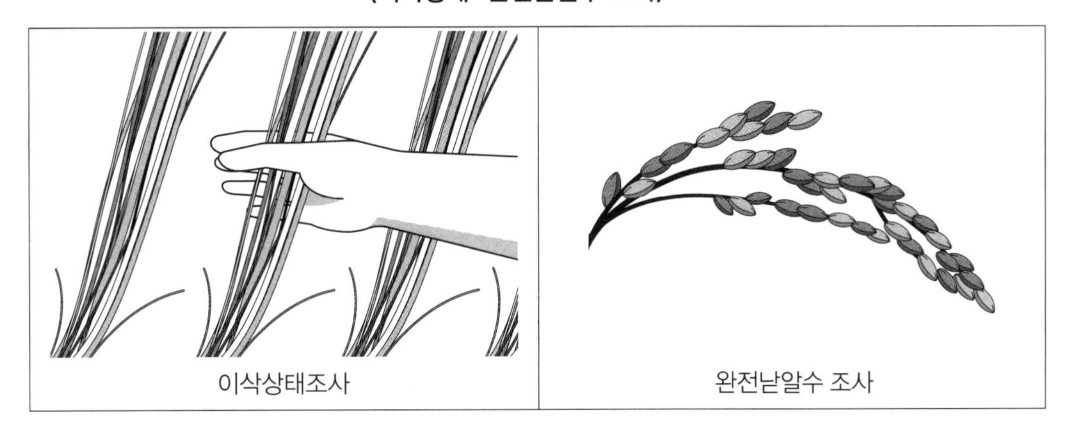

이삭상태조사　　완전낟알수 조사

4) 수확비율 산정

① 표본 포기별 이삭상태 점수(4개) 및 완전낟알상태 점수(4개)를 합산한다.

② 합산한 점수에 따라 조사수확비율 환산표에서 해당하는 수확비율 구간을 확인한다.

③ 해당하는 수확비율구간 내에서 조사 농지의 상황을 감안하여 적절한 수확비율을 산정한다.

〈조사수확비율 환산표〉

점수 합계	조사수확비율(%)	점수 합계	조사수확비율(%)
10점 미만	0% ~ 20%	16점 ~ 18점	61% ~ 70%
10점 ~ 11점	21% ~ 40%	19점 ~ 21점	71% ~ 80%
12점 ~ 13점	41% ~ 50%	22점 ~ 23점	81% ~ 90%
14점 ~ 15점	51% ~ 60%	24점 이상	91% ~ 100%

5) 피해면적 보정계수 산정 : 피해정도에 따른 보정계수를 산정한다.

〈피해면적 보정계수〉

피해 정도	피해면적 비율	보정계수
매우 경미	10% 미만	1.2
경미	10% 이상 30% 미만	1.1
보통	30% 이상	1

6) 병해충 단독사고 여부 확인(벼만 해당)

농지의 피해가 자연재해, 조수해 및 화재와는 상관없이 보상하는 병해충만으로 발생한 병해충 단독사고인지 여부를 확인한다. 이때, 병해충 단독사고로 판단될 경우에는 가장 주된 병해충명을 조사한다.

(5) 표본조사 손해평가방법

1) 표본구간수 선정

조사대상 면적에 따라 아래 적정 표본구간수 이상의 표본구간수를 선정한다. 다만, 가입면적과 실제경작면적이 10% 이상 차이가 날 경우(계약 변경 대상)에는 실제경작면적을 기준으로 표본구간수를 선정한다.

〈종합위험방식 논작물 품목(벼, 밀, 보리)〉

조사대상 면적	표본구간	조사대상 면적	표본구간
2,000m² 미만	3	4,000m² 이상 5,000m² 미만	6
2,000m² 이상 3,000m² 미만	4	5,000m² 이상 6,000m² 미만	7
3,000m² 이상 4,000m² 미만	5	6,000m² 이상	8

2) 표본구간 선정

선정한 표본구간수를 바탕으로 재배 방법 및 품종 등을 감안하여 조사대상 면적에 동일한 간격으로 골고루 배치될 수 있도록 표본구간을 선정한다. 다만, 선정한 구간이 표본으로 부적합한 경우(해당 작물의 수확량이 현저히 많거나 적어서 표본으로 대표성을 가지기 어려운 경우 등)에는 가까운 위치의 다른 구간을 표본구간으로 선정한다.

3) 표본구간 면적 및 수량조사

가) 표본구간 면적 : **(벼)** 표본구간마다 4포기의 길이와 포기 당 간격을 조사한다(단, 농지 및 조사 상황 등을 고려하여 4포기를 2포기로 줄일 수 있다).

(밀, 보리, 귀리) 점파의 경우 표본구간마다 4포기의 길이와 포기당 간격을 조사하고, 산파이거나 이랑의 구분이 명확하지 않은 경우에는 규격의 테(50cm×50cm)를 사용한다. 단 농지 및 조사상황 등을 고려하여 4포기를 2포기로 줄일 수 있다.

나) 표본 중량 조사 : 표본구간의 작물을 수확하여 해당 중량을 측정한다.

다) 함수율 조사 : 수확한 작물에 대하여 함수율 측정을 3회 이상 실시하여 평균값을 산출한다.

4) 병해충 단독사고 여부 확인(벼만 해당)

농지의 피해가 자연재해, 조수해 및 화재와는 상관없이 보상하는 병해충만으로 발생한 병해충 단독사고인지 여부를 확인한다. 이때, 병해충 단독사고로 판단될 경우에는 가장 주된 병해충명을 조사한다.

〈표본중량조사〉

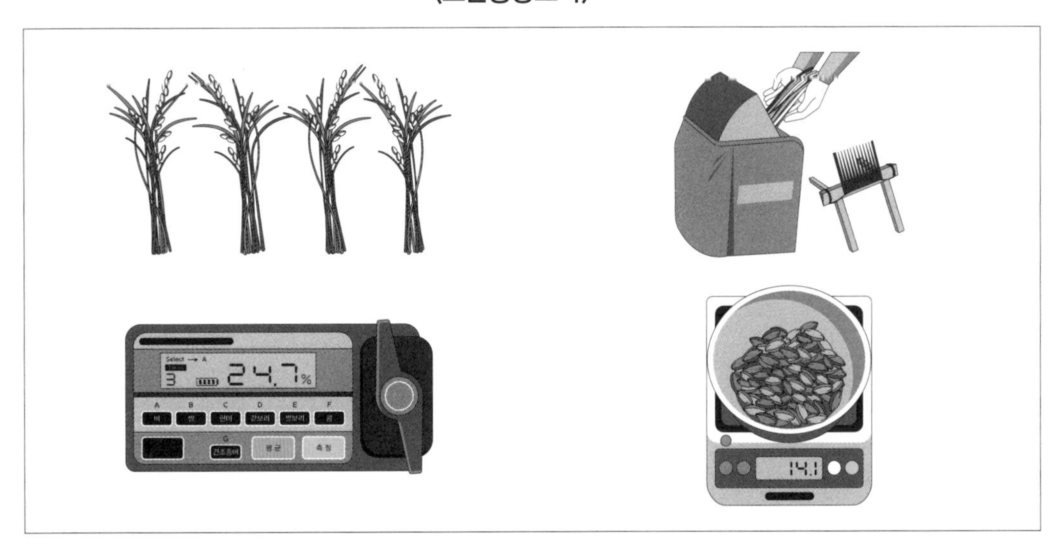

(6) 전수조사 손해평가방법

1) 전수조사대상 농지 여부 확인

전수조사는 기계수확(탈곡 포함)을 하는 농지에 한한다.

2) 조곡의 중량조사

대상 농지에서 수확한 전체 조곡의 중량을 조사하며, 전체 중량 측정이 어려운 경우에는 콤바인, 톤백, 콤바인용 포대, 곡물적재함 등을 이용하여 중량을 산출한다.

3) 조곡의 함수율조사

수확한 작물에 대하여 함수율 측정을 3회 이상 실시하여 평균값을 산출한다.

4) 병해충 단독사고 여부 확인(벼만 해당)

농지의 피해가 자연재해, 조수해 및 화재와는 상관없이 보상하는 병해충만으로 발생한 병해충 단독사고인지 여부를 확인한다. 이때, 병해충 단독사고로 판단될 경우에는 가장 주된 병해충명을 조사한다.

〈전수조사〉

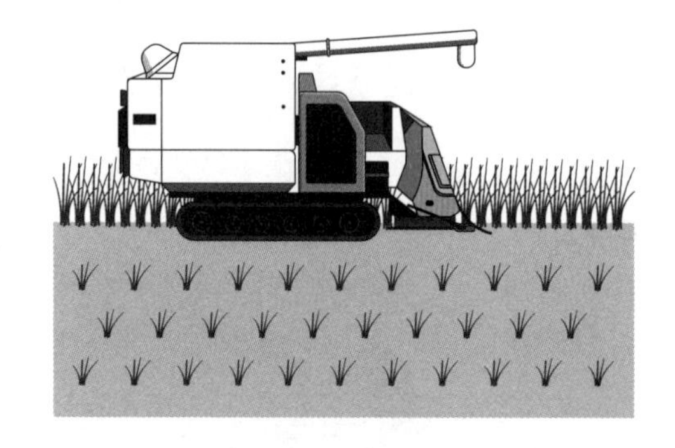

6 수확불능확인조사(벼만 해당)

수확량조사 시 수확불능 대상 농지(벼의 제현율이 65%(분질미는 70%) 미만으로 정상적인 출하가 불가능한 농지)로 확인된 농지에 대하여 실시하는 조사로, 조사 시점은 수확 포기가 확인되는 시점으로 한다.

(1) 조사대상 : 벼

(2) 조사시기 : 수확포기가 확인되는 시점

(3) 수확불능보험금 지급 대상 여부 조사

1) 보상하는 재해 여부 심사

농지 및 작물 상태 등을 감안하여 보상하는 재해로 인한 피해가 맞는지 확인하며, 필요시에는 이에 대한 근거자료(피해사실 확인조사 참조)를 확보할 수 있다.

2) 실제 경작면적확인

GPS 면적측정기 또는 지형도 등을 이용하여 보험 가입면적과 실제 경작면적을 비교한다. 이때 실제 경작면적이 보험 가입면적 대비 10% 이상 차이가 날 경우에는 계약사항을 변경해야 한다.

3) 수확불능 대상여부 확인

벼의 제현율이 65%(분질미는 70%) 미만으로 정상적인 출하가 불가능한지를 확인한다.

4) 수확포기 여부 확인

아래의 경우에 한하여 수확을 포기한 것으로 한다.

① 당해연도 11월 30일까지 수확을 하지 않은 경우

② 목적물을 수확하지 않고 갈아엎은 경우(로터리 작업 등)

③ 대상 농지의 수확물 모두가 시장으로 유통되지 않은 것이 확인된 경우

7 미보상비율 조사(모든 조사 시 동시 조사)

상기 모든 조사마다 미보상비율 적용표에 따라 미보상비율을 조사한다.

3 보험금 산정방법 및 지급기준

1 이앙·직파불능보험금 산정(벼만 해당)

(1) 지급사유

보험기간 내에 보상하는 재해로 농지 전체를 이앙·직파하지 못하게 된 경우 보험가입금액의 15%를 이앙·직파불능보험금으로 지급한다.

지급보험금 = 보험가입금액 × 15%

(2) 지급거절 사유

논둑 정리, 논갈이, 비료 시비, 제초제 살포 등 이앙 전의 통상적인 영농활동을 하지 않은 농지에 대해서는 이앙·직파불능보험금을 지급하지 않는다.

(3) 지급효과

이앙·직파불능보험금을 지급한 때에는 그 손해보상의 원인이 생긴 때로부터 해당 농지에 대한 보험계약은 소멸되며, 이 경우 환급보험료는 발생하지 않는다.

2 재이앙·재직파보험금 산정(벼만 해당)

(1) 지급사유

보험기간 내에 보상하는 재해로 면적 피해율이 10%를 초과하고, 재이앙(재직파)한 경우 다음과 같이 계산한 재이앙·재직파보험금을 1회 지급한다.

지급보험금 = 보험가입금액 × 25% × 면적 피해율

※ 면적 피해율 = 피해면적 ÷ 보험가입면적

3 경작불능조사보험금 산정

(1) 지급사유

보험기간 내에 보상하는 재해로 식물체 피해율이 65%(분질미의 경우 60%) 이상이고, 계약자가 경작불능보험금을 신청한 경우 경작불능보험금은 자기부담비율에 따라 보험가입금액의 일정 비율로 계산한다.

1) 적용품목 : 벼, 밀, 보리, 귀리

〈자기부담비율별 경작불능보험금표〉

자기부담비율	경작불능보험금
10%형	보험가입금액 × 45%
15%형	보험가입금액 × 42%
20%형	보험가입금액 × 40%
30%형	보험가입금액 × 35%
40%형	보험가입금액 × 30%

※ 귀리는 20%, 30%, 40% 적용

2) 적용품목 : 조사료용 벼

① 보장비율은 조사료용벼 가입 시 경작불능보험금 산정에 기초가 되는 비율을 말하며, 보험가입을 할 때 계약자가 선택한 비율로 한다.

② 경과비율은 사고발생일이 속한 월에 따라 아래와 같이 계산한다.

지급보험금 = 보험가입금액 × 보장비율 × 경과비율

구분	보장비율	월별	경과비율
45%형	45%	5월	80%
42%형	42%	6월	85%
40%형	40%	7월	90%
35%형	35%	8월	100%
30%형	30%		

(2) 지급거절 사유

보험금 지급 대상 농지 벼가 산지폐기 등의 방법을 통해 시장으로 유통되지 않게 된 것이 확인되지 않으면 경작불능보험금을 지급하지 않는다.

(3) 지급효과

경작불능보험금을 지급한 때에는 그 손해보상의 원인이 생긴 때로부터 해당 농지에 대한 보험계약은 소멸되며, 이 경우 환급보험료는 발생하지 않는다.

4 수확감소보험금 산정(조사료용 벼 제외)

(1) 지급사유

보험기간 내에 보상하는 재해로 피해율이 자기부담비율을 초과하는 경우 아래와 같이 계산한 수확감소보험금을 지급한다.

- 지급보험금 = 보험가입금액 × (피해율 − 자기부담비율)
- 피해율 = (평년수확량 − 수확량 − 미보상감수량) ÷ 평년수확량

① 평년수확량은 과거 조사내용, 해당 농지의 식재 내역, 현황 및 경작 상황 등에 따라 정한 수확량을 활용하여 산정한다.

② 자기부담비율은 보험가입할 때 선택한 비율로 한다.

(2) 지급거절 사유(벼만 해당)

① 경작불능보험금 및 수확불능보험금의 규정에 따른 보험금을 지급하여 계약이 소멸된 경우에는 수확감소보험금을 지급하지 않는다.

② 경작불능보험금의 보험기간 내에 발생한 재해로 인해 식물체 피해율이 65% 이상인 경우 수확감소보험금을 지급하지 않는다.

5 수확불능보험금 산정(벼만 해당)

(1) 지급사유

보험기간 내에 보상하는 재해로 보험의 목적인 벼(조곡) 제현율이 65%(분질미의 경우 70%) 미만으로 떨어져 정상 벼로써 출하가 불가능하게 되고, 계약자가 수확불능보험금을 신청한 경우 산정된 보험가입금액의 일정 비율을 수확불능보험금으로 지급한다.

〈자기부담비율별 수확불능보험금표〉

자기부담비율	경작불능보험금
10%형	보험가입금액 × 60%
15%형	보험가입금액 × 57%
20%형	보험가입금액 × 55%
30%형	보험가입금액 × 50%
40%형	보험가입금액 × 45%

(2) 지급거절 사유

① 경작불능보험금의 보험기간 내에 발생한 재해로 인해 식물체 피해율이 65%(분질미의 경우 60%)이상인 경우, 수확불능보험금 지급이 불가능하다.

② 보험금 지급 대상 농지 벼가 산지폐기 등으로 시장유통 안 된 것이 확인되지 않으면 수확불능보험금을 지급하지 않는다.

(3) 보험계약의 소멸

수확불능보험금을 지급한 때에는 그 손해보상의 원인이 생긴 때로부터 해당 농지에 대한 보험계약은 소멸되며, 이 경우 환급보험료는 발생하지 않는다.

03 핵심내용 정리하기

수확감소보험금 = 보험가입금액 × (피해율 − 자기부담비율)

하나의 농지에 대하여 여러 종류의 수확량조사가 실시되었을 경우, 피해율 적용 우선순위는 ❶ 전수, ❷ 표본, ❸ 수량요소 순이다.

1 벼

1 벼 수량요소조사

피해율 = (평년수확량 − 수확량 − 미보상감수량) ÷ 평년수확량
※ 단, 병해충 단독사고일 경우 병해충 최대인정피해율 적용
※ 최대인정피해율 : 70%(2023약관)

(1) 수확량

수확량 = 표준수확량 × 조사수확비율 × 피해면적 보정계수

(2) 미보상감수량

미보상감수량 = (평년수확량 − 수확량) × 미보상비율

2 벼 표본조사

피해율 = (평년수확량 − 수확량 − 미보상감수량) ÷ 평년수확량
※ 단, 병해충 단독사고일 경우 병해충 최대인정피해율 적용

(1) 수확량

수확량 = (표본구간 단위면적당 유효중량 × 조사대상면적) + {단위면적당 평년수확량 × (타작물 및 미보상면적+ 기수확면적)}

① 단위면적당 평년수확량 = 평년수확량 ÷ 실제경작면적

② 조사대상면적 = 실제경작면적 − 고사면적 − 타작물 및 미보상면적 − 기수확면적

③ 표본구간 단위면적당 유효중량 = 표본구간 유효중량 ÷ 표본구간 면적

④ 표본구간 유효중량
= 표본구간 작물 중량 합계 × (1 − Loss율) × {(1 − 함수율) ÷ (1−기준함수율)}

⑤ Loss율 : 7% / 기준함수율 : 메벼(15%), 찰벼(13%), 분질미(14%)

⑥ 표본구간 면적 = 4포기 길이 × 포기당 간격 × 표본구간 수

(2) 미보상감수량

미보상감수량 = (평년수확량 − 수확량) × 미보상비율

3 벼 전수조사

피해율 = (평년수확량 − 수확량 − 미보상감수량) ÷ 평년수확량
※ 단, 병해충 단독사고일 경우 병해충 최대인정피해율 적용

(1) 수확량

수확량 = 조사대상면적 수확량 + {단위면적당 평년수확량 × (타작물 및 미보상면적 + 기수확면적)}

① 단위면적당 평년수확량 = 평년수확량 ÷ 실제경작면적

② 조사대상면적 = 실제경작면적 − 고사면적 − 타작물 및 미보상면적 − 기수확면적

③ 조사대상면적 수확량 = 작물 중량 × {(1 − 함수율) ÷ (1 − 기준함수율)}

④ 기준함수율 : 메벼(15%), 찰벼(13%), 분질미(14%)

(2) 미보상감수량

미보상감수량 = (평년수확량 − 수확량) × 미보상비율

2 밀, 보리

1 밀, 보리 표본조사

피해율 = (평년수확량 − 수확량 − 미보상감수량) ÷ 평년수확량

(1) 수확량

수확량 = (표본구간 단위면적당 유효중량 × 조사대상면적) + {단위면적당 평년수확량 × (타작물 및 미보상면적 + 기수확면적)}

① 단위면적당 평년수확량 = 평년수확량 ÷ 실제경작면적

② 조사대상면적 = 실제경작면적 − 고사면적 − 타작물 및 미보상면적 − 기수확면적

③ 표본구간 단위면적당 유효중량 = 표본구간 유효중량 ÷ 표본구간 면적

④ 표본구간 유효중량 = 표본구간 작물 중량 합계 × (1 − Loss율) × {(1 − 함수율) ÷ (1 − 기준함수율)}

⑤ Loss율 : 7% / 기준함수율 : 밀(13%), 보리(13%)

⑥ 표본구간 면적 = 4포기 길이 × 포기당 간격 × 표본구간 수

(2) 미보상감수량

미보상감수량 = (평년수확량 − 수확량) × 미보상비율

2 밀, 보리 전수조사

피해율 = (평년수확량 − 수확량 − 미보상감수량) ÷ 평년수확량

(1) 수확량

수확량 = 조사대상면적 수확량 + {단위면적당 평년수확량 × (타작물 및 미보상면적 + 기수확면적)}

① 단위면적당 평년수확량 = 평년수확량 ÷ 실제경작면적

② 조사대상면적 = 실제경작면적 − 고사면적 − 타작물 및 미보상면적 − 기수확면적

③ 조사대상면적 수확량 = 작물 중량 × {(1 − 함수율) ÷ (1 − 기준함수율)}

④ 기준함수율 : 밀(13%), 보리(13%)

(2) 미보상감수량

미보상감수량 = (평년수확량 − 수확량) × 미보상비율

04 워크북으로 마무리하기

01 다음은 벼 품목의 손해평가 현지 조사시기에 관한 내용이다. 아래 괄호에 알맞은 내용을 순서대로 쓰시오.

- 피해사실 확인조사의 조사시기 : (①)
- 이앙·직파불능 조사의 조사시기 : (②)
- 재이앙·재직파조사의 조사시기 : (①)
- 경작불능조사의 조사시기 : (③)
- 수확불능확인조사의 조사시기 : (④)

02 벼 품목의 재이앙·재직파조사에서 피해면적의 판정 기준을 3가지로 약술하시오.

03 벼 품목의 수확량조사에서 조사방법별 조사시기에 관한 내용이다. 아래 괄호에 알맞은 내용을 쓰시오.

조사시기	조사방법
(①)	수량요소조사
(②)	표본조사
(③)	전수조사

04 다음은 수량요소조사에 관한 내용이다. 아래 괄호에 알맞은 내용을 순서대로 쓰시오.

• 표본포기수 : (　　　　)(가입면적과 무관함)

〈이삭상태 점수표〉

포기당 이삭수	점수
16 미만	(　　)
16 이상	(　　)

〈완전낟알상태 점수표〉

이삭당 완전낟알수	점수
51개 미만	(　　)
51개 이상 61개 미만	(　　)
61개 이상 71개 미만	(　　)
71개 이상 81개 미만	(　　)
81개 이상	(　　)

〈피해면적 보정계수〉

피해 정도	피해면적 비율	보정계수
매우 경미	10% 미만	(　　)
경미	10% 이상 30% 미만	(　　)
보통	30% 이상	(　　)

05 **다음은 논작물의 전수조사 손해평가방법에 관한 내용이다. 아래 괄호에 알맞은 내용을 쓰시오.**

(1) 전수조사대상 농지 여부 확인

전수조사는 (　　)을 하는 농지에 한한다.

(2) 조곡의 중량 조사

대상 농지에서 수확한 전체 조곡의 중량을 조사하며, 전체 중량 측정이 어려운 경우에는 (　　,　　,　　,　　) 등을 이용하여 중량을 산출한다.

(3) 조곡의 함수율 조사

수확한 작물에 대하여 함수율 측정을 (　　) 실시하여 (　　)을 산출한다.

(4) 병해충 단독사고 여부 확인(　　　)만 해당

농지의 피해가 자연재해, 조수해 및 화재와는 상관없이 보상하는 병해충만으로 발생한 병해충 단독사고인지 여부를 확인한다. 이때, 병해충 단독사고로 판단될 경우에는 가장 주된 병해충명을 조사한다.

06 **수확불능보험금 지급 대상 여부 조사에서 수확포기 여부를 판정하는 기준을 3가지로 약술하시오.**

07 **다음은 보험금 산정방법 및 지급기준에 관한 내용이다. 아래 괄호에 알맞은 내용을 순서대로 쓰시오.**

(1) 이앙·직파불능보험금 산정(벼만 해당)

1) 지급사유

( )하지 못하게 된 경우 보험가입금액의 ( )를 이앙·직파불능보험금으로 지급한다.

지급보험금 = 보험가입금액 × ( )

2) 지급거절 사유

( ), ( ), ( ), ( ) 등 이앙 전의 통상적인 영농활동을 하지 않은 농지에 대해서는 이앙·직파불능보험금을 지급하지 않는다.

3) 이앙·직파불능보험금을 지급한 때에는 그 손해보상의 ( )이 생긴 때로부터 해당 농지에 대한 보험계약은 ( )되며, 이 경우 ( )는 발생하지 않는다.

(2) 재이앙·재직파보험금 산정(벼만 해당)

1) 지급사유

보험기간 내에 보상하는 재해로 ( )를 초과하고, 재이앙(재직파)한 경우 다음과 같이 계산한 재이앙·재직파보험금을 ( ) 지급한다.

지급보험금 = ( )

① ( ) = 피해면적 ÷ 보험가입면적

(3) 경작불능조사보험금 산정

1) 지급사유

보험기간 내에 보상하는 재해로 ( )이고, 계약자가 경작불능보험금을 ( )한 경우 경작불능보험금은 자기부담비율에 따라 보험가입금액의 일정 비율로 계산한다.

가) 적용품목 : 벼, 밀, 보리, 귀리

〈자기부담비율별 경작불능보험금표〉

자기부담비율	경작불능보험금
10%형	보험가입금액 × (　　)
15%형	보험가입금액 × (　　)
20%형	보험가입금액 × (　　)
30%형	보험가입금액 × (　　)
40%형	보험가입금액 × (　　)

※ 귀리는 20%, 30%, 40% 적용

나) 적용품목 : 조사료용 벼

- 보장비율은 조사료용벼 가입 시 경작불능보험금 산정에 기초가 되는 비율을 말하며, 보험가입을 할 때 계약자가 선택한 비율로 한다.
- 경과비율은 사고발생일이 속한 월에 따라 아래와 같이 계산한다.

구분	보장비율	월별	경과비율
45%형	45%	5월	(　　)
42%형	42%	6월	(　　)
40%형	40%	7월	(　　)
35%형	35%	8월	(　　)
30%형	30%		

지급보험금 = (　　　　　　　　　　)

2) 지급거절 사유

보험금 지급 대상 농지 벼가 산지폐기 등의 방법을 통해 (　　　)되지 않게 된 것이 확인되지 않으면 경작불능보험금을 지급하지 않는다.

(4) 수확불능보험금 산정(　　)만 해당

1) 지급사유

보험기간 내에 보상하는 재해로 보험의 목적인 (　　　)으로 떨어져 (　　　)하게 되고,

(　　　　)한 경우 산정된 보험가입금액의 일정 비율을 수확불능보험금으로 지급한다.

〈자기부담비율별 수확불능보험금표〉

자기부담비율	경작불능보험금
10%형	보험가입금액 × (　　)
15%형	보험가입금액 × (　　)
20%형	보험가입금액 × (　　)
30%형	보험가입금액 × (　　)
40%형	보험가입금액 × (　　)

2) 지급거절 사유

① 경작불능보험금의 보험기간 내에 발생한 재해로 인해 (　　　　　)인 경우, 수확불능보험금 지급이 불가능하다.

② 재해보험사업자는 보험금 지급 대상 농지 벼가 (　　) 등으로 (　　)안 된 것이 확인되지 않으면 수확불능보험금을 지급하지 않는다.

08 다음은 종합위험 수확감소보장방식 논작물(메벼)에 관한 내용이다. 아래 주어진 내용을 보고, 각 물음에 답하시오. (단, 주어진 조건 외에는 고려하지 않는다.)

〈계약내용〉

보험가입금액	가입면적 (=실제경작면적)	평년수확량	표준수확량	자기부담비율
10,200,000원	6,000m²	6,000kg	5,000kg	20%

〈조사내용〉

• 수량요소조사

조사내용	1번포기	2번포기	3번포기	4번포기
포기당 이삭수	15	16	17	15
이삭당 완전낟알수	51	49	81	75

※ 미보상비율 10%, 피해면적 보정계수 1

• 조사수확비율 환산표

점수 합계	조사수확비율(%)	점수 합계	조사수확비율(%)
10점 미만	0 ~ 20%	16 ~ 18점	61 ~ 70%
10 ~ 11점	21 ~ 40%	19 ~ 21점	71 ~ 80%
12 ~ 13점	41 ~ 50%	22 ~ 23점	81 ~ 90%
14 ~ 15점	51 ~ 60%	24점 이상	91 ~ 100%

※ 조사수확비율은 해당 구간의 가장 낮은 비율을 채택함

• 표본조사

실제경작면적	고사면적	미보상면적	표본구간 면적합계	표본구간 작물중량합계	함수율 (3회평균)	미보상비율
6,000m²	700m²	300m²	1.2m²	0.8kg	17%	10%

(1) 수량요소조사의 피해율을 산출하시오.(단, 수확량과 미보상감수량은 kg단위로 소수점 첫째자리에서 반올림하여 정수단위로 구한다.)

(2) 표본조사의 피해율을 산출하시오.(단, 수확량과 미보상감수량은 kg단위로 소수점 첫째자리에서 반올림하여 정수단위로 구한다.)

(3) 위에 주어진 자료를 보고, 수확감소보험금을 산출하시오.

정답

01 답 : ① 사고접수직후 실시, ② 이앙 한계일(7월 31일) 이후, ③ 사고후 ~ 출수기, ④ 수확포기가 확인되는 시점 끝

02 답 : ① 묘가 본답의 바닥에 있는 흙과 분리되어 물 위에 뜬 면적
② 묘가 토양에 의해 묻히거나 잎이 흙에 덮여져 햇빛이 차단된 면적
③ 묘는 살아 있으나 수확이 불가능할 것으로 판단된 면적 끝

03 답 : ① 수확전 14일 전후, ② 알곡이 여물어 수확이 가능한 시기, ③ 수확 시 끝

04 답 : 4포기, 1, 2, 1, 2, 3, 4, 5, 1.2, 1.1, 1 끝

05 답 : 기계수확(탈곡 포함), 콤바인, 톤백, 콤바인용 포대, 곡물적재함, 3회 이상, 평균값, 벼 끝

06 답 : ① 당해연도 11월 30일까지 수확을 하지 않은 경우
② 목적물을 수확하지 않고 갈아엎은 경우(로터리 작업 등)
③ 대상 농지의 수확물 모두가 시장으로 유통되지 않은 것이 확인된 경우 끝

07 답 : 보험기간 내에 보상하는 재해로 농지 전체를 이앙·직파, 15%, 15%, 논둑정리, 논갈이, 비료 시비, 제초제 살포, 원인, 소멸, 환급보험료, 면적 피해율이 10%, 1회, 보험가입금액 × 25% × 면적 피해율, 면적 피해율, 식물체 피해율이 65%(분질미의 경우 60%) 이상, 신청, 45%, 42%, 40%, 35%, 30%, 보험가입금액 × 보장비율 × 경과비율, 80%, 85%, 90%, 100%, 산지폐기, 시장으로 유통, 벼, 벼(조곡) 제현율이 65%(분질미의 경우 70%) 미만, 정상 벼로써 출하가 불가능, 계약자가 수확불능보험금을 신청, 60%, 57%, 55%, 50%, 45%, 식물체 피해율이 65%(분질미의 경우 60%)이상, 산지폐기, 시장유통 끝

08

(1)

피해율 = (평년수확량 − 수확량 − 미보상감수량) ÷ 평년수확량
= (6,000kg − 3,050kg − 295kg) ÷ 6,000kg = 0.4425
수량요소조사 수확량 = 표준수확량 × 조사수확비율 × 피해면적 보정계수
= 5,000kg × 0.61 × 1 = 3,050kg

조사내용	1번포기	2번포기	3번포기	4번포기
포기당 이삭수	151	162	172	151
이삭당 완전낟알수	512	491	815	754

18점 → 조사수확비율 61%

미보상감수량 = (6,000kg − 3,050kg) × 0.1 = 295kg

답 : 44.25% 끝

(2)

피해율 = (평년수확량 − 수확량 − 미보상감수량) ÷ 평년수확량
= (6,000kg − 3,327kg − 267kg) ÷ 6,000kg = 0.401
표본조사 수확량 = (표본구간 단위면적당 유효중량 × 조사대상면적) + {단위면적당 평년수확량 × (타작물 및 미보상면적 + 기수확면적)}
= 0.8kg × (1 − 0.07) × {(1 − 0.17) ÷ (1 − 0.15)} ÷ 1.2m^2 × (6,000m^2 − 700m^2 − 300m^2) + 6,000kg/6,000m^2 × 300m^2 = 3,027.058824 + 300 = 3,327kg

메벼 기준함수율 = 15%

미보상감수량 = (6,000kg − 3,327kg) × 0.1 = 267.3 = 267kg

답 : 40.1% 끝

(3)

수확감소보험금 = 보험가입금액 × (피해율 − 자기부담비율)
= 10,200,000원 × (0.401 − 0.2) = 2,050,200원
하나의 농지에 대하여 여러종류의 수확량조사가 실시되었을 경우, 피해율 적용 우선순위는 전수, 표본, 수량요소 순임. 위 경우에는 표본조사의 피해율 40.1%를 적용함

답 : 2,050,200원 끝

제3절 발작물 손해평가 및 보험금 산정 ①

01 기출유형 확인하기

제1회 다음은 농작물재해보험 업무방법에서 정하는 종합위험방식 밭작물 품목별 수확량 조사 적기에 관한 내용이다. 괄호에 알맞은 내용을 답란에 순서대로 쓰시오. (5점)

제2회 업무방법에서 정하는 종합위험 수확감소보장방식 밭작물 품목의 표본구간별 수확량조사방법에 관한 내용이다. 밑줄 친 부분에 알맞은 내용을 답란에 순서대로 쓰시오. (5점)

재파종 보험금 산정방법을 서술하시오. (5점)

다음은 계약사항과 보상하는 손해에 따른 조사내용에 관하여 재파종 보험금을 구하시오. (5점)

제3회 다음은 업무방법에서 정하는 종합위험 수확감소보장방식 밭작물 품목별 수확량조사 적기에 관한 내용이다. 밑줄 친 부분에 알맞은 내용을 답란에 쓰시오. (5점)

제4회 종합위험 수확감소보장방식 밭작물 품목에 관한 내용이다. 다음 (　　)의 알맞은 용어를 순서대로 쓰시오. (5점)

제5회 다음은 수확량산출식에 관한 내용이다. ① ~ ④에 들어갈 작물을 〈보기〉에서 선택하여 쓰고, '마늘' 수확량산출식의 ⑤ 환산계수를 쓰시오. (5점)

제7회 업무방법에서 정하는 종합위험 수확감소보장방식 밭작물 품목의 품목별 표본구간별 수확량조사방법에 관한 내용이다. (　　)에 들어갈 내용을 각각 쓰시오. (5점)

제8회 종합위험 수확감소보장방식 감자에 관한 내용이다. 다음 계약사항과 조사내용을 참조하여 피해율(%)의 계산과정과 값을 쓰시오. (5점)

종합위험 수확감소보장방식 밭작물 품목 중 (　　)에 들어갈 해당 품목을 쓰시오. (3점)

제9회 종합위험 수확감소보장 밭작물(마늘, 양배추) 상품에 관한 내용이다. 보험금 지급사유에 해당하며, 아래의 조건을 참조하여 다음 물음에 답하시오. (5점)

물음 1) '마늘'의 재파종 전조사 결과는 1a 당 출현주수 2,400 주이고, 재파종 후조사 결과는 1a 당 출현주수 3,100주로 조사되었다. 재파종보험금(원)을 구하시오. (3점)

물음 2) '양배추'의 재정식 전조사 결과는 피해면적 500㎡이고, 재정식 후조사 결과는 재정식면적 500㎡으로 조사되었다. 재정식보험금(원)을 구하시오. (2점)

제9회 종합위험 수확감소보장 밭작물 '옥수수' 품목에 관한 내용이다. 보험금 지급사유에 해당하며, 아래의 조건을 참조하여 물음에 답하시오. (15점)

물음 1) 피해수확량의 계산과정과 값(kg)을 쓰시오. (5점)

물음 2) 손해액의 계산과정과 값(원)을 쓰시오. (5점)

물음 3) 수확감소보험금의 계산과정과 값(원)을 쓰시오. (5점)

02 기본서 내용 익히기

I 종합위험 수확감소보장

마늘, 양파, 양배추, 고구마, 감자(봄재배, 가을재배, 고랭지재배), 콩, 팥, 차(**茶**), 옥수수, 사료용 옥수수

1 시기별 조사종류

생육시기	재해	조사내용	조사시기	조사방법	비고
수확전	보상하는 재해 전부	피해사실 확인 조사	사고접수 후 지체 없이	• 보상하는 재해로 인한 피해발생 여부 조사(피해사실이 명백한 경우 생략 가능)	전품목
		재파종 조사	사고접수 후 지체 없이	• 해당농지에 보상하는 손해로 인하여 재파종이 필요한 면적 또는 면적비율조사	마늘만 해당
		재정식 조사	사고접수 후 지체 없이	• 해당농지에 보상하는 손해로 인하여 재정식이 필요한 면적 또는 면적비율조사	양배추만 해당
		경작불능 조사	사고접수 후 지체 없이	• 해당 농지의 피해면적비율 또는 보험목적인 식물체 피해율 조사	전품목 (차(茶)제외)
수확직전	보상하는 재해 전부	수확량 조사	수확직전	• 사고발생 농지의 수확량조사 • 조사방법 : 전수조사 또는 표본조사	전품목 (사료용 옥수수 제외)
수확시작 후 ~ 수확종료	보상하는 재해 전부	수확량 조사	조사 가능일	• 사고발생농지의 수확량조사 • 조사방법 : 표본조사	차(茶)만 해당
			사고접수 후 지체 없이	• 사고발생 농지의 수확 중의 수확량 및 감수 량의 확인을 통한 수확량조사 • 조사방법 : 전수조사 또는 표본조사	전품목

2 손해평가 현지조사방법

1 피해사실 확인조사

(1) **조사대상** : 대상 재해로 사고접수 농지 및 조사 필요 농지

(2) **대상 재해** : 자연재해, 조수해(鳥獸害), 화재, 병해충(감자 품목만)

(3) **조사시기** : 사고접수 직후 실시

(4) **조사방법**

1) 「피해사실 "조사방법" 준용」

2) 추가조사 필요 여부 판단

보상하는 재해 여부 및 피해 정도 등을 감안하여 추가조사(재정식조사, 재파종조사, 경작불능조사 및 수확량조사)가 필요 여부를 판단하여 해당 내용에 대하여 계약자에게 안내하고, 추가조사가 필요할 것으로 판단된 경우에는 손해평가반 구성 및 추가조사 일정을 수립한다.

2 재파종조사(마늘)

(1) **적용품목** : 마늘

(2) **조사대상** : 피해사실 확인조사 시 재파종조사가 필요하다고 판단된 농지

(3) **조사시기** : 피해사실 확인조사 직후 또는 사고 접수 직후

(4) **조사방법**

1) 보상하는 재해 여부 심사

농지 및 작물 상태 등을 감안 하여 보상하는 재해로 인한 피해가 맞는지 확인하며, 필요시에는 이에 대한 근거자료(피해사실 확인조사 참조)를 확보한다.

2) 실제 경작면적확인

GPS 면적측정기 또는 지형도 등을 이용하여 보험 가입면적과 실제 경작면적을 비교한다. 이때 실제 경작면적이 보험 가입면적 대비 10% 이상 차이가 날 경우에는 계약사항을 변경해야 한다.

3) 재파종 보험금 지급 대상 여부 조사(재파종 전(前)조사)

가) 표본구간 수 산정

조사대상 면적 규모에 따라 적정 표본구간수 이상의 표본구간수를 산정한다. 다만 가입면적과 실제 경작면적이 10% 이상 차이가 날 경우(계약 변경 대상 건)에는 실제 경작면적을 기준으로 표본구간수를 산정한다.

조사대상 면적 = 실제 경작면적 − 고사면적 − 타작물 및 미보상면적 − 기수확면적

나) 표본구간 선정

선정한 표본구간수를 바탕으로 재배 방법 및 품종 등을 감안하여 조사대상 면적에 동일한 간격으로 골고루 배치될 수 있도록 표본구간을 선정한다. 다만, 선정한 지점이 표본으로 부적합한 경우(해당 지점 마늘의 출현율이 현저히 높거나 낮아서 표본으로 대표성을 가지기 어려운 경우 등)에는 가까운 위치의 다른 지점을 표본구간으로 선정한다.

다) 표본구간 길이 및 출현주수 조사

선정된 표본구간별로 이랑 길이 방향으로 식물체 8주 이상(또는 1m)에 해당하는 이랑 길이, 이랑 폭(고랑 포함) 및 출현주수를 조사한다.

4) 재파종 이행완료 여부 조사(재파종 후(後)조사)

가) 조사대상 농지 및 조사시기 확인

재파종 보험금 대상 여부 조사(재파종 전(前)조사) 시 재파종 보험금 대상으로 확인된 농지에 대하여, 재파종이 완료된 이후 조사를 진행한다.

나) 표본구간 선정

재파종 보험금 대상 여부 조사(재파종 전(前)조사)에서와 같은 방법으로 표본구간을 선정한다.

다) 표본구간 길이 및 파종주수 조사

선정된 표본구간별로 이랑 길이, 이랑 폭 및 파종주수를 조사한다.

3 재정식조사(양배추)

(1) 적용품목 : 양배추

(2) 조사대상 : 피해사실 확인조사시 재정식조사가 필요하다고 판단된 농지

(3) 조사시기 : 피해사실 확인조사 직후 또는 사고접수 직후

(4) 조사방법

1) 보상하는 재해 여부 심사

농지 및 작물 상태 등을 감안하여 보상하는 재해로 인한 피해가 맞는지 확인하며, 필요시에는 이에 대한 근거자료(피해사실 확인조사 참조)를 확보한다.

2) 실제 경작면적확인

GPS 면적측정기 또는 지형도 등을 이용하여 보험 가입면적과 실제 경작면적을 비교한다. 이때 실제 경작면적이 보험 가입면적 대비 10% 이상 차이가 날 경우에는 계약사항을 변경해야 한다.

3) 재정식 보험금 지급 대상 여부 조사(재정식 전(前)조사)

피해면적확인	GPS 면적측정기 또는 지형도 등을 이용하여 실제 경작면적 대비 피해면적을 비교 및 조사한다.
피해면적의 판정 기준	작물이 고사되거나, 살아 있으나 수확이 불가능할 것으로 판단된 면적

4) 재정식 이행 완료 여부 조사(재정식 후(後)조사)

재정식 보험금 지급 대상 여부 조사(재정식 전(前)조사) 시 재정식 보험금 지급 대상으로 확인된 농지에 대하여, 재정식이 완료되었는지를 조사한다. 피해면적 중 일부에 대해서만 재정식이 이루어진 경우에는, 재정식이 이루어지지 않은 면적은 피해면적에서 제외한다.

5) 농지별 상황에 따라 재정식 전(前)조사를 생략하고 재정식 후 조사 시 면적조사(실제경작면적 및 피해면적)를 실시할 수 있다.

4 경작불능조사(차 ×)

(1) 적용품목 : 마늘, 양파, 양배추, 고구마, 감자(봄재배, 가을재배, 고랭지재배), 콩, 팥, 옥수수, 사료용 옥수수

(2) 조사대상 : 피해사실 확인조사 시 경작불능조사가 필요하다고 판단된 농지 또는 사고접수 시 이에 준하는 피해가 예상되는 농지

(3) 조사시기 : 피해사실 확인조사 직후 또는 사고접수 직후

(4) 경작불능 보험금 지급 대상 여부 조사(경작불능 전(前) 조사)

1) 보상하는 재해 여부 심사

농지 및 작물 상태 등을 감안하여 보상하는 재해로 인한 피해가 맞는지 확인하며, 필요시에는 이에 대한 근거자료(피해사실 확인조사 참조)를 확보할 수 있다.

2) 실제 경작면적확인

GPS 면적측정기 또는 지형도 등을 이용하여 보험 가입면적과 실제 경작면적을 비교한다. 이때 실제 경작면적이 보험 가입면적 대비 10% 이상 차이가 날 경우에는 계약사항을 변경해야 한다.

3) 식물체 피해율 조사

목측조사를 통해 조사대상 농지에서 보상하는 재해로 인한 식물체 피해율이 65% 이상 여부를 조사한다.

4) 계약자의 경작불능 보험금 신청 여부 확인

식물체 피해율이 65% 이상인 경우 계약자에게 경작불능 보험금 신청 여부를 확인한다.

5) 수확량조사대상 확인(사료용 옥수수 제외)

식물체 피해율이 65% 미만이거나, 식물체 피해율이 65% 이상이 되어도 계약자가 경작불능 보험금을 신청하지 않은 경우에는 향후 수확량조사가 필요한 농지로 결정한다(콩, 팥 제외)

6) 산지폐기 여부 확인(경작불능 후(後) 조사)

경작불능 전(前) 조사에서 보상하는 재해로 식물체 피해율이 65% 이상인 농지에 대하여, 산지폐기 등으로 작물이 시장으로 유통되지 않은 것을 확인한다.

5 수확량조사

(1) **적용품목** : 마늘, 양파, 양배추, 고구마, 감자(봄재배, 가을재배, 고랭지재배), 콩, 팥, 차(茶), 옥수수(사료용 옥수수 제외)

(2) 조사대상

① 피해사실 확인조사 시 수확량조사가 필요하다고 판단된 농지 또는 경작불능조사 결과 수확량조사를 실시하는 것으로 결정된 농지

② 수확량조사 전 계약자가 피해 미미(자기부담비율 이내의 사고) 등의 사유로 수확량조사 실시를 취소한 농지는 수확량조사를 실시하지 않는다.

(3) 조사시기

수확 직전(단, 차(茶)의 경우에는 조사 가능 시기)

(4) **조사방법** : 다음 각 목에 해당하는 사항을 확인한다.

1) 보상하는 재해 여부 심사

① 농지 및 작물 상태 등을 감안하여 보상하는 재해로 인한 피해가 맞는지 확인하며, 필요시에는 이에 대한 근거자료(피해사실 확인조사 참조)를 확보할 수 있다.

2) 경작불능보험금 대상 여부 확인(콩, 팥만 해당)

경작불능보장의 보험기간 내에 식물체 피해율이 65% 이상인지 확인한다.

3) 수확량조사 적기판단 및 시기결정

해당 작물의 특성에 맞게 아래 표에서 수확량조사 적기 여부를 확인하고 이에 따른 조사시기를 결정한다.

〈품목별 수확량조사 적기〉

품목	수확량조사 적기
양파	양파의 비대가 종료된 시점(식물체의 도복이 완료된 때)
마늘	마늘의 비대가 종료된 시점(잎과 줄기가 1/2 ~ 2/3 황변하여 말랐을 때와 해당 지역의 통상 수확기가 도래하였을 때)
고구마	고구마의 비대가 종료된 시점(삽식일로부터 120일 이후에 농지별로 적용) ※ 삽식 : 고구마의 줄기를 잘라 흙속에 꽂아 뿌리내리는 방법
감자 (고랭지재배)	감자의 비대가 종료된 시점(파종일로부터 110일 이후)
감자 (봄재배)	감자의 비대가 종료된 시점(파종일로부터 95일 이후)
감자 (가을재배)	감자의 비대가 종료된 시점(파종일로부터 제주지역은 110일 이후, 이외 지역은 95일 이후)
옥수수	옥수수의 수확 적기(수염이 나온 후 25일 이후)
차(茶)	조사 가능일 직전(조사 가능일은 대상 농지에 식재된 차나무의 대다수 신초가 1심2엽의 형태를 형성하며 수확이 가능할 정도의 크기(신초장 4.8cm 이상, 엽장 2.8cm 이상, 엽폭 0.9cm 이상)로 자란 시기를 의미하며, 해당 시기가 수확연도 5월 10일을 초과하는 경우에는 수확년도 5월 10일을 기준으로 함)

품목	수확량조사 적기
콩	콩의 수확 적기(콩잎이 누렇게 변하여 떨어지고 꼬투리의 80 ~ 90% 이상이 고유한 성숙(황색)색깔로 변하는 시기인 생리적 성숙기로부터 7 ~ 14일이 지난 시기)
팥	팥의 수확 적기(꼬투리가 70 ~ 80% 이상이 성숙한 시기)
양배추	양배추의 수확 적기(결구 형성이 완료된 때)

4) 수확량 재조사 및 검증조사

수확량조사 실시 후 2주 이내에 수확을 하지 않을 경우 재조사 또는 검증조사를 실시할 수 있다.

5) 면적확인

실제 경작면적확인	GPS 면적측정기 또는 지형도 등을 이용하여 보험 가입면적과 실제 경작면적을 비교한다. 이때 실제 경작면적이 보험 가입면적 대비 10% 이상 차이가 날 경우에는 계약 사항을 변경해야 한다.
수확불능(고사)면적확인	보상하는 재해로 인하여 해당 작물이 수확될 수 없는 면적을 확인한다.
타작물 및 미보상 면적확인	해당 작물 외의 작물이 식재되어 있거나 보상하는 재해 이외의 사유로 수확이 감소한 면적을 확인한다.
기수확 면적확인	조사 전에 수확이 완료된 면적을 확인한다.
조사대상 면적확인	실제경작면적에서 고사면적, 타작물 및 미보상면적, 기수확면적을 제외하여 조사대상 면적을 확인한다.
수확면적율 확인[차(茶) 품목에만 해당]	목측을 통해 보험가입 시 수확면적율과 실제 수확면적율을 비교한다. 이때 실제 수확면적율이 보험가입 수확면적율과 차이가 날 경우에는 계약사항을 변경할 수 있다.

6) 조사방법 결정

품목 및 재배 방법 등을 참고하여 다음의 적절한 조사방법을 선택한다.

가) 표본조사방법

적용품목	• 마늘, 양파, 양배추, 고구마, 감자(봄재배, 가을재배, 고랭지재배), 콩, 팥, 차(茶), 옥수수(사료용 옥수수 제외)
표본구간수 산정	• 조사대상 면적 규모에 따라 적정 표본구간수 이상의 표본구간수를 산정한다. • 다만, 가입면적과 실제 경작면적이 10% 이상 차이가 날 경우(계약 변경 대상)에는 실제 경작면적을 기준으로 표본구간 수를 산정한다.
표본구간 선정	• 선정한 표본구간수를 바탕으로 재배 방법 및 품종 등을 감안하여 조사 대상 면적에 동일한 간격으로 골고루 배치될 수 있도록 표본구간을 선정한다. • 다만, 선정한 구간이 표본으로 부적합한 경우(해당 지점 작물의 수확량이 현저히 많거나 적어서 표본으로 대표성을 가지기 어려운 경우 등)에는 가까운 위치의 다른 구간을 표본구간으로 선정한다.
표본구간 면적 및 수확량조사	• 해당 품목별로 선정된 표본구간의 면적을 조사하고, 해당 표본구간에서 수확한 작물의 수확량을 조사한다.

※ 양파, 마늘의 경우 지역별 수확 적기보다 일찍 조사를 하는 경우, 수확 적기까지 잔여일수별 비대지수를 추정하여 적용할 수 있다.

〈품목별 표본구간 면적조사방법〉

품목	표본구간 면적조사방법
양파, 마늘, 고구마, 양배추, 감자, 옥수수	• 이랑 길이(5주 이상) 및 이랑 폭 조사
차(茶)	• 규격의 테($0.04m^2$) 사용
콩, 팥	• 점파 : 이랑 길이(4주 이상) 및 이랑 폭 조사 • 산파 : 규격의 원형($1m^2$) 이용 또는 표본구간의 가로·세로 길이 조사

〈품목별 표본구간별 수확량 조사방법〉

품목	표본구간별 수확량 조사방법
양파	• 표본구간 내 작물을 수확한 후, 종구 5cm 윗부분 줄기를 절단하여 해당 무게를 조사(단, 양파의 최대지름이 6cm 미만인 경우에는 80%(보상하는 재해로 인해 피해가 발생하여 일반시장 출하가 불가능하나, 가공용으로는 공급될 수 있는 작물을 말하며, 가공 공장 공급 및 판매 여부와는 무관), 100%(보상하는 재해로 인해 피해가 발생하여 일반시장 출하가 불가능하고 가공용으로도 공급될 수 없는 작물) 피해로 인정하고 해당 무게의 20%, 0%를 수확량으로 인정)
마늘	• 표본구간 내 작물을 수확한 후, 종구 3cm 윗부분을 절단하여 무게를 조사(단, 마늘통의 최대지름이 2cm(한지형), 3.5cm(난지형) 미만인 경우에는 80%(보상하는 재해로 인해 피해가 발생하여 일반시장 출하가 불가능하나, 가공용으로는 공급될 수 있는 작물을 말하며, 가공공장 공급 및 판매 여부와는 무관), 100%(보상하는 재해로 인해 피해가 발생하여 일반시장 출하가 불가능하고 가공용으로도 공급될 수 없는 작물) 피해로 인정하고 해당 무게의 20%, 0%를 수확량으로 인정)
고구마	• 표본구간 내 작물을 수확한 후 정상 고구마와 50%형 고구마(일반시장에 출하할 때, 정상 고구마에 비해 50% 정도의 가격하락이 예상되는 품질. 단, 가공공장 공급 및 판매 여부와 무관), 80% 피해 고구마(일반시장에 출하가 불가능하나, 가공용으로 공급될 수 있는 품질. 단, 가공공장 공급 및 판매 여부와 무관), 100% 피해 고구마(일반시장 출하가 불가능하고 가공용으로 공급될 수 없는 품질)로 구분하여 무게를 조사
감자	• 표본구간 내 작물을 수확한 후 정상 감자, 병충해별 20% 이하, 21 ~ 40% 이하, 41 ~ 60% 이하, 61 ~ 80% 이하, 81 ~ 100% 이하 발병 감자로 구분하여 해당 병충해명과 무게를 조사하고 최대 지름이 5cm 미만이거나 피해 정도 50% 이상인 감자의 무게는 실제 무게의 50%를 조사 무게로 함
옥수수	• 표본구간 내 작물을 수확한 후 착립장 길이에 따라 상(17cm 이상)·중(15cm 이상 17cm 미만)·하(15cm 미만)로 구분한 후 해당 개수를 조사

품목	표본구간별 수확량 조사방법
차(茶)	• 표본구간 중 두 곳에 20cm × 20cm 테를 두고 테 내의 수확이 완료된 새싹의 수를 세고, 남아있는 모든 새싹(1심2엽)을 따서 개수를 세고 무게를 조사
콩, 팥	• 표본구간 내 콩을 수확하여 꼬투리를 제거한 후 콩 종실의 무게 및 함수율(3회 평균) 조사
양배추	• 표본구간 내 작물의 뿌리를 절단하여 수확(외엽 2개 내외 부분을 제거)한 후, 80% 피해 양배추, 100% 피해 양배추로 구분. 80% 피해형은 해당 양배추의 피해 무게를 80% 인정하고, 100% 피해형은 해당 양배추 피해 무게를 100% 인정

〈작물별 표본조사〉

구분	내용
양파 수확량감소조사	• 수확시기 : 양파의 비대가 종료된 시점(식물체의 도복이 완료된 때) • 표본구간 면적조사 : 이랑길이(5주) 및 이랑폭 조사 • 표본구간 수확량조사 : 표본구간 내 작물을 수확한 후, 종구 5cm 윗부분 줄기를 절단하고 무게 측정
고구마 수확량감소조사	• 수확시기 : 고구마의 비대가 종료된 시점(삽식일로부터 120일 이후 수확) • 표본구간 면적조사 : 이랑길이(5주) 및 이랑폭 조사 • 표본구간 수확량조사 : 표본구간 내 작물을 수확한 후, 정상 고구마와 비정상 비대 고구마를 분리하여 무게 측정
감자 수확량감소조사	• 수확시기 - 고랭지 재배 : 파종일로부터 110일 이후 - 봄 재배 : 파종일로부터 95일 이후 - 가을 재배 : 파종일로부터 95일 이후, 제주 110일 이후 • 표본구간 면적조사 : 이랑길이(5주 또는 1m 이상) 및 이랑폭 조사 • 표본구간 수확량조사 : 표본구간 내 작물을 수확한 후, 정상 감자와 병해충 감자를 분리하여 무게 측정

차 수확량감소조사	• 수확시기 : 차나무의 신초가 1심2엽의 형태를 형성, 수확이 가능할 정도의 크기에 이르렀을 때 • 표본구간 면적조사 : 사각형모양의 테($0.04m^2$) 사용 • 표본구간 수확량조사 : $0.04m^2$내, 수확이 끝난 새싹의 수를 세고, 남아있는 모든 새싹(1심2엽)을 따서 개수를 세고 무게를 측정
양배추 수확량감소조사	• 수확시기 : 결구 형성이 완료된 때 • 표본구간 면적조사 : 이랑길이(5주) 및 이랑폭 조사 • 표본구간 수확량조사 : 표본구간 내 작물의 뿌리를 절단하여 수확 후, 무게를 조사(외엽 2개 내외 부분을 제거)

나) 전수조사방법

적용품목	콩, 팥
전수조사대상 농지 여부 확인	전수조사는 기계수확(탈곡 포함)을 하는 농지 또는 수확 직전 상태가 확인된 농지 중 자른 작물을 농지에 그대로 둔 상태에서 기계탈곡을 시행하는 농지에 한한다.
콩(종실)의 중량조사	대상 농지에서 수확한 전체 콩(종실), 팥(종실)의 무게를 조사하며, 전체 무게 측정이 어려운 경우에는 10포대 이상의 포대를 임의로 선정하여 포대당 평균 무게를 구한 후 해당 수치에 수확한 전체 포대 수를 곱하여 전체 무게를 산출한다.
콩(종실)의 함수율조사	10회 이상 종실의 함수율을 측정 후 평균값을 산출한다. 단, 함수율을 측정할 때에는 각 횟수마다 각기 다른 포대에서 추출한 콩, 팥을 사용한다.

6 미보상비율 조사(모든 조사 시 동시조사)

상기 모든 조사마다 미보상비율 적용표에 따라 미보상비율을 조사한다.

3 보험금 산정방법 및 지급기준

1 조기파종 보험금 산정(마늘)

(1) 지급대상

조기파종보장 특별약관 판매시기 중 가입한 남도종 마늘을 재배하는 제주도 지역 농지

(2) 지급사유

① 한지형 마늘 최초 판매개시일 24시 이전에 보장하는 재해로 10a당 출현주수가 30,000주보다 작고, 10월 31일 이전 10a당 30,000주 이상으로 재파종한 경우 아래와 같이 계산한 재파종 보험금을 지급한다.

지급보험금 = 보험가입금액 × 25% × 표준출현 피해율

※ 표준출현 피해율(10a 기준) = (30,000 − 출현주수) ÷ 30,000

② 한지형 마늘 최초 판매개시일 24시 이전에 보장하는 재해로 식물체 피해율이 65% 이상 발생한 경우 경작불능 보험금의 신청시기와 관계없이 아래와 같이 계산한 경작불능 보험금을 지급한다(단, 산지폐기가 확인된 경우 지급).

〈조기파종특약의 자기부담비율별 경작불능 보험금 보장비율〉

구분	자기부담비율				
	10%형	15%형	20%형	30%형	40%형
경작불능 보험금 (마늘 조기파종특약)	보험가입금액의 32%	보험가입금액의 30%	보험가입금액의 28%	보험가입금액의 25%	보험가입금액의 25%

2 재파종 보험금 산정(마늘)

(1) 지급사유

보험기간 내에 보장하는 재해로 10a당 출현주수가 30,000주보다 작고, 10a당 30,000주 이상으로 재파종한 경우 재파종 보험금은 아래에 따라 계산하며 1회에 한하여 보상한다.

지급보험금 = 보험가입금액 × 35% × 표준출현 피해율

※ 표준출현 피해율(10a 기준) = (30,000 − 출현주수) ÷ 30,000

3 재정식 보험금 산정(양배추)

(1) 지급사유

보험기간 내에 보장하는 재해로 면적 피해율이 자기부담비율을 초과하고, 재정식한 경우 재정식 보험금은 아래에 따라 계산하며 1회 지급한다.

지급보험금 = 보험가입금액 × 20% × 면적피해율
※ 면적피해율 = 피해면적 ÷ 보험가입면적

4 경작불능 보험금 산정

(1) 지급사유

보험기간 내에 보상하는 재해로 식물체 피해율이 65% 이상이고, 계약자가 경작불능 보험금을 신청한 경우 경작불능 보험금은 자기부담비율에 따라 보험가입금액의 일정 비율로 계산한다(단, 산지폐기가 확인된 경우 지급).

1) 적용품목 : 마늘, 양파, 양배추, 고구마, 감자(봄재배, 가을재배, 고랭지재배), 콩, 팥, 옥수수, 사료용 옥수수

지급보험금 = 보험가입금액 × 자기부담비율별 보장비율

〈품목별 자기부담비율별 경작불능 보험금 보장비율〉

품목	자기부담비율				
	10%형	15%형	20%형	30%형	40%형
양파, 마늘, 고구마, 옥수수, 콩, 감자, 팥	45%	42%	40%	35%	30%
양배추	-	42%	40%	35%	30%

2) 사료용 옥수수의 경작불능 보험금은 경작불능조사 결과 보상하는 재해로 식물체 피해율이 65% 이상이고, 계약자가 경작불능 보험금을 신청한 경우에 지급하며, 보험금은 보험가입금액에 보장비율과 경과비율을 곱하여 산출한다.

지급보험금 = 보험가입금액 × 보장비율 × 경과비율

가) 보장비율

구분	45%형	42%형	40%형	35%형	30%형
보장비율	45%	42%	40%	35%	30%

나) 경과비율

월별	5월	6월	7월	8월
경과비율	80%	80%	90%	100%

(2) 지급효과(계약의 소멸)

경작불능 보험금을 지급한 때에는 그 손해보상의 원인이 생긴 때로부터 해당 농지에 대한 보험계약은 소멸되며, 이 경우 환급보험료는 발생하지 않는다.

5 수확감소 보험금산정

(1) 지급사유

보험기간 내에 보상하는 재해로 피해율이 자기부담비율을 초과하는 경우 수확감소 보험금은 아래에 따라 계산한다.

> 지급보험금 = 보험가입금액 × (피해율 − 자기부담비율)
> ※ 피해율 = (평년수확량 − 수확량 − 미보상감수량) ÷ 평년수확량

(2) 적용품목 : 마늘, 양파, 양배추, 고구마, 감자(봄재배, 가을재배, 고랭지재배), 콩, 팥, 사(茶), ~~옥수수~~

① 경작불능 보험금 지급대상인 경우 수확감소 보험금 산정 대상에서 제외된다(콩, 팥에 한함).

② 감자의 경우 평년수확량에서 수확량과 미보상감수량을 뺀 값에 병충해감수량을 더한 후 평년수확량으로 나누어 산출된 피해율을 적용한다.

> 감자 피해율 = {(평년수확량 − 수확량 − 미보상감수량) + 병충해감수량} ÷ 평년수확량

③ 옥수수 품목의 수확감소 보험금산정

> 지급보험금 = Min(보험가입금액, 손해액) − 자기부담금
> ※ 손해액 = (피해수확량 − 미보상감수량) × 가입가격
> ※ 자기부담금 = 보험가입금액 × 자기부담비율

(3) 수확량조사

1) 표본조사 시 수확량 산출

표본구간 수확량 합계를 표본구간 면적 합계로 나눈 후 표본조사대상면적 합계를 곱한 값에 평년수확량을 실제 경작면적으로 나눈 후 타작물 및 미보상면적과 기수확면적의 합을 곱한 값을 더하여 산정한다.

- 표본구간 단위면적당 수확량 = 표본구간 수확량 합계 ÷ 표본구간 면적
- 단위면적당 평년수확량 = 평년수확량 ÷ 실제경작면적
- 수확량 = (표본구간 단위면적당 수확량×조사대상면적) + {단위면적당 평년수확량 × (타작물 및 미보상면적 + 기수확면적)}

가) 표본구간 수확량 합계

〈품목별 표본구간 수확량 합계 산정방법〉

품목	표본구간 수확량 합계 산정방법
감자	• 표본구간별 작물 무게의 합계 • 표본구간 수확량 합계 = 표본구간별 정상 감자 중량 + (최대 지름이 5cm미만이거나 50%형 피해 감자 중량 × 0.5) + 병충해 입은 감자 중량
양배추	• 표본구간별 정상 양배추 무게의 합계에 80%형 양배추의 무게에 0.2를 곱한 값을 더하여 산정 • 표본구간 수확량 합계 = 표본구간 정상 양배추 중량 + (80% 피해 양배추 중량 × 0.2)
차(茶)	• 표본구간별로 수확한 새싹 무게를 수확한 새싹수로 나눈 값에 기수확 새싹 수와 기수확지수를 곱하고, 여기에 수확한 새싹 무게를 더하여 산정 • 표본구간 수확량 합계 = {(수확한 새싹무게 ÷ 수확한 새싹수) × 기수확 새싹수 × 기수확지수} + 수확한 새싹무게 ※ 기수확지수는 기수확비율(기수확 새싹수를 전체 새싹수(기수확 새싹수와 수확한 새싹수를 더한 값)로 나눈값)에 따라 산출

<table>
<tr><th>품목</th><th colspan="3">표본구간 수확량 합계 산정방법</th></tr>
<tr><td>양파, 마늘</td><td colspan="3">• 표본구간별 작물 무게의 합계에 비대추정지수에 1을 더한 값(비대추정지수 + 1)을 곱하여 산정
• 단, 마늘의 경우 이 수치에 품종별 환산계수를 곱하여 산정, (품종별 환산계수 : 난지형 0.72 / 한지형 0.7)
• 표본구간 수확량 합계 = (표본구간 정상 작물 중량 + (80% 피해 작물 중량 × 0.2)) × (1 + 비대추정지수) × 환산계수</td></tr>
<tr><td>고구마</td><td colspan="3">• 표본구간별 정상 고구마의 무게 합계에 50%형 고구마의 무게에 0.5, 80%형 고구마의 무게에 0.2를 곱한 값을 더하여 산정
• 표본구간 수확량 = 표본구간별 정상 고구마 중량 + (50% 피해 고구마 중량 × 0.5) + (80% 피해 고구마 중량 × 0.2)</td></tr>
<tr><td rowspan="3">옥수수</td><td colspan="3">• 표본구간 내 수확한 옥수수 중 “하” 항목의 개수에 “중” 항목 개수의 0.5를 곱한 값을 더한 후 품종별 표준중량을 곱하여 피해수확량을 산정
• 표본구간 피해수확량 합계 = (표본구간 “하”품 이하 옥수수 개수 + “중”품 옥수수 개수 × 0.5) × 표준중량(× 재식시기지수 × 재식밀도지수)
• 품종별 표준중량(g)</td></tr>
<tr><td>미백2호</td><td>대학찰(연농2호)</td><td>미흑찰 등</td></tr>
<tr><td>180</td><td>160</td><td>190</td></tr>
<tr><td>콩, 팥</td><td colspan="3">• 표본구간별 종실중량에 1에서 함수율을 뺀 값을 곱한 후 다시 0.86을 나누어 산정한 중량의 합계
• 표본구간 수확량 합계 = 표본구간별 종실중량 합계 × {(1 − 함수율) ÷ (1 − 기준함수율)}
※ 기준함수율 : 콩(14%), 팥(14%)</td></tr>
</table>

〈기수확비율에 따른 기수확지수(차(茶)만 해당)〉

기수확비율	기수확지수	기수확비율	기수확지수
10% 미만	1.000	50% 이상 60% 미만	0.958
10% 이상 20% 미만	0.992	60% 이상 70% 미만	0.949
20% 이상 30% 미만	0.983	70% 이상 80% 미만	0.941
30% 이상 40% 미만	0.975	80% 이상 90% 미만	0.932
40% 이상 50% 미만	0.966	90% 이상	0.924

나) 표본구간 면적합계

품목별 표본구간 면적합계 산정방법에 따라 산출한다.

〈품목별 표본구간 면적 합계 산정방법〉

품목	표본구간 면적 합계 산정방법
양파, 마늘, 고구마, 감자, ~~옥수수~~, 양배추	• 표본구간별 면적(이랑 길이 × 이랑 폭)의 합계
콩, 팥	• 표본구간별 면적(이랑 길이(또는 세로 길이) × 이랑 폭(또는 가로 길이))의 합계 • 단, 규격의 원형($1m^2$)을 이용하여 조사한 경우에는 표본구간수에 규격 면적($1m^2$)을 곱해 산정
차(茶)	• 표본구간수에 규격 면적($0.08m^2$)을 곱하여 산정

다) 조사대상 면적

실제 경작면적에서 수확불능(고사)면적, 타작물 및 미보상면적, 기 수확면적을 빼어 산출한다.

조사대상 면적 = 실경작면적 − 수확불능(고사)면적 − 타작물 및 미보상면적 − 기수확면적

라) 병충해 감수량 : 감자 품목에만 해당하며, 표본구간 병충해감수량 합계를 표본구간 면적 합계로 나눈 후 조사대상 면적 합계를 곱하여 산출한다.

표본구간 병충해감수량 합계 산정	표본구간 병충해감수량 합계는 각 표본구간별 병충해감수량을 합하여 산출한다.
병충해감수량 산정	병충해감수량은 병충해를 입은 괴경의 무게에 손해정도비율과 인정비율을 곱하여 산출한다.

〈병충해감수량〉

병충해감수량 = 병충해 입은 괴경의 무게 × 손해정도비율 × 인정비율

보충자료

1. 손해정도비율 산정

손해정도비율은 병충해로 입은 손해의 정도에 따라 병충해 감수량으로 적용하는 비율로 아래 표와 같다.

〈손해정도에 따른 손해정도비율〉

품목	손해정도	손해정도비율
감자	1 ~ 20%	20%
	21 ~ 40%	40%
	41 ~ 60%	60%
	61 ~ 80%	80%
	81 ~ 100%	100%

2. 인정비율 산정

인정비율은 병·해충별 등급에 따라 병충해 감수량으로 인정하는 비율로 아래 표와 같다.

〈병·해충 등급별 인정비율〉

구분		병·해충	인정비율
품목	급수		
감자	1급	역병, 갈쭉병, 모자이크병, 무름병, 둘레썩음병, 가루더뎅이병, 잎말림병, 감자뿔나방	90%
	2급	홍색부패병, 시들음병, 마른썩음병, 풋마름병, 줄기검은병, 더뎅이병, 균핵병, 검은무늬썩음병, 줄기기부썩음병, 진딧물류, 아메리카잎굴파리, 방아벌레류	70%
	3급	반쪽시들음병, 흰비단병, 잿빛곰팡이병, 탄저병, 겹둥근무늬병, 오이총채벌레, 뿌리혹선충, 파밤나방, 큰28점박이무당벌레, 기타	50%

2) 전수조사 시 수확량 산출

가) 적용품목 : 콩, 팥

나) 수확량 산출 : 전수조사 수확량 합계에 평년수확량을 실제경작면적으로 나눈 후 타작물 및 미보상면적과 기수확면적의 합을 곱한 값을 더하여 산정한다.

〈품목별 전수조사 수확량 산정방법〉

품목	수확량 합계 산정방법
콩	전체 종실 중량에 1에서 함수율을 뺀 값을 곱한 후 0.86을 나누어 산정한 중량의 합계 ※ 기준함수율 : 콩(14%)

수확량(전수조사)
= {전수조사 수확량×(1 − 함수율) ÷ (1 − 기준함수율)} + {단위면적당 평년수확량 × (타작물 및 미보상면적 + 기수확면적)}
※ 단위면적당 평년수확량 = 평년수확량 ÷ 실제경작면적

다) 미보상감수량 : 평년수확량에서 수확량을 뺀 값에 미보상비율을 곱하여 산출한다.

03 핵심내용 정리하기

1 수확감소 보험금(옥수수 外)

마늘, 양파, 양배추, 고구마, 감자(봄재배, 가을재배, 고랭지재배), 콩, 팥, 차(茶)

- 지급보험금 = 보험가입금액 × (피해율 − 자기부담비율)
- 피해율 = (평년수확량 − 수확량 − 미보상감수량) ÷ 평년수확량

※ 감자만 {(평년수확량 − 수확량 − 미보상감수량) + 병충해감수량} ÷ 평년수확량

1 양파, 마늘

- 수확량 = (표본구간 단위면적당 수확량 × 조사대상면적) + {단위면적당 평년수확량 × (타작물 및 미보상면적 + 기수확면적)}
- 단위면적당 평년수확량 = 평년수확량 ÷ 실제경작면적
- 조사대상면적 = 실제경작면적 − 고사면적 − 타작물 및 미보상면적 − 기수확면적
- 표본구간 단위면적당 수확량 = 표본구간 수확량 합계 ÷ 표본구간 면적
- 표본구간 수확량 합계 = {표본구간 정상 작물 중량 + (80% 피해 작물 중량×0.2)} × (1 + 비대추정지수) × 환산계수
- 환산계수는 마늘에 한하여 0.7(한지형), 0.72(난지형)를 적용
- 누적비대추정지수 = 지역별 수확적기까지 잔여일수 × 일자별 비대추정지수
- 미보상감수량 = (평년수확량 − 수확량) × 미보상비율

2 양배추

- 수확량 = (표본구간 단위면적당 수확량×조사대상면적) + {단위면적당 평년수확량 × (타작물 및 미보상면적 + 기수확면적)}
- 단위면적당 평년수확량 = 평년수확량 ÷ 실제경작면적
- 표본조사대상면적 = 실제경작면적 − 고사면적 − 타작물 및 미보상면적 − 기수확면적
- 표본구간 단위면적당 수확량 = 표본구간 수확량 합계 ÷ 표본구간 면적
- 표본구간 수확량 합계 = 표본구간 정상 양배추 중량 + (80% 피해 양배추 중량 × 0.2)
- 미보상감수량 = (평년수확량 − 수확량) × 미보상비율

3 차(茶)

- 수확량 = (표본구간 단위면적당 수확량 × 조사대상면적) + {단위면적당 평년수확량 × (타작물 및 미보상면적 + 기수확면적)}
- 단위면적당 평년수확량 = 평년수확량 ÷ 실제경작면적
- 조사대상면적 = 실제경작면적 − 고사면적 − 타작물 및 미보상면적 − 기수확면적
- 표본구간 단위면적당 수확량
  = 표본구간 수확량 합계 ÷ 표본구간 면적 합계 × 수확면적율
- 표본구간 수확량 합계
  = {(수확한 새싹무게 ÷ 수확한 새싹수) × 기수확 새싹수 × 기수확지수} + 수확한 새싹무게
- 미보상감수량 = (평년수확량 − 수확량) × 미보상비율

4 콩, 팥

- 수확량(표본조사)
  = (표본구간 단위면적당 수확량 × 조사대상면적) + {단위면적당 평년수확량 × (타작물 및 미보상면적 + 기수확면적)}
- 수확량(전수조사)
  = {전수조사 수확량 × (1 − 함수율)÷(1 − 기준함수율)} + {단위면적당 평년수확량× (타작물 및 미보상면적 + 기수확면적)}
- 표본구간 단위면적당 수확량 = 표본구간 수확량 합계 ÷ 표본구간 면적
- 표본구간 수확량 합계
  = 표본구간별 종실중량 합계 × {(1 − 함수율) ÷ (1 − 기준함수율)}
- 기준함수율 : 콩(14%), 팥(14%)
- 조사대상면적 = 실경작면적 − 고사면적 − 타작물 및 미보상면적 − 기수확면적
- 단위면적당 평년수확량 = 평년수확량 ÷ 실제경작면적
- 미보상감수량 = (평년수확량 − 수확량) × 미보상비율

5 감자

- 수확량 = (표본구간 단위면적당 수확량×조사대상면적) + {단위면적당 평년수확량×(타작물 및 미보상면적 + 기수확면적)}
- 단위면적당 평년수확량 = 평년수확량 ÷ 실제경작면적

- 조사대상면적 = 실제경작면적 − 고사면적 − 타작물 및 미보상면적 − 기수확면적
- 표본구간 단위면적당 수확량 = 표본구간 수확량 합계 ÷ 표본구간 면적
- 표본구간 수확량 합계 = 표본구간별 정상 감자 중량 + (최대 지름이 5cm미만이거나 50%형 피해 감자 중량 × 0.5) + 병충해 입은 감자 중량
- 병충해감수량 = 병충해 입은 괴경의 무게 × 손해정도비율 × 인정비율

※ 위 산식은 각각의 표본구간별로 적용되며, 각 표본구간 면적을 감안하여 전체 병충해 감수량을 산정

- 미보상감수량 = (평년수확량 − 수확량) × 미보상비율

6 고구마

- 수확량 = (표본구간 단위면적당 수확량 × 조사대상면적) + {단위면적당 평년수확량 × (타 작물 및 미보상면적 + 기수확면적)}
- 단위면적당 평년수확량 = 평년수확량 ÷ 실제경작면적
- 조사대상면적 = 실제경작면적 − 고사면적 − 타작물 및 미보상면적 − 기수확면적
- 표본구간 단위면적당 수확량 = 표본구간 수확량 합계 ÷ 표본구간 면적
- 표본구간 수확량 = 표본구간별 정상 고구마 중량 + (50% 피해 고구마 중량×0.5) + (80% 피해 고구마 중량×0.2)
- 미보상감수량 = (평년수확량 − 수확량) × 미보상비율

2 옥수수

- 지급보험금 = Min(보험가입금액, 손해액) − 자기부담금
- 손해액 = (피해수확량 − 미보상감수량) × 가입가격(표준가격)
- 피해수확량 = (표본구간 단위면적당 피해수확량 × 표본조사대상면적) + (단위면적당 표준수확량 × 고사면적)
- 단위면적당 표준수확량 = 표준수확량 ÷ 실제경작면적
- 조사대상면적 = 실제경작면적 − 고사면적 − 타작물 및 미보상면적 − 기수확면적
- 표본구간 단위면적당 피해수확량 = 표본구간 피해수확량 합계 ÷ 표본구간 면적
- 표본구간 피해수확량 합계 = (표본구간 “하”품 이하 옥수수 개수 + “중”품 옥수수 개수 × 0.5) × 표준중량 × 재식시기지수 × 재식밀도지수
- 미보상감수량 = 피해수확량 × 미보상비율

04 워크북으로 마무리하기

01 **재정식 전(前)조사에서 피해면적의 판정기준을 약술하시오.**

02 **다음은 밭작물의 품목별 수확량조사 적기에 관한 내용이다. 괄호에 알맞은 내용을 순서대로 쓰시오.**

품목	수확량조사 적기
양파	양파의 (　　)가 종료된 시점 (식물체의 (　　)이 완료된 때)
마늘	마늘의 비대가 종료된 시점 ((　　)가 (　　) 황변하여 말랐을 때와 해당 지역의 (　　)가 도래하였을 때)
고구마	고구마의 비대가 종료된 시점 ((　　)로부터 (　　) 이후에 농지별로 적용)
감자 (고랭지재배)	감자의 비대가 종료된 시점 (파종일로부터 (　　) 이후)
감자 (봄재배)	감자의 비대가 종료된 시점 (파종일로부터 (　　) 이후)
감자 (가을재배)	감자의 비대가 종료된 시점 (파종일로부터 제주지역은 (　　) 이후, 이외 지역은 (　　) 이후)
옥수수	옥수수의 수확 적기((　　)이 나온 후 (　　) 이후)
차(茶)	조사 가능일 직전 (조사 가능일은 대상 농지에 식재된 차나무의 대다수 (　　)가 (　　)의 형태를 형성하며 수확이 가능할 정도의 크기(신초장 (　　) 이상, 엽장 (　　) 이상, 엽폭 (　　) 이상)로 자란 시기를 의미하며, 해당 시기가 (　　)을 초과하는 경우에는 (　　)을 기준으로 함)
콩	콩의 수확 적기 (콩잎이 누렇게 변하여 떨어지고 (　　)의 (　　) 이상이 고유한 성숙(황색)색깔로 변하는 시기인 (　　)로부터 (　　)이 지난 시기)

품목	수확량조사 적기
팥	팥의 수확 적기(( )가 ( ) 이상이 성숙한 시기)
양배추	양배추의 수확 적기(( )이 완료된 때)

03 다음은 밭작물 품목의 표본구간 조사방법에 관한 내용이다. 아래 괄호에 알맞은 내용을 순서대로 쓰시오.

〈품목별 표본구간 면적조사방법〉

품목	표본구간 면적 조사방법
양파, 마늘, 고구마, 양배추, 감자, 옥수수	• 이랑 길이( ) 및 이랑 폭 조사
차(茶)	• 규격의 테( ) 사용
콩, 팥	• 점파 : 이랑 길이( ) 및 이랑 폭 조사 • 산파 : 규격의 원형( ) 이용 또는 표본구간의 가로·세로 길이 조사

〈품목별 표본구간별 수확량 조사방법〉

품목	표본구간별 수확량 조사방법
양파	• 표본구간 내 작물을 수확한 후, 종구 ( ) 윗부분 줄기를 절단하여 해당 무게를 조사(단, 양파의 ( )이 ( )인 경우에는 ( )(보상하는 재해로 인해 피해가 발생하여 일반시장 출하가 불가능하나, 가공용으로는 공급될 수 있는 작물을 말하며, 가공공장 공급 및 판매 여부와는 무관), ( )(보상하는 재해로 인해 피해가 발생하여 일반시장 출하가 불가능하고 가공용으로도 공급될 수 없는 작물) 피해로 인정하고 해당 무게의 ( ), ( )를 수확량으로 인정)

품목	표본구간별 수확량 조사방법
마늘	• 표본구간 내 작물을 수확한 후, 종구 ( ) 윗부분을 절단하여 무게를 조사(단, ( )의 ( )이 ( )(한지형), ( )(난지형) 미만인 경우에는 80%(보상하는 재해로 인해 피해가 발생하여 ( )가 불가능하나, ( )으로는 공급될 수 있는 작물을 말하며, 가공공장 공급 및 판매 여부와는 무관), 100%(보상하는 재해로 인해 피해가 발생하여 ( )가 불가능하고 ( )으로도 공급될 수 없는 작물) 피해로 인정하고 해당 무게의 20%, 0%를 수확량으로 인정)
고구마	• 표본구간 내 작물을 수확한 후 정상 고구마와( )형 고구마 (일반시장에 출하할 때, 정상 고구마에 비해 ( ) 정도의 ( )이 예상되는 품질. 단, 가공공장 공급 및 판매 여부와 무관), ( ) 피해 고구마(일반시장에 출하가 불가능하나, 가공용으로 공급될 수 있는 품질 • 단, 가공공장 공급 및 판매 여부와 무관), ( ) 피해 고구마(일반시장 출하가 불가능하 고 가공용으로 공급될 수 없는 품질)로 구분하여 무게를 조사
감자	• 표본구간 내 작물을 수확한 후 정상 감자, 병충해별 20% 이하, 21 ~ 40% 이하, 41 ~ 60% 이하, 61 ~ 80% 이하, 81 ~ 100% 이하 발병 감자로 구분하여 해당 병충해명과 무게를 조사하고 ( )이 ( )이거나 피해 정도 ( )인 감자의 무게는 실제 무게의 ( )를 조사 무게로 함
옥수수	• 표본구간 내 작물을 수확한 후 ( )에 따라 상( )·중( )·하( )로 구분한 후 해당 개수를 조사
차(茶)	• 표본구간 중 ( )에 ( ) 테를 두고 테 내의 수확이 완료된 새싹의 수를 세고, 남아있는 모든 새싹( )을 따서 개수를 세고 무게를 조사
콩, 팥	• 표본구간 내 콩을 수확하여 ( )를 제거한 후 콩 종실의 무게 및 함수율 (( ) 평균) 조사
양배추	• 표본구간 내 작물의 ( )를 절단하여 수확(( ) 내외 부분을 제거)한 후, 80% 피해 양배추, 100% 피해 양배추로 구분. 80% 피해형은 해당 양배추의 피해 무게를 80% 인정하고, 100% 피해형은 해당 양배추 피해 무게를 100% 인정

04 다음은 콩 품목의 전수조사방법에 관한 내용이다. 아래 괄호에 알맞은 내용을 순서대로 쓰시오.

- 적용품목 : 콩
- 전수조사대상 농지 여부 확인
  전수조사는 (　　)(탈곡 포함)을 하는 농지 또는 수확 직전 상태가 확인된 농지 중 자른 작물을 농지 에 그대로 둔 상태에서 (　　)을 시행하는 농지에 한한다.
- 콩(종실)의 중량조사
  대상 농지에서 수확한 전체 콩(종실), 팥(종실)의 무게를 조사하며, 전체 무게 측정이 어려운 경우에는 (　　)의 포대를 임의로 선정하여 포대당 평균 무게를 구한 후 해당 수치에 수확한 전체 포대 수를 곱하여 전체 무게를 산출한다.
- 콩(종실)의 함수율조사
  (　　) 종실의 함수율을 측정 후 평균값을 산출한다. 단, 함수율을 측정할 때에는 각 횟수마다 (　　)에서 추출한 콩, 팥을 사용한다.

05 아래 각 물음에 답하시오.

(1) 마늘 품목의 조기파종 보험금 지급사유와 지급보험금 식을 쓰시오.

(2) 재파종 보험금의 지급 사유와 지급보험금 식을 쓰시오.

(3) 재정식 보험금의 지급 사유와 지급보험금 식을 쓰시오.

06 **다음은 밭작물의 품목별 표본구간 수확량 합계 산정방법에 관한 내용이다. 아래 괄호에 알맞은 내용을 순서대로 쓰시오.**

<table>
<tr><th>품목</th><th>표본구간 수확량 합계 산정방법</th></tr>
<tr><td>감자</td><td>• 표본구간별 작물 무게의 합계</td></tr>
<tr><td>양배추</td><td>• 표본구간별 정상 양배추 무게의 합계에 80%형 양배추의 무게에 (　　)를 곱한 값을 더하여 산정</td></tr>
<tr><td>차(茶)</td><td>• 표본구간별로 수확한 새싹 무게를 수확한 새싹수로 나눈 값에 기수확 새싹 수와 (　　)를 곱하고, 여기에 수확한 새싹 무게를 더하여 산정
※ (　　)는 (　　)(기수확 새싹수를 전체 새싹수(기수확 새싹수와 수확한 새싹수를 더한 값)로 나눈값)에 따라 산출</td></tr>
<tr><td>양파, 마늘</td><td>• 표본구간별 작물 무게의 합계에 비대추정지수에 1을 더한 값(　　)을 곱하여 산정
• 단, 마늘의 경우 이 수치에 품종별 환산계수를 곱하여 산정, (품종별 환산 계수 : 난지형 (　　) / 한지형 (　　))</td></tr>
<tr><td>고구마</td><td>• 표본구간별 정상 고구마의 무게 합계에 50%형 고구마의 무게에 (　　), 80%형 고구마의 무게에 (　　)를 곱한 값을 더하여 산정</td></tr>
<tr><td>옥수수</td><td>• 표본구간 내 수확한 옥수수 중 “하” 항목의 개수에 “중” 항목 개수의 (　　) 를 곱한 값을 더한 후 품종별 표준중량을 곱하여 피해수확량을 산정
• 품종별 표준중량(g)
<table><tr><th>미백2호</th><th>대학찰(연농2호)</th><th>미흑찰 등</th></tr><tr><td>(　　)</td><td>(　　)</td><td>(　　)</td></tr></table></td></tr>
<tr><td>콩, 팥</td><td>• 표본구간별 종실중량에 (　　)에서 함수율을 뺀 값을 곱한 후 다시 (　　)을 나누어 산정한 중량의 합계</td></tr>
</table>

07 다음은 감자 품목의 병해충 등급별 인정비율에 관한 표이다. 아래 빈칸에 알맞은 내용을 모두 쓰시오.

구분		병·해충	인정비율
품목	급수		
감자	1급	(　　)	(　　)
	2급	(　　)	(　　)
	3급	(　　)	(　　)

정답

01 답 : 작물이 고사되거나, 살아 있으나 수확이 불가능할 것으로 판단된 면적 끝

02 답 : 비대, 도복, 잎과 줄기, 1/2 ~ 2/3, 통상 수확기, 삽식일, 120일, 110일, 95일, 110일, 95일, 수염, 25일, 신초, 1심2엽, 4.8cm, 2.8cm, 0.9cm, 수확연도 5월 10일, 수확년도 5월 10일, 꼬투리, 80 ~ 90%, 생리적 성숙기, 7 ~ 14일, 꼬투리, 70 ~ 80%, 결구 형성 끝

03 답 : 5주 이상, $0.04m^2$, 4주 이상, $1m^2$, 5cm, 최대지름, 6cm 미만, 80%, 100%, 20%, 0%, 3cm, 마늘통, 최대지름, 2cm, 3.5cm, 일반시장 출하, 가공용, 일반시장 출하, 가공용, 50%, 50%, 가격하락, 80%, 100%, 최대 지름, 5cm 미만, 50% 이상, 50%, 착립장 길이, 17cm 이상, 15cm 이상 17cm 미만, 15cm 미만, 두 곳, 20cm × 20cm, 1심2엽, 꼬투리, 3회, 뿌리, 외엽 2개 끝

04 답 : 기계수확, 기계탈곡, 10포대 이상, 10회 이상, 각기 다른 포대 끝

05

(1) 답 : 지급사유 : 한지형 마늘 최초 판매개시일 24시 이전에 보장하는 재해로 10a당 출현주수가 30,000주보다 작고, 10월 31일 이전 10a당 30,000주 이상으로 재파종한 경우

지급보험금 = 보험가입금액 × 25% × 표준출현 피해율

표준출현 피해율(10a 기준) = (30,000 − 출현주수) ÷ 30,000 끝

(2) 답 : 지급사유 : 보험기간 내에 보장하는 재해로 10a당 출현주수가 30,000주보다 작고, 10a당 30,000주 이상으로 재파종한 경우

지급보험금 = 보험가입금액 × 35% × 표준출현 피해율
표준출현 피해율(10a 기준) = (30,000 − 출현주수) ÷ 30,000 끝

(3) 답 : 지급사유 : 보험기간 내에 보장하는 재해로 면적 피해율이 자기부담비율을 초과하고, 재정식한 경우

지급보험금 = 보험가입금액 × 20% × 면적 피해율
면적 피해율 = 피해면적 ÷ 보험 가입면적 끝

06 답 : 0.2, 기수확지수, 기수확지수, 기수확비율, 비대추정지수 + 1, 0.72, 0.7, 0.5, 0.2, 0.5, 180, 160, 190, 1, 0.86 끝

07 답 : 역병, 갈쭉병, 모자이크병, 무름병, 둘레썩음병, 가루더뎅이병, 잎말림병, 감자뿔나방, 90%, 홍색부패병, 시들음병, 마른썩음병, 풋마름병, 줄기검은병, 더뎅이병, 균핵병, 검은무늬썩음병, 줄기기부썩음병, 진딧물류, 아메리카잎굴파리, 방아벌레류, 70%, 반쪽시들음병, 흰비단병, 잿빛곰팡이병, 탄저병, 겹둥근무늬병, 오이총채벌레, 뿌리혹선충, 파밤나방, 큰28점박이무당벌레, 기타, 50% 끝

제3절 발작물 손해평가 및 보험금 산정 ②

01 기출유형 확인하기

제1회 종합위험방식 밭작물 고추에 관하여 수확기 이전에 보험사고가 발생한 경우 보기의 조건에 따른 생산비보장 보험금을 산정하시오. (10점)

제6회 다음은 종합위험 생산비보장방식 고추에 관한 내용이다. 아래의 조건을 참조하여 다음 물음에 답하시오. (15점)

제9회 종합위험 생산비보장방식 '브로콜리'에 관한 내용이다. 보험금 지급사유에 해당하며, 아래 조건을 참조하여 보험금의 계산과정과 값(원)을 쓰시오. (5점)

02 기본서 내용 익히기

II 종합위험 생산비보장방식

고추, 브로콜리, 무(고랭지·월동), 당근, 배추(고랭지·월동), 메밀, 단호박, 시금치(노지), 대파, 쪽파·실파[1형], 쪽파·실파[2형], 양상추

1 시기별 조사종류

생육시기	재해	조사내용	조사시기	조사방법	비고
정식(파종) ~ 수확종료	보상하는 재해 전부	생산비 피해조사	사고발생시 마다	• 재배일정 확인 • 경과비율 산출 • 피해율 산정 • 병충해 등급별 인정비율 확인(노지 고추만 해당)	고추, 브로콜리

생육 시기	재해	조사내용	조사시기	조사방법	비고
수확전	보상하는 재해 전부	피해사실 확인 조사	사고접수 후 지체 없이	• 보상하는 재해로 인한 피해 발생 여부 조사(피해사실이 명백한 경우 생략 가능)	배추, 무, 단호박, 파, 당근, 메밀, 시금치(노지), 양상추만 해당
		경작불능 조사	사고접수 후 지체 없이	• 해당 농지의 피해면적비율 또는 보험목적인 식물체 피해율 조사 • 조사방법 : 전수조사 또는 표본 조사	
수확 직전		생산비 피해조사	수확직전	• 사고발생 농지의 피해비율 및 손해정도비율 확인을 통한 피해율 조사 • 조사방법 : 표본조사	

2 손해평가 현지조사방법

1 피해사실 확인조사

(1) **적용품목** : 무(고랭지·월동), 당근, 배추(고랭지·가을·월동), 메밀, 단호박, 시금치(노지), 파(대파, 쪽파·실파), 양상추

(2) **조사대상** : 대상 재해로 사고접수 농지 및 조사 필요 농지

(3) **대상 재해** : 자연재해, 조수해(鳥獸害), 화재

(4) **조사시기** : 사고접수 직후 실시

(5) **조사방법**

1) 「피해사실 "조사방법" 준용」

2) 추가조사 필요 여부 판단

보상하는 재해 여부 및 피해 정도 등을 감안하여 추가조사(생산비보장 손해조사 또는 경작불능손해조사)가 필요한지 여부를 판단하여 해당 내용에 대하여 계약자에게 안내하고, 추가조사가 필요할 것으로 판단된 경우에는 손해평가반 구성 및 추가조사 일정을 수립한다.

3) 고사면적 확인

보상하는 재해로 인하여 해당 작물이 고사하여 수확될 수 없는 면적을 확인한다.

2 재정식·재파종 조사

(1) 재정식·재파종 조사 : 브로콜리, 배추(가을,월동), 무(월동), 쪽파(실파), 메밀, 시금치, 양상추 품목에만 해당한다.

(2) 피해사실 확인조사 시 : 조사가 필요하다고 판단된 농지에 대하여 실시하는 조사로 손해평가반은 피해농지를 방문하여 보상하는 재해여부 및 피해면적을 조사한다.

(3) 보험금 지급대상 확인(재정식·재파종 전조사)

1) 보상하는 재해여부 심사

농지 및 작물상태 등을 감안하여 약관에서 정한 보상하는 재해로 인한 피해가 맞는지 확인하며, 필요시에는 이에 대한 근거자료(피해사실 확인조사 참조)를 확보할 수 있다.

2) 실제 경작면적 확인

GPS 면적측정기 또는 지형도 등을 이용하여 보험가입 면적과 실제 경작면적을 비교한다. 이때 실제 경작면적이 보험가입 면적 대비 10%이상 차이가 날 경우 계약사항을 변경해야 한다.

3) 피해면적 확인

GPS 면적측정기 또는 지형도 등을 이용하여 실제 경작면적대비 피해면적을 비교 및 조사한다.

4) 피해면적의 판정기준

작물이 고사되거나 살아있으나 수확이 불가능할 것으로 판단된 면적

(4) 재정식·재파종 이행완료 여부 조사(재정식·재파종 후조사)

재정식·재파종 보험금 대상 여부 조사(전조사) 시 재정식·재파종 보험금 지급대상으로 확인된 농지에 대하여 재정식·재파종이 완료되었는지를 조사한다. 피해면적 중 일부에 대해서만 재정식·재파종이 이루어진 경우에는 재정식·재파종이 이루어지지 않은 면적은 피해면적에서 제외한다.

(5) 단, 농지별 상황에 따라 재정식·재파종 전조사를 생략하고 재정식·재파종 후조사 시 면적조사(실제 경작면적 및 피해면적)를 실시할 수 있다.

3 경작불능조사

(1) **적용품목** : 무(고랭지·월동), 당근, 배추(고랭지·가을·월동), 메밀, 단호박, 시금치(노지), 파(대파, 쪽파·실파), 양상추

(2) **조사대상** : 피해사실 확인조사 시 경작불능조사가 필요하다고 판단된 농지 또는 사고접수 시 이에 준하는 피해가 예상되는 농지

(3) **조사시기** : 피해사실 확인조사 직후 또는 사고접수 직후

(4) **경작불능 보험금 지급 대상 여부 조사(경작불능 전(前)조사)** : 다음에 해당하는 사항을 확인한다.

1) 보험기간 확인

경작불능보장의 보험기간은 '계약체결일 24시'와 '정식·파종 완료일 24시(단, 각 품목별 보장개시 일자를 초과할 수 없음-메밀 제외)' 중 늦은 때부터 수확개시일 직전(다만, 약관에서 정하는 보장종료일을 초과할 수 없음)까지로 해당 기간 내 사고인지 확인한다.

2) 보상하는 재해 여부 심사

농지 및 작물 상태 등을 감안하여 보상하는 재해로 인한 피해가 맞는지 확인하며, 필요시에는 이에 대한 근거자료(피해사실 확인조사 참조)를 확보한다.

3) 실제 경작면적확인

GPS 면적측정기 또는 지형도 등을 이용하여 보험 가입면적과 실제 경작면적을 비교한다. 이때 실제 경작면적이 보험 가입면적 대비 10% 이상 차이가 날 경우에는 계약사항을 변경해야 한다.

4) 식물체 피해율조사

목측 조사를 통해 조사대상 농지에서 보상하는 재해로 인한 식물체 피해율이 65% 이상 여부를 조사한다.

5) 생산비보장 손해조사대상 확인

식물체 피해율이 65% 미만이거나, 식물체 피해율이 65% 이상이 되어도 계약자가 경작불능 보험금을 신청하지 않은 경우에는 향후 생산비보장 손해조사가 필요한 농지로 결정한다.

6) 산지폐기 여부 확인(경작불능 후(後)조사)

배추(고랭지·월동), 무(고랭지·월동), 단호박, 파(대파, 쪽파·실파), 당근, 메밀, 시금치(노지) 품목에 대하여 1차 조사(경작불능 전 조사)에서 보상하는 재해로 식물체 피해율이 65% 이상인 농지에 대하여, 산지폐기 등으로 작물이 시장으로 유통되지 않은 것을 확인한다.

4 생산비보장 손해조사

(1) 적용품목

① 고추, 브로콜리

② 배추(고랭지·월동), 무(고랭지·월동), 단호박, 파(대파, 쪽파·실파), 당근, 메밀, 시금치(노지), 양상추 중 피해사실 확인조사 시 추가조사가 필요하다고 판단된 농지 또는 경작불능 조사 결과 추가 조사를 실시하는 것으로 결정된 농지(식물체 피해율이 65% 미만이거나, 65% 이상이어도 계약자가 경작불능 보험금을 신청하지 않는 경우)

※ 단, 생산비보장 손해조사 전 계약자가 피해 미미(자기부담비율 이내의 사고) 등의 사유로 수확량조사 실시를 취소한 농지는 생산비보장 손해조사 미실시

(2) 조사시기

① 사고접수 직후 : 고추, 브로콜리

② 수확 직전 : 무(고랭지·월동), 당근, 배추(고랭지·월동), 메밀, 단호박, 시금치(노지), 파(대파, 쪽파·실파), 양상추

(3) 조사방법

1) 보상하는 재해 여부 심사

농지 및 작물 상태 등을 감안하여 보상하는 재해로 인한 피해가 맞는지 확인하며, 필요시에는 이에 대한 근거자료(피해사실 확인조사 참조)를 확보한다.

2) 일자조사

가) 사고일자확인 : 재해가 발생한 일자를 확인한다.

① 한해(가뭄), 폭염 및 병충해와 같이 지속되는 재해의 사고일자는 재해가 끝나는 날(가뭄예시 :가뭄 이후 첫 강우일의 전날)을 사고일자로 한다.
② 재해가 끝나기 전에 조사가 이루어질 경우에는 조사가 이루어진 날을 사고일자로 하며, 조사 이후 해당 재해로 추가 발생한 손해는 보상하지 않는다.

나) 수확예정 일자, 수확개시 일자, 수확종료 일자 확인
① 사고일자를 기준으로 사고일자 전에 수확이 시작되지 않았다면 수확예정일자를 확인한다.
② 사고일자 전에 수확이 시작되었다면 최초 수확을 시작한 일자와 수확종료(예정)일자를 확인한다.

3) 실제 경작면적확인

GPS 면적측정기 또는 지형도 등을 이용하여 보험 가입면적과 실제 경작면적을 비교한다. 이때 실제 경작면적이 보험 가입면적 대비 10% 이상 차이가 날 경우에는 계약사항을 변경해야 한다.

4) 피해면적조사

GPS 면적측정기 또는 지형도 등을 이용하여 피해 이랑 또는 식물체 피해면적을 확인한다. 단, 메밀 품목은 도복으로 인한 피해면적과 도복 이외 피해면적을 나누어 조사한다.

※ 도복 : 작물이 비나 바람에 의해 쓰러지는 일

5) 손해정도비율 조사

가) 고추

① 표본이랑수 선정 : 조사된 피해면적에 따라 표본이랑수를 선정한다.

〈고추, 메밀, 브로콜리, 배추, 무, 단호박, 파, 당근, 시금치(노지), 양상추〉

실제경작면적 또는 피해면적	표본구간(이랑) 수
3,000m^2 미만	4
3,000m^2 이상, 7,000m^2 미만	6
7,000m^{2}이상, 15,000m^2 미만	8
15,000m^2 이상	10

② 표본이랑 선정

- 선정한 표본이랑 수를 바탕으로 피해 이랑 중에서 동일한 간격으로 골고루 배치될 수 있도록 표본이랑을 선정한다.
- 다만, 선정한 이랑이 표본으로 부적합한 경우(해당 지점 작물의 상태가 현저히 좋거나 나빠서 표본으로 대표성을 가지기 어려운 경우 등)에는 가까운 위치의 다른 피해 이랑을 표본이랑으로 선정한다.

③ 표본이랑 내 작물 상태 조사

- 표본이랑별로 식재된 작물(식물체 단위)을 손해정도비율표와 고추 병충해 등급별 인정비율에 따라 구분하여 조사한다.
- 이때 피해가 없거나 보상하는 재해 이외의 원인으로 피해가 발생한 작물 및 타작물은 정상으로 분류하며, 가입 이후 추가로 정식한 식물체 등 보장 대상과 무관한 식물체도 정상으로 분류하여 조사한다.

〈손해정도에 따른 손해정도비율〉

손해정도	1 ~ 20%	21 ~ 40%	41 ~ 60%	61 ~ 80%	81 ~ 100%
손해정도비율	20%	40%	60%	80%	100%

〈고추 병충해 등급별 인정비율〉

등급	종류	인정비율
1등급	역병, 풋마름병, 바이러스병, 세균성점무늬병, 탄저병	70%
2등급	잿빛곰팡이병, 시들음병, 담배가루이, 담배나방	50%
3등급	흰가루병, 균핵병, 무름병, 진딧물 및 기타	30%

④ 미보상비율 조사 : 품목별 미보상비율 적용표에 따라 미보상비율을 조사한다.

나) 브로콜리

① 표본구간수 선정 : 실제경작면적에 따라 최소 표본구간 수 이상의 표본구간 수를 선정한다.

〈품목별 표본주(구간)수 표〉

실제경작면적 또는 피해면적	표본구간(이랑)수
3,000m^2 미만	4
3,000m^2 이상 7,000m^2 미만	6
7,000m^2 이상 15,000m^2 미만	8
15,000m^2 이상	10

② 표본구간 선정

- 선정한 표본구간수를 바탕으로 재배 방법 및 품종 등을 감안하여 조사대상 면적에 동일한 간격으로 골고루 배치될 수 있도록 표본구간을 선정한다.
- 다만, 선정한 구간이 표본으로 부적합한 경우(해당 지점 작물의 수확량이 현저히 많거나 적어서 표본으로 대표성을 가지기 어려운 경우 등)에는 가까운 위치의 다른 구간을 표본구간으로 선정한다. 대상 이랑을 연속해서 잡거나 1 ~ 2이랑씩 간격을 두고 선택한다.

③ 표본구간 내 작물 상태 조사

- 각 표본구간 내에서 연속하는 10구의 작물피해율 조사를 진행한다.
- 각 표본구간 내에서 식재된 작물을 브로콜리 피해정도에 따른 피해인정계수표에 따라 조사를 진행한다. 작물피해율조사 시, 보상하는 재해로 인한 작물이 훼손된 경우 피해 정도에 따라 정상, 50%형 피해송이, 80%형 피해송이, 100%형 피해송이로 구분하여 조사한다.

〈브로콜리 피해정도에 따른 피해인정계수〉

구분	정상밭작물	50%형 피해밭작물	80%형 피해밭작물	100%형 피해밭작물
피해인정계수	0	0.5	0.8	1

다) 메밀(도복 이외의 피해면적만을 대상으로 함)

① 표본구간수 선정 : 피해면적에 따라 표본구간수를 선정한다.

〈품목별 표본주(구간)수 표〉

실제경작면적 또는 피해면적	표본구간(이랑)수
3,000m² 미만	4
3,000m² 이상 7,000m² 미만	6
7,000m² 이상 15,000m² 미만	8
15,000m² 이상	10

② 표본구간 선정

- 선정한 표본구간수를 바탕으로 피해면적에 골고루 배치될 수 있도록 표본 구간을 선정한다.
- 다만, 선정한 구간이 표본으로 부적합한 경우(해당 작물의 수확량이 현저히 많거나 적어서 표본으로 대표성을 가지기 어려운 경우 등)에는 가까운 위치의 다른 구간을 표본구간으로 선정한다.

③ 표본구간 내 작물 상태 조사

- 선정된 표본구간에 규격의 원형($1m^2$) 이용 또는 표본구간의 가로·세로 길이 1m×1m를 구획하여, 표본 구간 내 식재된 메밀을 손해정도비율표에 따라 구분하여 조사한다.
- 이때 피해가 없거나 보상하는 재해 이외의 원인으로 피해가 발생한 메밀 및 타 작물은 정상으로 분류하여 조사한다. 다만, 기 조사시 100%형 피해로 보험금 지급완료 후 새로 파종한 메밀 등 보장대상과 무관한 작물은 평가제외로 분류하여 조사한다.

〈손해정도에 따른 손해정도비율〉

손해정도	1 ~ 20%	21 ~ 40%	41 ~ 60%	61 ~ 80%	81 ~ 100%
손해정도비율	20%	40%	60%	80%	100%

라) 배추(고랭지·가을 배추·월동), 무(고랭지·월동), 파(대파, 쪽파·실파), 당근, 시금치(노지), 양상추

① 표본구간수 선정 : 조사된 피해면적에 따라 표본구간 수를 산정한다.

② 표본구간 선정 및 표식

- 선정한 표본구간수를 바탕으로 피해면적에 골고루 배치될 수 있도록 표본 구간을 선정한다.
- 다만, 선정한 구간이 표본으로 부적합한 경우(해당 작물의 수확량이 현저히 많거나 적어서 표본으로 대표성을 가지기 어려운 경우 등)에는 가까운 위치의 다른 구간을 표본구간으로 선정한다.
- 표본구간마다 첫 번째 작물과 마지막 작물에 리본 등으로 표시한다.

③ 표본구간 내 작물 상태 조사
- 표본구간 내에서 연속하는 10구의 손해정도비율 조사를 진행한다. 손해정도비율 조사 시, 보상하는 재해로 인한 작물이 훼손된 경우 손해정도비율표에 따라 구분하여 조사한다.

마) 단호박

① 표본구간수 선정 : 조사된 피해면적에 따라 표본구간수를 선정한다.

② 표본구간 선정
- 선정한 표본구간수를 바탕으로 피해면적에 골고루 배치될 수 있도록 표본구간을 선정한다.
- 다만, 선정한 구간이 표본으로 부적합한 경우(해당 작물의 수확량이 현저히 많거나 적어서 표본으로 대표성을 가지기 어려운 경우 등)에는 가까운 위치의 다른 구간을 표본구간으로 선정한다.

③ 표본구간 내 작물상태조사
- 선정된 표본구간에 표본구간의 가로(이랑 폭)·세로(1m) 길이를 구획하여, 표본구간 내 식재된 단호박을 손해정도비율표에 따라 구분하여 조사한다.

3 보험금 산정방법 및 지급기준

1 경작불능 보험금의 산정

(1) 지급사유

보험기간 내에 보상하는 재해로 식물체 피해율이 65% 이상이고, 계약자가 경작불능 보험금을 신청한 경우 경작불능 보험금은 자기부담비율에 따라 아래 표와 같이 보험가입금액의 일정 비율을 곱하여 계산한다.

〈자기부담비율별 경작불능 보험금표〉

자기부담비율	경작불능 보험금
20%형	보험가입금액 × 40%
30%형	보험가입금액 × 35%
40%형	보험가입금액 × 30%

(2) 지급거절 사유

보험금 지급 대상 농지 품목이 산지폐기 등의 방법을 통해 시장으로 유통되지 않게 된 것이 확인되지 않으면 경작불능 보험금을 지급하지 않는다.

(3) 지급효과(보험계약의 소멸)

경작불능 보험금을 지급한 때에는 그 손해보상의 원인이 생긴 때로부터 해당 농지에 대한 보험계약은 소멸되며, 이 경우 환급보험료는 발생하지 않는다.

2 생산비보장 보험금 산정

(1) 고추

1) 생산비보장 보험금

보험기간 내에 보상하는 재해로 피해가 발생한 경우 아래와 같이 계산한 생산비보장 보험금을 지급한다.

가) 병충해가 없는 경우

(잔존보험가입금액 × 경과비율 × 피해율) − 자기부담금

① 잔존보험가입금액 = 보험가입금액 − 보상액(기 발생 생산비보장 보험금 합계액)
② 자기부담금 = 잔존보험가입금액 × 보험가입을 할 때 계약자가 선택한 비율

나) 병충해가 있는 경우

(잔존보험가입금액 × 경과비율 × 피해율 × 병충해 등급별 인정비율) − 자기부담금

〈고추 병충해 등급별 인정비율〉

등급	종류	인정비율
1등급	역병, 풋마름병, 바이러스병, 세균성점무늬병, 탄저병	70%
2등급	잿빛곰팡이병, 시들음병, 담배가루이, 담배나방	50%
3등급	흰가루병, 균핵병, 무름병, 진딧물 및 기타	30%

2) 경과비율

가) 수확기 이전에 보험사고가 발생한 경우

$$준비기생산비\ 계수 + \{(1 - 준비기생산비계수) \times \frac{생장일수}{표준생장일수}\}$$

① 준비기생산비계수는 52.7%로 한다.

② 생장일수는 정식일로부터 사고발생일까지 경과일수로 한다.

※ 정식일 당일 사고의 경우 “0”일, 다음 날 사고의 경우 “1일”

③ 표준생장일수(정식일로부터 수확개시일까지 표준적인 생장일수)는 사전에 설정된 값으로 100일로 한다.

④ 생장일수를 표준생장일수로 나눈 값은 1을 초과할 수 없다.

나) 수확기 중에 보험사고가 발생한 경우

$$1 - (수확일수 \div 표준수확일수)$$

① 수확일수는 수확개시일부터 사고발생일까지 경과일수로 한다.

② 표준수확일수는 수확개시일부터 수확종료일까지의 일수로 한다.

3) 피해율

피해율 = 피해비율 × 손해정도비율 × (1 − 미보상비율)

※ 피해비율 = 피해면적(주수) ÷ 재배면적(주수)

4) 손해정도비율

〈손해정도에 따른 손해정도비율〉

손해정도	1 ~ 20%	21 ~ 40%	41 ~ 60%	61 ~ 80%	81 ~ 100%
손해정도비율	20%	40%	60%	80%	100%

보충자료

손해정도비율 = {(20%형 피해작물 개수 × 0.2) + (40%형 피해작물 개수 × 0.4) + (60%형 피해작물 개수 × 0.6) + (80%형 피해작물 개수 × 0.8) + (100%형 피해작물 개수)} ÷ {(정상작물 개수 + 20%형 피해작물 개수 + 40%형 피해작물 개수 + 60%형 피해작물 개수 + 80%형 피해작물 개수 + 100%형 피해작물 개수}

(2) 브로콜리

1) 생산비보장 보험금

보험기간 내에 보상하는 재해로 피해가 발생한 경우 아래와 같이 계산한 생산비보장 보험금을 지급한다.

생산비보장 보험금 = (잔존보험가입금액 × 경과비율 × 피해율) − 자기부담금

① 잔존보험가입금액 = 보험가입금액 - 보상액(기 발생 생산비보장 보험금 합계액)

② 자기부담금 = 잔존보험가입금액 × 보험가입을 할 때 계약자가 선택한 비율

2) 경과비율

가) 수확기 이전에 보험사고가 발생한 경우

$$준비기생산비\ 계수 + \{(1 - 준비기생산비계수) \times \frac{생장일수}{표준생장일수}\}$$

① 준비기생산비계수는 49.2%로 한다.

② 생장일수는 정식일로부터 사고발생일까지 경과일수로 한다.

③ 표준생장일수(정식일로부터 수확개시일까지 표준적인 생장일수)는 사전에 설정된 값으로 130일로 한다.

④ 생장일수를 표준생장일수로 나눈 값은 1을 초과할 수 없다.

나) 수확기 중에 보험사고가 발생한 경우

1 − (수확일수 ÷ 표준수확일수)

① 수확일수는 수확개시일부터 사고발생일까지 경과일수로 한다.

② 표준수확일수는 수확개시일부터 수확종료일까지의 일수로 한다.

3) 피해율

피해율 = 피해비율 × 작물피해율 × (1 − 미보상비율)

① 피해비율 : 피해면적(m^2) ÷ 재배면적(m^2)

② 작물피해율은 피해면적 내 피해송이 수를 총 송이 수로 나누어 산출한다.

③ 피해송이는 송이별로 피해 정도에 따라 피해인정계수를 정하며, 피해송이 수는 피해송이별 피해인정계수의 합계로 산출합니다.

〈브로콜리 피해정도에 따른 피해인정계수〉

구분	정상 밭작물	50%형 피해밭작물	80%형 피해밭작물	100%형 피해밭작물
피해인정계수	0	0.5	0.8	1

(3) 메밀

1) 생산비보장 보험금

생산비보장 보험금은 보험가입금액에 피해율에서 자기부담비율을 뺀 값을 곱하여 산출한다.

생산비보장 보험금 = 보험가입금액 × (피해율 − 자기부담비율)

2) 피해율

피해율 = (피해면적 ÷ 실제 재배면적) × (1 − 미보상비율)

※ 면적 피해율 = 피해면적(m^2) ÷ 재배면적(m^2)

3) 피해면적 산출법

(도복으로 인한 피해면적 × 70%) + (도복 이외 피해면적 × 평균 손해정도비율)

4) 자기부담비율

자기부담비율은 보험가입을 할 때 계약자가 선택한 비율로 한다.

5) 평균손해정도비율

평균손해정도비율은 도복 이외 피해면적을 일정 수의 표본구간으로 나누어 각 표본구간의 손해정도비율을 조사한 뒤 평균한 값으로, 각 표본구간별 손해정도비율은 손해정도에 따라 결정한다.

〈손해정도에 따른 손해정도비율〉

손해정도	1 ~ 20%	21 ~ 40%	41 ~ 60%	61 ~ 80%	81 ~ 100%
손해정도비율	20%	40%	60%	80%	100%

(4) 배추, 무, 파, 시금치

1) 생산비보장 보험금 : 보험가입금액에 피해율에서 자기부담비율을 뺀 값을 곱하여 산출한다.

생산비보장 보험금 = 보험가입금액 × (피해율 − 자기부담비율)

2) 피해율 : 면적 피해율에 평균 손해정도비율, (1 − 미보상비율)을 곱하여 산정한다.

피해율 = 면적피해율 × 평균 손해정도비율 × (1 − 미보상비율)

① 면적피해율 : 피해면적(주수) ÷ 재배면적(주수)

※ 면적피해율 산정 시 보상하지 않는 손해에 해당하는 피해면적(주수)는 제외하여 산출한다.

〈손해정도에 따른 손해정도비율〉

손해정도	1% ~ 20%	21% ~ 40%	41% ~ 60%	61% ~ 80%	81% ~ 100%
손해정도비율	20%	40%	60%	80%	100%

보충자료

손해정도비율 = {(20%형 피해작물 개수 × 0.2) + (40%형 피해작물 개수 × 0.4) + (60%형 피해작물 개수 × 0.6) + (80%형 피해작물 개수 × 0.8) + (100%형 피해작물 개수)} ÷ {(정상작물 개수 + 20%형 피해작물 개수 + 40%형 피해작물 개수 + 60%형 피해작물 개수 + 80%형 피해작물 개수 + 100%형 피해작물 개수}

③ 미보상비율 : 품목별 미보상비율 적용표에 따라 조사한 미보상비율을 적용한다.

3) 자기부담비율 : 보험가입을 할 때 계약자가 선택한 비율로 한다.

(5) 단호박, 당근, 양상추

1) 생산비보장보험금 : 보험가입금액에 피해율에서 자기부담비율을 뺀 값을 곱하여 산출한다.

생산비보장보험금 = 보험가입금액 × (피해율 − 자기부담비율)

2) 피해율 : 피해비율에 손해정도비율, (1 − 미보상비율)을 곱하여 산정하며, 각 요소는 아래 목과 같이 산출한다.

피해율 = 피해비율 × 손해정도비율 × (1 − 미보상비율)

① 피해비율 : 피해면적(주수) ÷ 재배면적(주수)

피해비율 산정시 보상하지 않는 손해에 해당하는 피해면적(주수)는 제외하여 산출한다.

② 손해정도비율 : 손해정도에 따라 결정한다.

③ 미보상비율 : 품목별 미보상비율 적용표에 따라 조사한 미보상비율을 적용한다.

3) 자기부담비율 : 보험을 가입할 때 계약자가 선택한 비율로 한다.

03 핵심내용 정리하기

1 보험금 산정(고추, 브로콜리)

1 생산비보장 보험금

생산비보장 보험금 = (잔존보험가입금액 × 경과비율 × 피해율) − 자기부담금

※ 단, 고추는 병충해가 있는 경우 병충해등급별 인정비율 추가하여 피해율에 곱한다.

2 경과비율

- 수확기 이전에 사고 시 = $\left\{ \alpha + (1-\alpha) \times \dfrac{\text{생장일수}}{\text{표준생장일수}} \right\}$
- 수확기 중 사고 시 = $\left(1 - \dfrac{\text{수확일수}}{\text{표준수확일수}} \right)$

① α(준비기생산비계수) : 고추 : 52.7%, 브로콜리 : 49.2%

② 생장일수 : 정식일로부터 사고발생일까지 경과일수

③ 표준생장일수 : 정식일로부터 수확개시일까지의 일수로 작목별로 사전에 설정된 값 (고추 : 100일, 브로콜리 : 130일)

④ 수확일수 : 수확개시일로부터 사고발생일까지 경과일수

⑤ 표준수확일수 : 수확개시일부터 수확종료(예정)일까지 일수

3 피해율

(1) 고추 피해율

고추 피해율 = 피해비율 × 손해정도비율 × (1 − 미보상비율)

① 피해비율 = 피해면적 ÷ 실제 경작면적(재배면적)

② 손해정도비율 = {(20%형 피해 고추주수 × 0.2) + (40%형 피해 고추주수 × 0.4) + (60%형 피해 고추주수 × 0.6) + (80%형 피해 고추주수 × 0.8) + (100형 피해 고추주수)} ÷ (정상 고추주수 + 20%형 피해 고추주수 + 40%형 피해 고추주수 + 60%형 피해 고추주수 + 80%형 피해 고추주수 + 100%형 피해 고추주수)

(2) 브로콜리 피해율

브로콜리 피해율 = 면적피해율 × 작물피해율

① 피해비율 = 피해면적 ÷ 실제경작면적(재배면적)

② 작물피해율 = {(50%형 피해송이 개수 × 0.5) + (80%형 피해송이 개수 × 0.8) + (100%형 피해송이 개수)} ÷ (정상 송이 개수 + 50%형 피해송이 개수 + 80%형 피해송이 개수 + 100%형 피해송이 개수)

4 자기부담금

자기부담금 = 잔존보험가입금액 × (3% 또는 5%)

정리노트

2 보험금 산정(고추, 브로콜리 外 : 무, 당근, 배추, 메밀, 단호박, 시금치(노지), 파)

1 생산비보장 보험금

생산비보장 보험금 = 보험가입금액 × (피해율 − 자기부담비율)

2 피해율

(1) 무, 당근, 배추, 단호박, 시금치(노지), 파

피해율 = 피해비율 × 손해정도비율(심도) × (1−미보상비율)

① 피해비율 : 피해면적 ÷ 실제경작면적(재배면적)

② 손해정도비율

{(20%형 피해작물 개수 × 0.2) + (40%형 피해작물 개수 × 0.4) + (60%형 피해작물 개수 × 0.6) + (80%형 피해작물 개수 × 0.8) + (100%형 피해작물 개수)} ÷ (정상 작물 개수 + 20%형 피해작물 개수 + 40%형 피해작물 개수 + 60%형 피해작물 개수 + 80%형 피해작물 개수 + 100%형 피해작물 개수)

(2) 메밀

피해율 = 피해면적 ÷ 실제경작면적(재배면적)

① 피해면적 : (도복으로 인한 피해면적 × 70%) + [도복 이외로 인한 피해면적 × {(20%형 피해 표본면적 × 0.2) + (40%형 피해 표본면적 × 0.4) + (60%형 피해 표본면적 × 0.6) + (80%형 피해 표본면적 × 0.8) + (100%형 피해 표본면적 × 1)} ÷ 표본면적 합계]

정리노트

04 워크북으로 마무리하기

01 다음은 고추 병충해 등급별 인정비율에 관한 표이다. 빈칸에 알맞은 내용을 순서대로 쓰시오.

등급	종류	인정비율
1등급	( )	( )
2등급	( )	( )
3등급	( )	( )

02 다음은 종합위험 생산비보장방식 고추에 관한 내용이다. 아래의 조건을 참조하여 다음 물음에 답하시오. (15점)

〈조건 1〉

잔존보험 가입금액	가입면적 (재배면적)	자기부담금 비율	표준생장일수	준비기생산비 계수	정식일
8,000,000원	3,000m^2	5%	100일	52.7%	2020년 5월 10일

〈조건 2〉

재해종류	내용
한해 (가뭄피해)	• 보험사고접수일 : 2020년 8월 7일(정식일로부터 경과일수 89일) • 조사일 : 2020년 8월 8일(정식일로부터 경과일수 90일) • 수확개시일 : 2020년 8월 18일(정식일로부터 경과일수 100일) • 가뭄 이후 첫 강우일 : 2020년 8월 20일(수확개시일로부터 경과일수 2일) • 수확종료(예정)일 : 2020년 10월 7일(수확개시일로부터 경과일수 50일)

〈조건 3〉

피해비율	손해정도비율(심도)	미보상비율
50%	40%	20%

(1) 위 조건에서 확인되는 ① 사고(발생)일자를 기재하고, 그 일자를 사고(발생)일자로 하는 ② 근거를 쓰시오. (7점)

(2) 경과비율(%)을 구하시오(단, 경과비율은 소수점 셋째자리에서 반올림하여 다음 예시와 같이 구하시오. (예시) : 12.345% → 12.35%) (4점)

(3) 보험금을 구하시오. (4점)

정답

01 답 : 역병, 풋마름병, 바이러스병, 세균성점무늬병, 탄저병, 70%, 잿빛곰팡이병, 시들음병, 담배가루이, 담배나방, 50%, 흰가루병, 균핵병, 무름병, 진딧물 및 기타, 30% 끝

02

(1) 답 :

① 사고(발생)일자 : 2020년 8월 8일

② 근거 : 가뭄과 같이 지속되는 재해의 사고발생일은 재해가 끝나는 날(가뭄 이후 첫 강우일의 전날)을 사고발생일로 한다. 다만, 재해가 끝나기 전에 조사가 이루어질 경우에는 조사가 이루어진 날을 사고일자로 한다. 끝

(2)

수확기 이전 보험사고가 발생한 경우 경과비율
= 준비기생산비계수 + {(1 − 준비기생산비계수) × (생장일수 ÷ 표준생장일수)}
= 0.527 + {(1−0.527)×(90÷100)} = 0.9527 = 95.27%

준비기생산비계수 = 52.7%
생장일수 = 정식일로부터 사고발생일까지 경과일수 = 90일
표준생장일수 = 100일

답 : 95.27% 끝

(3)

보험금 = (잔존보험가입금액 × 경과비율 × 피해율) − 자기부담금
= (8,000,000원 × 0.9527 × 0.16) − 400,000원 = 819,456원

피해율 = 피해비율 × 손해정도비율 × (1 − 미보상비율)
= 0.5 × 0.4 × (1 − 0.2) = 0.16

자기부담금 = 잔존보험가입금액 × 5% = 8,000,000원 × 0.05 = 400,000원

답 : 819,456원 끝

제3절 발작물 손해평가 및 보험금 산정 ③

01 기출유형 확인하기

제1회 다음은 농작물재해보험 업무방법에서 정하는 농작물의 손해평가와 관련한 내용이다. 괄호에 알맞은 내용을 답란에 순서대로 쓰시오. (1점)

제2회 다음은 특정위험방식 인삼 품목 해가림시설의 손해조사에 관한 내용이다. 밑줄 친 틀린 내용을 알맞은 내용으로 수정하시오. (5점)

제5회 특정위험담보 인삼품목 해가림시설에 관한 내용이다. 태풍으로 인삼 해가림시설에 일부 파손 사고가 발생하여 아래와 같은 피해를 입었다. 가입조건이 아래와 같을 때 ① 감가율, ② 손해율, ③ 자기부담금, ④ 보험금, ⑤ 잔존보험가입금액을 계산과정과 답을 각각 쓰시오. (15점)

제7회 인삼 피해율의 계산과정과 값을 쓰시오. (5점)

인삼 보험금의 계산과정과 값을 쓰시오. (5점)

해가림시설 보험금(비용 포함)의 계산과정과 값을 쓰시오. (5점)

02 기본서 내용 익히기

III 작물특정 및 시설종합위험 인삼손해보장방식

작물특정 인삼손해보장	• 보상하는 재해{태풍(강풍), 우박, 집중호우, 화재, 폭염, 폭설, 냉해, 침수}로 인삼(작물)에 직접적인 피해가 발생하여 자기부담비율(자기부담금)을 초과하는 손해가 발생한 경우 보험금이 지급된다.
시설(해가림시설) 종합위험 손해보장	• 보상하는 재해(자연재해, 조수해, 화재)로 해가림시설(시설)에 직접적인 피해가 발생하여 자기부담비율(자기부담금)을 초과하는 손해가 발생한 경우 보험금이 지급된다. • 보험가입금액 ≥ 보험가액, 보험금 = 손해액 - 자기부담금 • 보험가입금액 〈 보험가액, 보험금 = (손해액 - 자기부담금) × (보험가입금액 ÷ 보험가액)

1 시기별 조사종류

생육시기	재해	조사내용	조사시기	조사방법	비고
보험기간 내	태풍(강풍)·우박·집중호우·화재·폭염·폭설·냉해·침수	수확량조사	피해 확인이 가능한 시기	• 보상하는 재해로 인하여 감소된 수확량 조사 • 조사방법 : 전수조사 또는 표본조사	인삼
	보상하는 재해 전부	해가림시설 조사	사고접수 후 지체없이	• 보상하는 재해로 인하여 손해를 입은 시설 조사	해가림시설

2 손해평가 현지조사종류 및 방법

1 피해사실 확인조사

(1) **적용품목** : 인삼, 해가림시설

(2) **조사대상** : 대상 재해로 사고접수 농지 및 조사 필요 농지

(3) **대상 재해**

① 인삼 : 태풍(강풍), 폭설, 집중호우, 침수, 화재, 우박, 냉해, 폭염 (특정위험)

② 해가림시설 : 자연재해, 조수해(鳥獸害), 화재 (종합위험)

(4) 조사시기 : 사고접수 직후 **실시**

(5) 조사방법

1) 「피해사실 "조사방법" 준용」

2) 추가조사 필요 여부 판단

보상하는 재해 여부 및 피해 정도 등을 감안하여 추가조사(수확량조사 및 해가림시설손해조사)가 필요한지 여부를 판단하여 해당 내용에 대하여 계약자에게 안내하고, 추가조사가 필요할 것으로 판단된 경우에는 손해평가반 구성 및 추가조사 일정을 수립한다.

2 수확량조사

(1) 적용품목 : 인삼

(2) 조사대상 : 피해사실 확인조사 시 수확량조사가 필요하다고 판단된 농지

(3) 조사시기 : 수확량 확인이 가능한 시기

(4) 조사방법

1) 보상하는 재해 여부 심사

농지 및 작물 상태 등을 감안하여 보상하는 재해로 인한 피해가 맞는지 확인하며, 필요시에는 이에 대한 근거자료(피해사실 확인조사 참조)를 확보할 수 있다.

2) 수확량조사 적기 판단 및 시기 결정

조사 시점이 인삼의 수확량을 확인하는데 적절한지 검토하고, 부적절한 경우 조사 일정을 조정한다.

3) 전체 칸수 및 칸 넓이 조사

가) 전체 칸수조사

농지 내 경작 칸수를 센다.(단, 칸수를 직접 세는 것이 불가능할 경우에는 경작면적을 이용한 칸수조사(경작면적 ÷ 칸 넓이)도 가능하다)

나) 칸 넓이 조사

지주목간격, 두둑 폭 및 고랑 폭을 조사하여 칸 넓이를 구한다.

칸 넓이 = 지주목 간격 × (두둑 폭 + 고랑 폭)

4) 조사방법에 따른 수확량 확인

가) 전수조사

① 칸수 조사 : 금번 수확칸수, 미수확칸수 및 기수확칸수를 확인한다.

② 실 수확량 확인 : 수확한 인삼 무게를 확인한다.

나) 표본조사

① 칸수 조사 : 정상 칸수 및 피해 칸수를 확인한다.

② 표본칸 선정 : 피해칸수에 따라 적정 표본칸수를 선정하고, 해당 수의 칸이 피해칸에 골고루 배치될 수 있도록 표본칸을 선정한다.

③ 인삼 수확 및 무게 측정 : 표본칸 내 인삼을 모두 수확한 후 무게를 측정한다.

〈품목별 표본주(구간)수 표〉

피해칸수	표본칸수	피해칸수	표본칸수
300칸 미만	3칸	900칸 이상 1,200칸 미만	7칸
300칸 이상 500칸 미만	4칸	1,200칸 이상 1,500칸 미만	8칸
500칸 이상 700칸 미만	5칸	1,500칸 이상 1,800칸 미만	9칸
700칸 이상 900칸 미만	6칸	1,800칸 이상	10칸

3 인삼 해가림시설 손해조사

(1) **적용품목** : 해가림시설

(2) **조사대상** : 인삼 해가림시설 사고가 접수된 농지

(3) **조사시기** : 사고접수 직후

(4) 조사방법

1) 보상하는 재해 여부 심사 : 농지 및 작물 상태 등을 감안하여 보상하는 재해로 인한 피해가 맞는지 확인하며, 필요시에는 이에 대한 근거자료(피해사실 확인조사 참조)를 확보한다.

2) 전체 칸수 및 칸 넓이 조사

가) 전체 칸수조사 : 농지 내 경작 칸수를 센다. 단, 칸수를 직접 세는 것이 불가능할 경우에는 경작면적을 이용한 칸수조사(경작면적 ÷ 칸 넓이)도 가능하다.

나) 칸 넓이 조사 : 지주목 간격, 두둑 폭 및 고랑 폭을 조사하여 칸 넓이를 구한다.

칸 넓이 = 지주목 간격 × (두둑폭 + 고랑폭)

3) 피해 칸수조사 : 피해 칸에 대하여 전체파손 및 부분파손(20%형, 40%형, 60%형, 80%형)으로 나누어 각 칸수를 조사한다.

4) 손해액 산정

① 단위면적당 시설가액표, 파손 칸수 및 파손 정도 등을 참고하여 실제 피해에 대한 복구비용을 기평가한 재조달가액으로 산출한 피해액을 산정한다.

② 산출된 피해액에 대하여 감가상각을 적용하여 손해액을 산정한다. 다만, 피해액이 보험가액의 20% 이하인 경우에는 감가를 적용하지 않고, 피해액이 보험가액의 20%를 초과하면서 감가 후 피해액이 보험가액의 20% 미만인 경우에는 보험가액의 20%를 손해액으로 산출한다.

- 손해액 = 피해액에 감가를 반영한 금액
- 피해액 ≤ 보험가액의 20%, 감가 적용 × → 손해액 = 피해액
- 피해액 〉 보험가액의 20%, 감가 적용 후 피해액 〈 보험가액의 20%, → 손해액 = 보험가액의 20%
- 피해액 〉 보험가액의 20%, 감가 적용 후 피해액 ≥ 보험가액의 20%, → 손해액 = 피해액에 감가를 반영한 금액

4 미보상비율 조사(모든 조사 시 동시 조사)

상기 모든 조사마다 미보상비율 적용표에 따라 미보상비율을 조사한다.

3 보험금 산정방법 및 지급기준

1 인삼 보험금 산정

(1) 지급사유

보험기간 내에 보상하는 재해로 피해율이 자기부담비율을 초과하는 경우 보험금은 아래에 따라 계산한다.

지급보험금 = 보험가입금액 × (피해율 − 자기부담비율)

(2) 2회 이상 보험사고가 발생하는 경우의 지급보험금 : (1)에 따라 산정된 보험금에서 기 발생지급보험금을 차감하여 계산한다.

(3) 피해율

보상하는 재해로 피해가 발생한 경우 연근별기준수확량에서 수확량을 뺀 후 연근별 기준수확량으로 나눈 값에 피해면적을 재배면적으로 나눈 값을 곱하여 산출한다.

$$\text{피해율} = \left(1 - \frac{\text{수확량}}{\text{연근별기준수확량}}\right) \times \frac{\text{피해면적}}{\text{재배면적}}$$

〈연근별 기준수확량(가입 당시 년근 기준, 단위 : kg/m^2)〉

구분	2년근	3년근	4년근	5년근
불량	0.45	0.57	0.64	0.66
표준	0.50	0.64	0.71	0.73
우수	0.55	0.70	0.78	0.81

1) 수확량

① 단위면적당 조사수확량과 단위면적당 미보상감수량을 합하여 계산한다.

② 단위면적당 조사수확량은 총수확량을 금차수확면적(금차수확칸수 × 조사칸넓이)으로 나누어 계산한다.

③ 단위면적당 미보상감수량은 기준수확량에서 단위면적당 조사수확량을 뺀 값과 미보상비율을 곱하여 계산한다.

〈전수조사 시〉

수확량 = 단위면적당 조사수확량 + 단위면적당 미보상감수량

① 단위면적당 조사수확량 = 총조사수확량 ÷ 금차 수확면적
- 금차 수확면적 = 금차 수확칸수 × 지주목간격 × (두둑폭 + 고랑폭)

② 단위면적당 미보상감수량 = (기준수확량 − 단위면적당 조사수확량) × 미보상비율
- 피해면적 = 금차 수확칸수
- 재배면적 = 실제경작칸수

〈표본조사 시〉

수확량 = 단위면적당 조사수확량 + 단위면적당 미보상감수량

① 단위면적당 조사수확량 = 표본수확량 합계 ÷ 표본칸 면적
- 표본칸 면적 = 표본칸 수 × 지주목간격 × (두둑폭 + 고랑폭)

② 단위면적당 미보상감수량 = (기준수확량 − 단위면적당 조사수확량) × 미보상비율
- 피해면적 = 피해칸수
- 재배면적 = 실제경작칸수

(4) 자기부담비율

자기부담비율은 보험가입을 할 때 계약자가 선택한 비율로 한다.

(5) 보험금 등의 지급한도 : 다음과 같다.

① 재해보험사업자가 지급하여야 할 보험금은 상기 (1), (2), (3), (4)를 적용하여 계산하며 보험증권에 기재된 인삼의 보험가입금액을 한도로 한다.

② 손해방지 비용, 대위권 보전비용, 잔존물 보전비용은 보험가입금액을 초과하는 경우에도 지급한다. 단, 농지별 손해방지 비용은 20만 원을 한도로 지급한다.
- 잔존물 보전비용 : 재해보험사업자가 잔존물을 취득할 의사표시를 하고 잔존물을 취득한 경우에 한하여 지급한다.
- 보험의 목적이 인삼일 경우, 잔존물 제거비용은 지급하지 않는다.

③ 비용손해 중 기타 협력비용은 보험가입금액을 초과한 경우에도 전액 지급한다.

2 인삼 해가림시설 보험금 산정

(1) 지급사유

보험기간 내에 보상하는 재해로 피해율이 자기부담비율을 초과하는 경우 보험금은 아래에 따라 계산한다.

1) 보험가입금액이 보험가액과 같거나 클 때

보험가입금액을 한도로 손해액에서 자기부담금을 차감한 금액. 그러나 보험가입금액이 보험가액보다 클 때에는 보험가액을 한도로 한다.

2) 보험가입금액이 보험가액보다 작을 때

보험가입금액을 한도로 다음과 같이 비례보상

$$\text{지급보험금} = (\text{손해액} - \text{자기부담금}) \times (\text{보험가입금액} \div \text{보험가액})$$

※ 자기부담금은 최소자기부담금(10만 원)과 최대자기부담금(100만 원)을 한도로 손해액의 10%에 해당하는 금액을 적용한다.

3) 위 1)과 2)에서 손해액 : 그 손해가 생긴 때와 곳에서의 보험가액을 말한다.

(2) 동일한 계약의 목적과 동일한 사고에 관하여 보험금을 지급하는 다른 계약[공제계약(각종 공제회에 가입되어 있는 계약)을 포함한다]이 있고 이들의 보험가입금액의 합계액이 보험가액보다 클 경우 : 아래에 따라 보험금을 계산한다. 이 경우 보험자 1인에 대한 보험금 청구를 포기한 경우에도 다른 보험자의 보험금 결정에는 영향을 미치지 않는다.

1) 다른 계약이 이 계약과 보험금의 계산 방법이 같은 경우

$$\text{손해액} \times \frac{\text{이 계약의 보험가입금액}}{\text{다른 계약이 없는 것으로하여 각각 계산한 보험가입금액의 합계액}}$$

2) 다른 계약이 이 계약과 보험금의 계산 방법이 다른 경우

$$\text{손해액} \times \frac{\text{이 계약의 보험금}}{\text{다른 계약이 없는 것으로하여 각각 계산한 보험금의 합계액}}$$

(3) 보험금 등의 지급한도

① 보상하는 재해(자연재해, 조수해, 화재)로 재해보험사업자가 지급할 보험금과 잔존물 제거비용은 각각 상기 (1), (2)를 적용하여 계산하며, 그 합계액은 보험증권에 기재된 해가림시설의 보험가입금액을 한도로 한다. 단, 잔존물 제거비용은 손해액의 10%를 초과할 수 없다.

② 비용손해 중 손해방지 비용, 대위권 보전비용, 잔존물 보전비용은 상기 (1), (2)를 적용하여 계산한 금액이 보험가입금액을 초과하는 경우에도 지급한다. 단, 농지별 손해방지 비용은 20만 원을 한도로 지급한다.

- 잔존물 보전비용 : 재해보험사업자가 잔존물을 취득할 의사표시를 하고 잔존물을 취득한 경우에 한하여 지급한다.

③ 비용손해 중 기타 협력비용은 보험가입금액을 초과한 경우에도 전액 지급한다.

03 핵심내용 정리하기

1 인삼 보험금

지급보험금 = 보험가입금액 × (피해율 − 자기부담비율)

① 피해율 = $(1 - \frac{\text{수확량}}{\text{연근별기준수확량}}) \times \frac{\text{피해면적}}{\text{재배면적}}$

② 수확량 = 단위면적당 조사수확량 + 단위면적당 미보상감수량

2 해가림시설 보험금

1 보험가입금액 = 보험가액(전부보험)

지급보험금 = 손해액 − 자기부담금, 보험가입금액 한도

2 보험가입금액 〉 보험가액(초과보험)

지급보험금 = 손해액 − 자기부담금, 보험가액 한도

3 보험가입금액 〈 보험가액(일부보험)

지급보험금 = (손해액 − 자기부담금) × (보험가입금액 ÷ 보험가액), 보험가입금액 한도

3 손해액

손해액 = 피해액에 감가를 반영한 금액

① 피해액 ≤ 보험가액의 20%, 감가 적용 × → 손해액 = 피해액

② 피해액 〉 보험가액의 20%, 감가 적용 후 피해액 〈 보험가액의 20%
→ 손해액 = 보험가액의 20%

③ 피해액 〉 보험가액의 20%, 감가 적용 후 피해액 ≥ 보험가액의 20%
→ 손해액 = 피해액에 감가를 반영한 금액

4 자기부담금

자기부담금 = 10만 원 ≤ 손해액의 10% ≤ 100만 원

04 워크북으로 마무리하기

01 다음은 인삼 해가림시설 손해조사에 관한 내용이다. 아래 괄호에 알맞은 내용을 순서대로 쓰시오.

(1) 칸 넓이 조사

지주목 간격, 두둑 폭 및 고랑 폭을 조사하여 칸 넓이를 구한다.

칸 넓이 = (　　) × {(　　) + (　　)}

(2) 피해 칸수 조사

피해 칸에 대하여 전체파손 및 부분파손((　　)형, (　　)형, (　　)형, (　　)형)으로 나누어 각 칸수를 조사한다.

(3) 손해액 산정

1) 단위면적당 시설가액표, 파손 칸수 및 파손 정도 등을 참고하여 실제 피해에 대한 복구비용을 기평가한 (　　)으로 산출한 피해액을 산정한다.

2) 산출된 피해액에 대하여 (　　)을 적용하여 손해액을 산정한다. 다만, 피해액이 보험가액의 (　　)인 경우에는 (　　)를 적용하지 않고, 피해액이 (　　)를 (　　)하면서 감가 후 피해액이 보험가액의 (　　)인 경우에는 (　　)를 손해액으로 산출한다.

02 특정위험방식 인삼에 관한 내용이다. 계약사항과 조사내용을 참조하여 다음 물음에 답하시오. (15점)

〈계약사항〉

인삼 가입금액	경작 칸수	연근	기준수확량 (5년근 표준)	자기부담 비율	해가림시설 가입금액	해가림시설 보험가액
120,000,000원	500칸	5년	0.73kg	20%	20,000,000원	25,000,000원

〈조사내용〉

사고원인	피해칸	표본칸	표본수확량	지주목간격	두둑폭	고랑폭
화재	350칸	10칸	9.636kg	3m	1.5m	0.7m

해가림시설 피해액	잔존물제거 목적으로 사용된 비용	대위권 보전 목적으로 사용된 비용
5,000,000원	300,000원	200,000원

(1) 인삼 피해율의 계산과정과 값을 쓰시오. (5점)

(2) 인삼 지급보험금의 계산과정과 값을 쓰시오. (5점)

(3) 해가림시설 지급보험금(비용 포함)의 계산과정과 값을 쓰시오. (5점)

정답

01 답 : 지주목 간격, 두둑폭, 고랑폭, 20%, 40%, 60%, 80%, 재조달가액, 감가상각, 20% 이하, 감가, 보험가액의 20%, 초과, 20% 미만, 보험가액의 20% 끝

02

(1)

인삼 피해율 = (1 − 수확량 / 연근별기준수확량) × 피해면적 / 재배면적
= (1 − 0.146kg/m^2 / 0.73kg) × 350칸 / 500칸 = 0.56 = 56%

수확량 = 단위면적당 조사수확량 + 단위면적당 미보상감수량
= 0.146kg/m^2

단위면적당 조사수확량 = 표본수확량 합계 ÷ 표본칸 면적
= 9.636kg ÷ 66m^2 = 0.146kg/m^2

표본칸 면적 = 표본칸수 × 지주목간격 × (두둑폭 + 고랑폭)
= 10칸 × 3m × (1.5m + 0.7m) = 66m^2

단위면적당 미보상감수량
= (기준수확량 − 단위면적당 조사수확량) × 미보상비율
= (0.73kg − 0.146kg/m^2) × 0 = 0

답 : 56% 끝

(2)

인삼 보험금 = 보험가입금액 × (피해율 − 자기부담비율)
= 120,000,000원 × (0.56 − 0.2) = 43,200,000원

답 : 43,200,000원 끝

(3)

해가림시설 보험금 = (손해액 − 자기부담금) × (보험가입금액 ÷ 보험가액)
= (5,000,000원 − 50만 원) × (20,000,000원 ÷ 25,000,000원) = 3,600,000원

산출된 피해액에 대하여 감가상각을 적용하여 손해액을 산정한다. 다만, 피해액이 보험가액의 20%이하인 경우에는 감가를 적용하지 않고, 피해액이 보험가액의 20%를 초과하면서 감가 후 피해액이 보험가액의 20%미만인 경우에는 보험가액의 20%를 손해액으로 산출한다.

보험가액의 20% = 25,000,000원 × 0.2 = 5,000,000원
해가림시설 피해액 = 5,000,000원(보험가액의 20%이하에 해당) = 손해액
손해액 = 5,000,000원

자기부담금 = 10만 원 ≤ 손해액의 10% ≤ 100만 원 = 50만 원

비용 = 216,000원 + 144,000원 = 360,000원

잔존물 제거비용 = (300,000원 − 30,000원) × 20/25 = 216,000원
손해액의 10%(500,000원) 초과 할 수 없다.
해가림시설 보험금(3,600,000원)과 잔존물 제거비용원의 합은 보험가입금액(20,000,000원)을 한도로 한다.

대위권 보전비용 = (200,000원 − 20,000원) × 20/25 = 144,000원
보험가입금액을 초과하는 경우에도 지급한다.

해가림시설 보험금(비용포함) = 3,600,000원 + 360,000원 = 3,960,000원

답 : 3,960,000원 끝

제4절 시설작물 손해평가 및 보험금 산정

01 기출유형 확인하기

제5회 수확일로부터 수확종료일까지의 기간중 1/5 경과시점에서 사고가 발생한 경우 경과비율을 구하시오. (7점)

정식일로부터 수확개시일까지의 기간중 1/5 경과시점에서 사고가 발생한 경우 보험금을 구하시오. (8점)

제7회 표고버섯(원목재배) 생산비보장 보험금의 계산과정과 값을 쓰시오. (5점)

표고버섯(톱밥배지재배) 생산비보장 보험금의 계산과정과 값을 쓰시오. (5점)

느타리버섯(균상재배) 생산비보장 보험금의 계산과정과 값을 쓰시오. (5점)

제8회 1동의 지급보험금 계산과정과 값을 쓰시오. (5점)

2동의 지급보험금 계산과정과 값을 쓰시오. (5점)

3동의 지급보험금 계산과정과 값을 쓰시오. (5점)

제9회 종합위험 시설작물 손해평가 및 보험금 산정에 관하여 다음 물음에 답하시오. (15점)

물음 1) 농업용 시설물 감가율과 관련하여 아래 (　　)에 들어갈 내용을 쓰시오. (5점)

물음 2) 다음은 원예시설 작물 중 '쑥갓'에 관련된 내용이다. 아래의 조건을 참조하여 생산비보장보험금(원)을 구하시오. (10점)

02 기본서 내용 익히기

I 종합위험 시설작물(원예시설 및 시설작물, 버섯재배사 및 버섯작물)

1 보험의 목적

1 원예시설 및 시설작물

(1) 농업용 시설물

단동하우스(광폭형하우스를 포함한다), 연동하우스 및 유리(경질판)온실의 구조체 및 피복재

(2) 부대시설

① 시설재배 농작물의 재배를 위하여 농업용 시설물 내부 구조체에 연결, 부착되어 외부에 노출되지 않은 시설물

② 시설재배 농작물의 재배를 위하여 농업용 시설물 내부 지면에 고정되어 이동 불가능한 시설물

③ 시설재배 농작물의 재배를 위하여 지붕 및 기둥 또는 외벽을 갖춘 외부 구조체 내에 고정·부착된 시설물

(3) 시설재배 농작물

① 화훼류 : 국화, 장미, 백합, 카네이션

② 비화훼류 : 딸기, 오이, 토마토, 참외, 풋고추, 호박, 수박, 멜론, 파프리카, 상추, 부추, 시금치, 가지, 배추, 파(대파·쪽파), 무, 쑥갓, 미나리, 감자

2 버섯재배사 및 버섯작물

(1) 농업용 시설물(버섯재배사)

단동하우스(광폭형하우스를 포함한다), 연동하우스 및 경량철골조 등 버섯작물 재배용으로 사용하는 구조체, 피복재 또는 벽으로 구성된 시설

(2) 부대시설

버섯작물 재배를 위하여 농업용 시설물(버섯재배사)에 부대하여 설치한 시설(단, 동산시설은 제외함)

① 버섯작물 재배를 위하여 농업용 시설물(버섯재배사) 내부 구조체에 연결, 부착되어 외부에 노출되지 않은 시설물

② 버섯작물의 재배를 위하여 농업용 시설물(버섯재배사) 내부 지면에 고정되어 이동 불가능한 시설물

③ 버섯작물의 재배를 위하여 지붕 및 기둥 또는 외벽을 갖춘 외부 구조체 내에 고정·부착된 시설물

(3) 시설재배 버섯

농업용 시설물(버섯재배사) 및 부대시설을 이용하여 재배하는 느타리버섯(균상재배, 병재배), 표고버섯(원목재배, 톱밥배지재배), 새송이버섯(병재배), 양송이버섯(균상재배)

2 손해평가 현지조사방법

1 농업용 시설물 및 부대시설 손해조사

(1) 조사기준

1) 손해액 산출 : 손해가 생긴 때와 곳에서의 가액에 따라 손해액을 산출하며, 손해액 산출 시에는 농업용 시설물 감가율을 적용한다.

〈농업용 시설물 감가율〉

가) 고정식 하우스

구분		내용연수	경년감가율
구조체	단동하우스	10년	8%
	연동하우스	15년	5.3%
피복재	장수PE, 삼중EVA, 기능성필름, 기타	1년	40% 고정감가
	장기성Po	5년	16%

나) 이동식 하우스(최초 설치년도 기준)

구분	경과기간			
	1년 이하	2 ~ 4년	5 ~ 8년	9년 이상
구조체 (고정감가)	0%	30%	50%	70%
피복재	40%(고정감가)			

다) 유리온실 부대시설

구분		내용연수	경년감가율
부대시설		8년	10%
유리온실	철골조/석조/연와석조	60년	1.33%
	블록조/경량철골조/단열판넬조	40년	2.0%

① 유리온실은 손해보험협회가 발행한 「보험가액 및 손해액의 평가기준」건물의 추정 내용년수 및 경년감가율표를 준용

② 경년감가율은 월단위로 적용(경과년수=사고년월－취득년월)하여 월단위 감가 적용한다. 다만, 고정식하우스의 피복재(내용년수 1년)와 이동식하우스의 구조체, 피복재는 고정감가를 적용

2) 재조달가액 보장 특별약관에 가입한 경우 : 재조달가액(보험의 목적과 동형 동질의 신품을 조달하는데 소요되는 금액)기준으로 계산한 손해액을 산출한다. 단, 보험의 목적이 손해를 입은 장소에서 실제로 수리 또는 복구되지 않은 때에는 재조달가액에 의한 보상을 하지 않고 시가(감가상각된 금액)로 보상한다.

(2) 평가단위

물리적으로 분리 가능한 시설 1동을 기준으로 계약 원장에 기재된 목적물별로 평가한다.

(3) 조사방법

1) 계약사항 확인

① 계약 원장 및 현지 조사표를 확인하여 사고 목적물의 소재지 및 보험시기 등을 확인한다.

② 계약 원장 상의 하우스 규격(단동, 연동, 피복재 종류 등)을 확인한다.

2) 사고 현장 방문

① 계약 원장 상의 목적물과 실제 목적물 소재지 일치 여부를 확인한다.

② 면담을 통해 사고 경위, 사고 일시 등을 확인한다.

③ 면담 결과, 사고 경위, 기상청 자료 등을 감안하여 보상하는 재해로 인한 손해가 맞는지를 판단한다.

3) 손해평가

가) 피복재

다음을 참고하여 하우스 폭에 피해길이를 감안하여 피해 범위를 산정한다.

- 전체 교체가 필요하다고 판단되어 전체 교체를 한 경우 전체 피해로 인정
- 전체 교체가 필요하다고 판단되지만 부분 교체를 한 경우 교체한 부분만 피해로 인정
- 전체 교체가 필요하지 않는다고 판단되는 경우 피해가 발생한 부분만 피해로 인정

나) 구조체 및 부대시설

다음을 참고하여 교체수량(비용), 보수 및 수리 면적(비용)을 산정하되, 재사용할 수 없는 경우(보수 불가) 또는 수리 비용이 교체비용보다 클 경우에는 재조달비용을 산정한다.

- 손상된 골조(부대시설)를 재사용할 수 없는 경우는 교체수량 확인 후 교체 비용 산정
- 손상된 골조(부대시설)를 재사용할 수 있는 경우는 수리 및 보수비용 산정

다) 잔존물 확인 : 피해목적물을 재사용(수리·복구)할 수 없는 경우 경제적 가치 확인

라) 인건비 : 실제 투입된 인력, 시방서, 견적서, 영수증 및 시장조사를 통해 피복재 및 구조체 시공에 소모된 인건비 등을 감안하여 산정한다.

2 원예시설작물 · 시설재배 버섯 손해조사

(1) 조사기준

① 1사고 마다 생산비보장 보험금을 보험가입금액 한도 내에서 보상한다.

② 평가단위는 목적물 단위로 한다.

③ 동일 작기에서 2회 이상 사고가 난 경우 동일 작기 작물의 이전 사고의 피해를 감안하여 산정한다.

④ 평가 시점은 피해의 확정이 가능한 시점에서 평가한다.

(2) 조사방법

1) 계약사항 확인

① 계약 원장 및 현지 조사표를 확인하여 사고 목적물의 소재지 및 보험시기 등을 확인한다.

② 계약 원장 상의 하우스 규격 및 재배면적 등을 확인한다.

2) 사고 현장 방문

① 면담을 통해 사고 경위, 사고일자 등을 확인한다.

② 기상청 자료 확인, 계약자 면담, 작물의 상태 등을 고려하여 보상하는 재해로 인한 피해 여부를 확인하며, 필요시 계약자에게 아래의 자료를 요청하여 보상하는 재해 여부를 판단한다.

- 농업기술센터 의견서
- 출하내역서(과거 출하내역 포함)
- 기타 정상적인 영농활동을 입증할 수 있는 자료 등

③ 재배 일정 확인(정식 · 파종 · 종균접종일, 수확개시 · 수확종료일 확인)

- 문답 조사를 통하여 확인
- 필요 시 재배 일정 관련 증빙서류(모종구매내역, 출하 관련 증명서, 영농일지 등) 확인

④ 사고일자 확인 : 계약자 면담, 기상청 자료 등을 토대로 사고일자를 특정한다.

구분	내용
수확기 이전 사고	• 연속적인 자연재해(폭염, 냉해 등)로 사고일자를 특정할 수 없는 경우에는 기상 특보 발령 일자를 사고일자로 추정한다. • 다만 지역적 재해 특성, 계약자별 피해 정도 등을 고려하여 이를 달리 정할 수 있다.
수확기 중 사고	• 연속적인 자연재해(폭염, 냉해 등)로 사고일자를 특정할 수 없는 경우에는 최종 출하 일자를 사고일자로 추정한다. • 다만 지역적 재해 특성, 계약자별 피해 정도 등을 고려하여 이를 달리 정할 수 있다.

(3) 손해조사

1) 경과비율 산출

사고 현장 방문 시 확인한 정식일자(파종 · 종균접종일), 수확개시일자, 수확종료일자, 사고일자를 토대로 작물별 경과비율을 산출한다.

2) 재배비율 및 피해비율 확인

해당 작물의 재배면적(주수) 및 피해면적(주수)를 조사한다.

3) 손해정도비율

보험목적물의 뿌리, 줄기, 잎 과실 등에 발생한 부분의 손해정도비율을 산정한다.

3 화재대물배상책임

손해평가는 피보험자가 보험증권에 기재된 농업용 시설물 및 부대시설 내에서 발생한 화재사고로 타인의 재물을 망가뜨려 법률상의 배상책임이 발생한 경우에 한하여 조사한다.

3 보험금 산정방법 및 지급기준

1 농업용 시설물 및 부대시설 보험금 산정

(1) 시설하우스의 손해액 : 구조체(파이프, 경량철골조) 손해액에 피복재 손해액을 합하여 산정하고 부대시설 손해액은 별도로 산정한다.

(2) 손해액 산출기준

① 손해가 생긴 때와 곳에서의 가액에 따라 농업용 시설물 감가율을 적용한 손해액을 산출한다.

② 재조달가액 보장 특별약관에 가입한 경우에는 감가율을 적용하지 않고 재조달가액 기준으로 계산한 손해액을 산출한다. 단, 보험의 목적이 손해를 입은 장소에서 실제로 수리 또는 복구되지 않은 때에는 재조달가액에 의한 보상을 하지 않고 시가(감가상각된 금액)로 보상한다.

(3) 보상하는 재해로 인하여 손해가 발생한 경우 : 계약자 또는 피보험자가 지출한 아래의 비용을 추가로 지급한다. 단, 보험의 목적 중 농작물의 경우 잔존물 제거비용은 지급하지 않는다.

1) 잔존물 제거비용

사고현장에서의 잔존물의 해체비용, 청소비용 및 차에 싣는 비용. 보험금과 잔존물 제거비용의 합계액은 보험증권에 기재된 보험가입금액을 한도로 하며 잔존물 제거비용은 손해액의 10%를 초과할 수 없다.

2) 손해방지 비용 : 손해의 방지 또는 경감을 위하여 지출한 필요 또는 유익한 비용

3) 대위권 보전비용 : 제3자로부터 손해의 배상을 받을 수 있는 경우에는 그 권리를 지키거나 행사하기 위하여 지출한 필요 또는 유익한 비용

4) 잔존물 보전비용 : 잔존물을 보전하기 위하여 지출한 필요 또는 유익한 비용. 다만, 재해보험사업자가 보험금을 지급하고 잔존물의 취득한 경우에 한함

5) 기타 협력비용 : 회사의 요구에 따르기 위하여 지출한 필요 또는 유익한 비용

(4) 지급보험금의 계산

1) 1사고마다 손해액이 자기부담금을 초과하는 경우

1사고마다 손해액이 자기부담금을 초과하는 경우 보험가입금액을 한도로 손해액에서 자기부담금을 차감하여 계산한다.

> 지급보험금 = (손해액 − 자기부담금)
>
> ※ 손해액은 그 손해가 생긴 때와 곳에서의 가액에 따라 계산한다.

2) 동일한 계약의 보험목적과 동일한 사고에 관하여 보험금을 지급하는 다른 계약(공제 계약을 포함한다)이 있고 이들의 보험가입금액의 합계액이 보험가액보다 클 경우 : 아래에 따라 계산한다. 이 경우 보험자 1인에 대한 보험금 청구를 포기한 경우에도 다른 보험자의 지급보험금 결정에는 영향을 미치지 않는다.

가) 다른 계약이 이 계약과 지급보험금의 계산 방법이 같은 경우

$$\text{손해액} \times \frac{\text{이 계약의 보험가입금액}}{\text{다른 계약이 없는 것으로 하여 각각 계산한 보험가입금액의 합계액}}$$

나) 다른 계약이 이 계약과 지급보험금의 계산 방법이 다른 경우

$$\text{손해액} \times \frac{\text{이 계약의 보험금}}{\text{다른 계약이 없는 것으로 하여 각각 계산한 보험금의 합계액}}$$

다) 이 보험계약이 타인을 위한 보험계약이면서 보험계약자가 다른 계약으로 인하여 「상법」 제682조에 따른 대위권 행사의 대상이 된 경우에는 실제 그 다른 계약이 존재함에도 불구하고 그 다른 계약이 없다는 가정하에 계산한 보험금을 그 다른 보험계약에 우선하여 이 보험계약에서 지급한다.

라) 이 보험계약을 체결한 재해보험사업자가 타인을 위한 보험에 해당하는 다른 계약의 보험계약자에게 「상법」 제682조에 따른 대위권을 행사할 수 있는 경우에는 이 보험계약이 없다는 가정하에 다른 계약에서 지급받을 수 있는 보험금을 초과한 손해액을 이 보험계약에서 보상한다.

3) 하나의 보험가입금액으로 둘 이상의 보험의 목적을 계약한 경우

하나의 보험가입금액으로 둘 이상의 보험의 목적을 계약한 경우에는 전체가액에 대한 각 가액의 비율로 보험가입금액을 비례배분하여 상기 1)과 2)의 규정에 따라 지급보험금을 계산한다.

(5) 자기부담금

① 최소자기부담금(30만 원)과 최대자기부담금(100만 원)을 한도로 보험사고로 인하여 발생한 손해액의 10%에 해당하는 금액을 적용한다.

자기부담금 = 30만 원 ≤ 손해액의 10% ≤ 100만 원

② 피복재단독사고는 최소자기부담금(10만 원)과 최대자기부담금(30만 원)을 한도로 한다.

피복재단독사고 시, 자기부담금 = 10만 원 ≤ 손해액의 10% ≤ 30만 원

③ 농업용 시설물과 부대시설 모두를 보험의 목적으로 하는 보험계약은 두 보험의 목적의 손해액 합계액을 기준으로 자기부담금을 산출하고 두목적물의 손해액 비율로 자기부담금을 적용한다.

④ 자기부담금은 단지 단위, 1사고 단위로 적용한다.

⑤ 화재로 인한 손해는 자기부담금을 적용하지 않는다.

(6) 보험금 등의 지급한도

① 재해보험사업자가 지급하여야 할 보험금과 잔존물 제거비용은 상기 (4)의 1), 2), 3)을 적용하여 계산하며, 그 합계액은 보험증권에 기재된 농업용 시설물 및 부대시설의 보험가입금액을 한도로 한다. 단, 잔존물 제거비용은 손해액의 10%를 초과할 수 없다.

② 비용손해 중 손해방지 비용, 대위권 보전비용 및 잔존물 보전비용은 상기 (4)의 1), 2), 3)을 적용하여 계산한 금액이 농업용 시설물 및 부대시설의 보험가입금액을 초과하는 경우에도 지급한다. 단, 이 경우에 자기부담금은 차감하지 않는다.

- 잔존물 보전비용 : 재해보험사업자가 잔존물을 취득할 의사표시를 하고 잔존물을 취득한 경우에 한하여 지급

③ 비용손해 중 기타 협력비용은 보험가입금액을 초과한 경우에도 전액 지급한다.

2 원예시설작물 및 시설재배 버섯 보험금 산정

(1) 보험금 지급기준

① 보상하는 재해로 1사고마다 1동 단위로 생산비보장 보험금이 10만 원을 초과하는 경우에 그 전액을 보험가입금액 내에서 보상한다.

② 동일 작기에서 2회 이상 사고가 난 경우 동일 작기 작물의 이전 사고의 피해를 감안하여 산출한다.

(2) 보험금 등의 지급한도

① 생산비보장 보험금은 다음 (3)의 품목별 보험금 산출 계산식을 적용하여 계산하며 하나의 작기(한 작물의 생육기간)에서 지급하는 보험금은 보험증권에 기재된 시설재배 농작물의 보험가입금액을 한도로 한다.

② 비용손해 중 손해방지 비용, 대위권 보전비용 및 잔존물 보존비용은 다음 (3)의 품목별 보험금 산출 계산식을 적용하여 계산한 금액이 해당 작기(작물의 생육기간)에서 재배하는 보험증권 기재 농작물의 보험가입금액을 초과하는 경우에도 지급한다. 단, 손해방지 비용은 20만 원을 초과할 수 없다.

※ 잔존물 보존비용 : 재해보험사업자가 잔존물을 취득할 의사표시를 하고 잔존물을 취득한 경우에 한하여 지급한다.

※ 농작물의 경우 잔존물 제거비용은 지급하지 않는다.

③ 비용손해 중 기타 협력비용은 보험가입금액을 초과한 경우에도 전액 지급한다.

(3) 보험금 산출방법

1) 적용품목 : 딸기, 수박, 멜론, 토마토, 가지, 오이, 호박, 참외, 풋고추, 파(대파), 파프리카, 국화, 미나리, 배추, 상추, 백합, 카네이션, 감자

가) 생산비보장 보험금

보상하는 재해로 1사고마다 1동 단위로 생산비보장 보험금이 10만 원을 초과하는 경우에 그 전액을 보험가입금액 내에서 보상한다.

피해작물 재배면적 × 피해작물 단위 면적당 보장생산비 × 경과비율 × 피해율

나) 경과비율

수확기 이전 사고	수확기 중 사고
• 경과비율 = α + {(1 − α) × (생장일수 ÷ 표준생장일수)} • 준비기생산비계수 = α(40%, 단, 국화·카네이션 재절화재배는 20%) • 생장일수 : 정식(파종)일로부터 사고발생일까지 경과일수 • 표준생장일수 : 정식일로부터 수확개시일까지 표준적인 생장일수 • 생장일수를 표준생장일수로 나눈 값은 1을 초과할 수 없음	• 경과비율 = 1 − (수확일수 ÷ 표준수확일수) • 수확일수 : 수확개시일부터 사고발생일까지 경과일수 • 표준수확일수 : 수확개시일부터 수확종료일까지의 일수 • 위 계산식에도 불구하고 국화·수박·멜론의 경과비율은 1 • 위 계산식에 따라 계산된 경과비율이 10% 미만인 경우 경과비율을 10%로 한다. ※ 단, 표준수확일수보다 실제수확개시일부터 수확종료일까지의 일수가 적은 경우는 제외한다. ※ 오이·토마토·풋고추·호박·상추 제외

※ 재절화재배 : 절화를 채취하고 난 뒤 모주에서 곧바로 싹을 키워 절화하는 방법

※ 사전에 설정된 값이며 오이, 토마토, 풋고추, 호박, 상추의 표준수확일수는 수확개시일로부터 수확종료일까지의 일수

다) 피해율

피해율 = 피해비율 × 손해정도비율 × (1 − 미보상비율)

※ 피해비율 = 피해면적(주수) ÷ 재배면적(주수)

〈손해정도에 따른 손해정도비율〉

손해정도	1 ~ 20%	21 ~ 40%	41 ~ 60%	61 ~ 80%	81 ~ 100%
손해정도비율	20%	40%	60%	80%	100%

라) 단, 위 가)의 경우에도 불구하고 피해작물 재배면적에 피해작물 단위면적당 보장생산비를 곱한 값이 보험가입금액보다 큰 경우에는 위에서 계산된 생산비보장 보험금을 아래와 같이 다시 계산하여 지급

$$\text{위 가)에서 계산된 생산비보장 보험금} \times \frac{\text{보험가입금액}}{\text{피해작물 단위면적당 보장생산비} \times \text{피해작물 재배면적}}$$

2) 적용품목 : 장미

가) 생산비보장 보험금

보상하는 재해로 1사고마다 1동 단위로 생산비보장 보험금이 10만 원을 초과하는 경우에 그 전액을 보험가입금액 내에서 보상한다.

① 보상하는 재해로 인하여 줄기, 잎, 꽃 등에 손해가 발생하였으나 나무는 죽지 않은 경우

〈생산비보장 보험금〉

장미 재배면적 × 장미 단위면적당 나무생존 시 보장생산비 × 피해율

※ 피해율 = 피해비율 × 손해정도비율 × (1 − 미보상비율)

※ 피해비율 = 피해면적(주수) ÷ 재배면적(주수)

〈손해정도에 따른 손해정도비율〉

손해정도	1% ~ 20%	21% ~ 40%	41% ~ 60%	61% ~ 80%	81% ~ 100%
손해정도비율	20%	40%	60%	80%	100%

② 보상하는 재해로 인하여 나무가 죽은 경우

〈생산비보장 보험금〉

장미 재배면적 × 장미 단위면적당 나무고사 보장생산비 × 피해율

※ 피해율 = 피해비율 × 손해정도비율 × (1 − 미보상비율)

※ 피해비율 = 피해면적(주수) ÷ 재배면적(주수)

※ 손해정도비율은 100로 함

나) 단, 위 가)의 경우에도 불구하고 장미 재배면적에 장미 단위면적당 나무고사 보장생산비를 곱한 값이 보험가입금액보다 큰 경우에는 위에서 계산된 생산비보장 보험금을 아래와 같이 다시 계산하여 지급한다.

위 가)에서 계산된 생산비보장 보험금 × $\frac{\text{보험가입금액}}{\text{장미 단위면적당 나무고사보장생산비} \times \text{장미 재배면적}}$

3) 적용품목 : 부추

가) 생산비보장 보험금

보상하는 재해로 1사고마다 1동 단위로 아래와 같이 계산한 생산비보장 보험금이 10만 원을 초과하는 경우에 한하여 그 전액을 보험증권에 기재된 보험가입금액의 70% 내에서 보상한다.

부추 재배면적 × 부추 단위면적당 보장생산비 × 피해율 × 70%

나) 피해율

피해율 = 피해비율 × 손해정도비율 × (1 − 미보상비율)

※ 피해비율 = 피해면적(주수) ÷ 재배면적(주수)

〈손해정도에 따른 손해정도비율〉

손해정도	1 ~ 20%	21 ~ 40%	41 ~ 60%	61 ~ 80%	81 ~ 100%
손해정도비율	20%	40%	60%	80%	100%

다) 단, 위 가)의 경우에도 불구하고 부추 재배면적에 부추 단위면적당 보장생산비를 곱한 값이 보험가입금액보다 큰 경우에는 위에서 계산된 생산비보장 보험금을 아래와 같이 다시 계산하여 지급한다.

위 가)에서 계산된 생산비보장 보험금 × $\frac{\text{보험가입금액}}{\text{부추 단위면적당 보장생산비} \times \text{부추 재배면적}}$

4) 적용품목 : 시금치 · 파(쪽파) · 무 · 쑥갓

가) 생산비보장 보험금

보상하는 재해로 1사고마다 1동 단위로 생산비보장 보험금이 10만 원을 초과하는 경우에 그 전액을 보험가입금액 내에서 보상한다.

피해작물 재배면적 × 피해작물 단위 면적당 보장생산비 × 경과비율 × 피해율

나) 경과비율

수확기 이전 사고	수확기 중 사고
• 경과비율 = α + {(1−α) × (생장일수 ÷ 표준생장일수)} • 준비기생산비계수 = α (10%) • 생장일수 : 파종일로부터 사고발생일까지 경과일수 • 표준생장일수 : 파종일로부터 수확개시일까지 표준적인 생장일수 • 생장일수를 표준생장일수로 나눈 값은 1을 초과할 수 없음	• 경과비율 = 1 − (수확일수 ÷ 표준수확일수) • 수확일수 : 수확개시일부터 사고발생일까지 경과일수 • 표준수확일수 : 수확개시일부터 수확종료일까지의 일수 • 위 계산식에 따라 계산된 경과비율이 10% 미만인 경우 경과비율을 10%로 한다. ※ 단, 표준수확일수보다 실제수확개시일부터 수확종료일까지의 일수가 적은 경우는 제외한다.

다) 피해율

피해율 = 피해비율 × 손해정도비율 × (1 − 미보상비율)

※ 피해비율 = 피해면적(주수) ÷ 재배면적(주수)

〈손해정도에 따른 손해정도비율(아래)〉

손해정도	1 ~ 20%	21 ~ 40%	41 ~ 60%	61 ~ 80%	81 ~ 100%
손해정도비율	20%	40%	60%	80%	100%

라) 단, 위 가)의 경우에도 불구하고 피해작물 재배면적에 피해작물 단위면적당 보장생산비를 곱한 값이 보험가입금액보다 큰 경우에는 위에서 계산된 생산비보장 보험금을 아래와 같이 다시 계산하여 지급

$$\text{위 가)에서 계산된 생산비보장 보험금} \times \frac{\text{보험가입금액}}{\text{피해작물 단위면적당 보장생산비} \times \text{피해작물 재배면적}}$$

〈시설작물별 표준생장일수 및 표준수확일수〉

품목		표준생장일수	표준수확일수
딸기		90일	182일
오이		45일(75일)	-
토마토		80일(120일)	-
참외		90일	224일
풋고추		55일	-
호박		40일	-
수박		100일	-
멜론		100일	-
파프리카		100일	223일
상추		30일	-
시금치		40일	30일
국화	스탠다드형	120일	-
	스프레이형	90일	-
가지		50일	262일
배추		70일	50일
파	대파	120일	64일
	쪽파	60일	19일
무	일반	80일	28일
	기타	50일	28일
백합		100일	23일
카네이션		150일	224일
미나리		130일	88일
쑥갓		50일	51일
감자		110일	9일

※ 단, 괄호안의 표준생장일수는 9 ~ 11월에 정식하여 겨울을 나는 재배일정으로 3월 이후에 수확을 종료하는 경우에 적용함

※ 무 품목의 기타 품종은 알타리무, 열무 등 큰 무가 아닌 품종의 무임

※ 시설작물별 보장생산비는 별도로 정하는 바에 따름

5) 적용품목 : 표고버섯(원목재배)

가) 생산비보장 보험금

보상하는 재해로 1사고마다 생산비보장 보험금이 10만 원을 초과하는 경우에 그 전액을 보험가입금액 내에서 보상한다.

재배원목(본)수 × 원목(본)당 보장생산비 × 피해율

나) 피해율

피해율 = 피해비율 × 손해정도비율 × (1 − 미보상비율)

① 피해비율 : 피해원목(본)수 ÷ 재배원목(본)수

② 손해정도비율 : 원목(본)의 피해면적 ÷ 원목의 면적

〈표본원목수 표〉

피해 원목수	1,000본 이하	1,300본 이하	1,500본 이하	1,800본 이하	2,000본 이하	2,300본 이하	2,300본 초과
조사 표본수	10	14	16	18	20	24	26

다) 단, 위 가)의 경우에도 불구하고 재배원목(본)수에 원목(본)당 보장생산비를 곱한 값이 보험가입금액보다 큰 경우에는 위에서 계산된 생산비보장 보험금을 아래와 같이 다시 계산하여 지급

$$\text{위 가)에서 계산된 생산비보장 보험금} \times \frac{\text{보험가입금액}}{\text{원목(본)당보장생산비} \times \text{재배원목(본)수}}$$

6) 적용품목 : 표고버섯(톱밥배지재배)

가) 생산비보장 보험금

보상하는 재해로 1사고마다 생산비보장 보험금이 10만 원을 초과하는 경우에 그 전액을 보험가입금액 내에서 보상한다.

재배배지(봉)수 × 배지(봉)당 보장생산비 × 경과비율 × 피해율

나) 경과비율

수확기 이전 사고	수확기 중 사고
• 경과비율 = α + {(1 − α) × (생장일수 ÷ 표준생장일수)} • 준비기 생산비 계수 = α(66.3%) • 생장일수 = 종균접종일로부터 사고발생일까지 경과일수 • 표준생장일수 : 종균접종일로부터 수확개시일까지 표준적인 생장일수 • 생장일수를 표준생장일수로 나눈 값은 1을 초과할 수 없음	• 경과비율 = 1 − (수확일수 ÷ 표준수확일수) • 수확일수 = 수확개시일로부터 사고발생일까지 경과일수 • 표준수확일수 = 수확개시일부터 수확종료일까지의 일수

다) 피해율

피해율 = 피해비율 × 손해정도비율 × (1 − 미보상비율)

① 피해비율 : 피해배지(봉)수 ÷ 재배배지(봉)수

② 손해정도비율 : 손해정도에 따라 50%, 100%에서 결정

라) 단, 위 가)의 경우에도 불구하고 재배배지(봉)수에 배지(봉)당 보장생산비를 곱한 값이 보험가입금액보다 큰 경우에는 위에서 계산된 생산비보장 보험금을 아래와 같이 다시 계산하여 지급한다.

$$\text{위 가)에서 계산된 생산비보장 보험금} \times \frac{\text{보험가입금액}}{\text{배지(봉)당보장생산비} \times \text{재배배지(봉)수}}$$

7) 적용품목 : 느타리버섯(균상재배)

가) 생산비보장 보험금

보상하는 재해로 1사고마다 생산비보장 보험금이 10만 원을 초과하는 경우에 그 전액을 보험가입금액 내에서 보상한다.

재배면적 × 단위 면적당 보장생산비 × 경과비율 × 피해율

나) 경과비율

수확기 이전 사고	수확기 중 사고
• 경과비율 = α + [(1 − α) × (생장일수 ÷ 표준생장일수)] • 준비기 생산비 계수 = α (67.6%) • 생장일수 = 종균접종일로부터 사고발생일까지 경과일수 • 표준생장일수 : 종균접종일로부터 수확개시일까지 표준적인 생장일수 • 생장일수를 표준생장일수로 나눈 값은 1을 초과할 수 없음	• 경과비율 = 1 − (수확일수 ÷ 표준수확일수) • 수확일수 = 수확개시일로부터 사고발생일까지 경과일수 • 표준수확일수 = 수확개시일부터 수확종료일까지의 일수

다) 피해율

피해율 = 피해비율 × 손해정도비율 × (1 − 미보상비율)
※ 피해비율 = 피해면적(m^2) ÷ 재배면적(균상면적, m^2)

〈손해정도에 따른 손해정도비율〉

손해정도	1 ~ 20%	21 ~ 40%	41 ~ 60%	61 ~ 80%	81 ~ 100%
손해정도비율	20%	40%	60%	80%	100%

라) 단, 위 가)의 경우에도 불구하고 재배면적에 단위면적당 보장생산비를 곱한 값이 보험가입금액보다 큰 경우에는 위에서 계산된 생산비보장 보험금을 아래와 같이 다시 계산하여 지급

$$\text{위 가)에서 계산된 생산비보장 보험금} \times \frac{\text{보험가입금액}}{\text{단위면적당보장생산비} \times \text{재배면적}}$$

8) 적용품목 : 느타리버섯(병재배), 새송이버섯(병재배)

가) 생산비보장 보험금

재배병수 × 병당 보장생산비 × 경과비율 × 피해율

나) 경과비율 : 느타리버섯(병재배) 88.7%, 새송이버섯(병재배) 91.7%

다) 피해율

피해율 = 피해비율 × 손해정도비율 × (1 − 미보상비율)

※ 피해비율 = 피해병수 ÷ 재배병수

〈손해정도에 따른 손해정도비율〉

손해정도	1% ~ 20%	21% ~ 40%	41% ~ 60%	61% ~ 80%	81% ~ 100%
손해정도비율	20%	40%	60%	80%	100%

라) 단, 위 가)의 경우에도 불구하고 재배병수에 병당 보장생산비를 곱한 값이 보험가입금액보다 큰 경우에는 위에서 계산된 생산비보장 보험금을 아래와 같이 다시 계산하여 지급

$$\text{위 가)에서 계산된 생산비보장 보험금} \times \frac{\text{보험가입금액}}{\text{병당보장생산비} \times \text{재배병수}}$$

9) 적용품목 : 양송이버섯(균상재배)

가) 생산비보장 보험금

보상하는 재해로 1사고마다 생산비보장 보험금이 10만 원을 초과하는 경우에 그 전액을 보험가입금액 내에서 보상한다.

재배면적 × 단위 면적당 보장생산비 × 경과비율 × 피해율

나) 경과비율

수확기 이전 사고	수확기 중 사고
• 경과비율 = α + [(1 − α) × (생장일수 ÷ 표준생장일수)] • 준비기 생산비 계수 = α (75.3%) • 생장일수 = 종균접종일로부터 사고발생일까지 경과일수 • 표준생장일수 : 종균접종일로부터 수확개시일까지 표준적인 생장일수 • 생장일수를 표준생장일수로 나눈 값은 1을 초과할 수 없음	• 경과비율 = 1 − (수확일수 ÷ 표준수확일수) • 수확일수 = 수확개시일로부터 사고발생일까지 경과일수 • 표준수확일수 = 수확개시일부터 수확종료일까지 의 일수

다) 피해율

피해율 = 피해비율 × 손해정도비율 × (1 − 미보상비율)

※ 피해비율 = 피해면적(m^2) ÷ 재배면적(m^2)

〈손해정도에 따른 손해정도비율〉

손해정도	1 ~ 20%	21 ~ 40%	41 ~ 60%	61 ~ 80%	81 ~ 100%
손해정도비율	20%	40%	60%	80%	100%

라) 단, 위 가)의 경우에도 불구하고 재배면적에 단위면적당 보장생산비를 곱한 값이 보험가입금액보다 큰 경우에는 위에서 계산된 생산비보장 보험금을 아래와 같이 다시 계산하여 지급

$$\text{위 가)에서 계산된 생산비보장 보험금} \times \frac{\text{보험가입금액}}{\text{단위면적장보장생산비} \times \text{재배면적}}$$

〈버섯작물별 표준생장일수〉

품목	품종	표준생장일수
표고버섯(톱밥배지재배)	전체	90일
느타리버섯(균상재배)	전체	28일
양송이버섯(균상재배)	전체	30일

※ 버섯작물별 보장생산비는 별도로 정하는 바에 따름

03 핵심내용 정리하기

1 시설작물 보험금

1 딸기파

딸기파{딸기, 수박, 멜론, 토마토, 가지, 오이, 호박, 참외, 풋고추, 파(대파), 파프리카, 국화, 미나리, 배추, 상추, 백합, 카네이션}, 파(쪽파), 무, 시금치, 쑥갓, 감자

(1) 생산비보장 보험금

생산비보장 보험금 = 피해작물 재배면적 × 피해작물 단위 면적당 보장생산비 × 경과비율 × 피해율

(2) 피해율

피해율 = 피해비율 × 손해정도비율 × (1 − 미보상비율)

(3) 경과비율

1) 수확기 이전 사고

수확기 이전 사고 = 준 + {(1 − 준) × (생장일수 ÷ 표준생장일수)}

2) 수확기 중 사고

수확기 중 사고 = 1 − (수확일수 ÷ 표준수확일수)

(4) 준비기 생산비 계수

① 딸기파 = 40% (단, 국화·카네이션 재절화재배는 20%)

② 파(쪽파), 무, 시금치, 쑥갓 = 10%

2 장미

(1) 생산비보장 보험금

생산비보장 보험금 = 장미 재배면적 × 장미 단위면적당 나무생존(고사)시 보장생산비 × 피해율

(2) 피해율

피해율 = 피해비율 × 손해정도비율 × (1 − 미보상비율)

※ 나무고사 시 손해정도비율은 100%

3 부추

(1) 생산비보장 보험금

생산비보장 보험금 = 부추 재배면적 × 부추 단위면적당 보장생산비 × 피해율 × 70%

(2) 피해율

피해율 = 피해비율 × 손해정도비율 × (1 − 미보상비율)

2 버섯작물 보험금

1 **표고버섯**(원목재배)**外**

표고버섯(톱밥배지재배), 느타리버섯(균상재배, 병재배), 새송이버섯(병재배), 양송이버섯(균상재배)

(1) 생산비보장 보험금

생산비보장 보험금 = 재배{배지(봉)또는 병}수/면적 × {배지(봉)또는 병}당 보장생산비 × 경과비율 × 피해율

(2) 피해율

피해율 = 피해비율 × 손해정도비율 × (1 − 미보상비율)

(3) 경과비율 : 느타리버섯(병재배) 88.7%, 새송이버섯(병재배) 91.7%

1) 수확기 이전 사고

수확기 이전 사고 = 준 + {(1 − 준) × (생장일수 ÷ 표준생장일수)}

2) 수확기 중 사고

수확기 중 사고 = 1 − (수확일수 ÷ 표준수확일수)

3) 준비기생산비계수

① 표고버섯(톱밥배지재배) : 66.3%

② 느타리버섯(균상재배) : 67.6%

③ 양송이버섯(균상재배) : 75.3%

2 **표고버섯**(원목재배)

(1) 생산비보장 보험금

생산비보장 보험금 = 재배원목(본)수 × 원목(본)당 보장생산비 × 피해율

(2) 피해율

피해율 = 피해비율 × 손해정도비율 × (1 − 미보상비율)

3 농업용 시설물 보험금

1 지급보험금

지급보험금 = 손해액 − 자기부담금, 보험가입금액 한도

※ 손해액은 그 손해가 생긴 때와 곳에서의 가액에 따라 계산한다.

2 자기부담금

자기부담금 = 30만 원 ≤ 손해액의 10% ≤ 100만 원

① 피복재단독사고 시, 자기부담금 = 10만 원 ≤ 손해액의 10% ≤ 30만 원

② 화재 시, 자기부담금 적용 X

04 워크북으로 마무리하기

01 **다음은 원예시설작물의 사고일자에 관한 내용이다. 아래 괄호에 알맞은 내용을 순서대로 쓰시오.**

(1) 사고일자 확인 : (　　　), (　　　) 등을 토대로 사고일자를 특정한다.

수확기 이전 사고	연속적인 자연재해(폭염, 냉해 등)로 사고일자를 특정할 수 없는 경우에는 (　　)를 사고일자로 추정한다. 다만 지역적 재해 특성, 계약자별 피해 정도 등을 고려하여 이를 달리 정할 수 있다.
수확기 중 사고	연속적인 자연재해(폭염, 냉해 등)로 사고일자를 특정할 수 없는 경우에는 (　　)를 사고일자로 추정한다. 다만 지역적 재해 특성, 계약자별 피해 정도 등을 고려하여 이를 달리 정할 수 있다.

02 **다음은 원예시설작물 및 시설재배 버섯의 보험금 지급기준에 관한 내용이다. 아래 괄호에 알맞은 내용을 순서대로 쓰시오.**

- 보상하는 재해로 (　　)마다 (　　) 단위로 생산비보장 보험금이 (　　)하는 경우에 그 (　　) 을 보험가입금액 내에서 보상한다.
- (　　)에서 (　　) 사고가 난 경우 동일 작기 작물의 이전 사고의 피해를 감안하여 산출한다.

03 다음은 버섯작물에 관한 내용이다. 아래 괄호에 순서대로 알맞은 내용을 쓰시오.

〈버섯작물별 표준생장일수〉

품목	품종	표준생장일수
표고버섯(톱밥배지재배)	전체	(　　)
느타리버섯(균상재배)	전체	(　　)
양송이버섯(균상재배)	전체	(　　)

〈버섯작물별 준비기생산비계수〉

품목	준비기생산비계수
표고버섯(톱밥배지재배)	(　　)
느타리버섯(균상재배)	(　　)
양송이버섯(균상재배)	(　　)

04 종합위험방식 원예시설·버섯 품목에 관한 내용이다. 각 내용을 참조하여 다음 물음에 답하시오. (15점)

〈표고버섯(원목재배)〉

표본원목의 전체면적	표본원목의 피해면적	재배원목(본)수	피해원목(본)수	원목(본)당 보장생산비
$40m^2$	$20m^2$	2,000개	400개	7,000원

〈표고버섯(톱밥배지재배)〉

준비기 생산비 계수	피해배지(봉)수	재배배지(봉)수	손해정도비율
66.3%	500개	2,000개	40%

배지(봉)당 보장생산비	생장일수	비고
2,600원	45일	수확기 이전 사고임

〈느타리버섯(균상재배) 〉

준비기 생산비 계수	피해면적	재배면적	손해정도
67.6%	$500m^2$	$2,000m^2$	55%

단위면적당 보장생산비	생장일수	비고
11,480원	14일	수확기 이전 사고임

(1) 표고버섯(원목재배) 생산비보장 보험금의 계산과정과 값을 쓰시오. (5점)

(2) 표고버섯(톱밥배지재배) 생산비보장 보험금의 계산과정과 값을 쓰시오. (5점)

(3) 느타리버섯(균상재배) 생산비보장 보험금의 계산과정과 값을 쓰시오. (5점)

정답

01 답 : 계약자 면담, 기상청 자료, 기상특보 발령 일자, 최종 출하 일자 끝

02 답 : 1사고, 1동, 10만 원을 초과, 전액, 동일 작기, 2회 이상 끝

03 답 : 90일, 28일, 30일, 66.3%, 67.6%, 75.3% 끝

04

(1)

표고버섯(원목재배) 생산비보장 보험금
= 재배원목(본)수 × 원목(본)당 보장생산비 × 피해율
= 2,000개 × 7,000원/개 × 0.1 = 1,400,000원

피해율 = 피해비율 × 손해정도비율 × (1 − 미보상비율) = 0.2 × 0.5 × (1 − 0) = 0.1

피해비율 = 피해원목(본)수 ÷ 재배원목(본)수 = 400개 ÷ 2,000개 = 0.2

손해정도비율 = 표본원목의 피해면적 ÷ 표본원목의 전체면적
= $20m^2$ ÷ $40m^2$ = 0.5

답 : 1,400,000원 끝

(2)

표고버섯(톱밥배지재배) 생산비보장 보험금

= 재배배지(봉)수 × 배지(봉)당 보장생산비 × 경과비율 × 피해율

= 2,000개 × 2,600원/개 × 0.8315 × 0.1 = 432,380원

경과비율(수확기 이전사고) = α + (1 − α) × (생장일수 ÷ 표준생장일수)

= 0.663 + (1 − 0.663) × (45일 ÷ 90일) = 0.8315

표고버섯(톱밥배지재배) 표준생장일수 = 90일

피해율 = 피해비율 × 손해정도비율 × (1 − 미보상비율)

= 0.25 × 0.4 × (1 − 0) = 0.1

피해비율 = 피해배지(봉)수 ÷ 재배배지(봉)수 = 500개 ÷ 2,000개 = 0.25

답 : 432,380원 끝

(3)

느타리버섯(균상재배) 생산비보장 보험금 = 재배면적 × 단위면적당 보장생산비 × 경과비율 × 피해율

= 2,000m² × 11,480원/m² × 0.838 × 0.15 = 2,886,072원

경과비율(수확기 이전사고) = α + (1 − α) × (생장일수 ÷ 표준생장일수)

= 0.676 + (1 − 0.676) × (14일 ÷ 28일) = 0.838

피해율 = 피해비율 × 손해정도비율 × (1 − 미보상비율)

= 0.25 × 0.6 × (1 − 0) = 0.15

피해비율 = 피해면적 ÷ 재배면적 = 500m² ÷ 2,000m² = 0.25

손해정도 55% → 손해정도비율 60%

답 : 2,886,072원 끝

제5절 농업수입보장방식의 손해평가 및 보험금 산정

01 기출유형 확인하기

제2회 다음의 계약사항과 보상하는 손해에 따른 조사내용에 관하여 수확량, 기준수입, 실제수입, 피해율, 농업수입감소보험금을 구하시오. (15점)

제3회 아래 조건에 의해 농업수입감소보장 포도 품목의 피해율 및 농업수입감소보험금을 산출하시오. (15점)

제4회 농업수입보장보험 마늘 품목에 한해와 조해피해가 발생하여 아래와 같이 수확량조사를 하였다. 계약사항과 조사내용을 토대로 하여 ① 표본구간 단위면적당 수확량, ② 수확량, ③ 실제수입, ④ 피해율, ⑤ 보험가입금액 및 농업수입감소보험금의 계산과정과 값을 각각 구하시오. (15점)

제6회 다음의 계약사항과 조사내용을 참조하여 ① 수확량(kg), ② 피해율(%) 및 ③ 보험금을 구하시오. (15점)

제7회 수확량의 계산과정과 값을 쓰시오. (5점)

피해율의 계산과정과 값을 쓰시오. (5점)

농업수입감소보험금의 계산과정과 값을 쓰시오. (5점)

제8회 기준가격의 계산과정과 값을 쓰시오. (5점)

수확기가격의 계산과정과 값을 쓰시오. (5점)

농업수입감소보장보험금의 계산과정과 값을 쓰시오. (5점)

02 기본서 내용 익히기

I 농업수입보장방식 과수(포도, 비가림시설)

농업수입보장보험	• 기존 농작물재해보험에 농산물 가격하락을 반영한 농업수입감소를 보장하는 보험으로, 수확량감소에 따른 계약자의 손해에 농산물 가격하락에 의한 손해까지 더하여 보상한다.
농업수입감소보험금의 산출 시 가격	• 농업수입감소보험금의 산출 시 가격은 기준가격과 수확기가격 중 낮은 가격을 적용한다. • 즉, 수확기가격이 상승한 경우 보험금 지급에 적용되는 가격은 가입할 때 결정된 기준가격이다. 따라서, 실제수입을 산정할 때 실제수확량이 평년수확량보다 적은 상황이 발생한다면 수확기가격이 기준가격을 초과하더라도 수확량 감소에 의한 손해는 농업 수입감소보험금으로 지급된다.

1 시기별 조사종류

1 조사종류

(종합위험방식과 동일) 피해사실 확인조사, 착과수조사, 과중 조사, 착과피해조사, 낙과피해조사, 고사나무조사, 비가림시설피해 조사

2 손해평가 현지조사방법

1 피해사실 확인조사

(1) **조사대상** : 대상 재해로 사고접수 농지 및 조사 필요 농지

(2) **대상 재해** : 자연재해, 조수해(鳥獸害), 화재, 가격하락

(3) **조사시기** : 사고접수 직후 실시

(4) **조사방법**

1) 「피해사실 "조사방법" 준용」

2) 수확량조사 필요 여부 판단

보상하는 재해 여부 및 피해 정도 등을 감안하여 추가조사(수확량조사)가 필요한지를 판단하여 해당 내용에 대하여 계약자에게 안내하고, 추가조사가(수확량조사) 필요할 것으로 판단된 경우에는 수확기에 손해평가반구성 및 추가조사 일정을 수립한다.

2 수확량조사

본 항의 수확량조사는 포도 품목에만 해당하며, 다음 호의 조사종류별 방법에 따라 실시한다.

(1) 착과수조사

1) 조사대상 : 사고 여부와 관계없이 보험에 가입한 농지

2) 대상 재해 : 해당 없음

3) 조사시기 : 최초 수확 품종 수확기 직전

4) 조사방법

가) 나무수조사

농지내 품종별·수령별 실제결과주수, 미보상주수 및 고사나무주수를 파악한다.

나) 조사대상주수 계산

품종별·수령별 실제결과주수에서 미보상주수 및 고사나무주수를 빼서 조사대상주수를 계산한다.

다) 표본주수 산정

① 과수원별 전체 조사대상주수를 기준으로 품목별 표본주수표에 따라 농지별 전체 표본주수를 산정한다.

② 적정 표본주수는 품종별·수령별 조사대상주수에 비례하여 산정하며, 품종별·수령별 적정표본주수의 합은 전체 표본주수보다 크거나 같아야 한다.

라) 표본주 선정

① 조사대상주수를 농지별 표본주수로 나눈 표본주 간격에 따라 표본주 선정 후 해당 표본주에 표시리본을 부착

② 동일품종·동일재배방식·동일수령의 농지가 아닌 경우에는 품종별·재배방식별·수령별 조사대상주수의 특성 이 골고루 반영될 수 있도록 표본주를 선정

마) 착과된 전체 과실수 조사

선정된 표본주별로 착과된 전체 과실수를 조사하되, 품종별 수확 시기 차이에 따른 자연낙과를 감안한다.

바) 품목별 미보상비율 적용표에 따라 미보상비율을 조사한다.

(2) 과중조사

1) 조사대상 : 사고가 접수가 된 농지(단, 수입보장포도는 가입된 모든 농지 실시)

2) 조사시기 : 품종별 수확시기에 각각 실시

3) 조사방법

가) 표본 과실 추출

① 품종별로 착과가 평균적인 3주 이상의 나무에서 크기가 평균적인 과실을 20개 이상 추출한다.

② 표본 과실수는 농지 당 60개(포도는 30개) 이상 이어야 한다.

나) 품종별 과실 개수와 무게 조사

추출한 표본 과실을 품종별로 구분하여 개수와 무게를 조사한다.

다) 미보상비율 조사

품목별 미보상비율 적용표에 따라 미보상비율을 조사하며, 품종별로 미보상비율이 다를 경우에는 품종별 미보상비율 중 가장 높은 미보상비율을 적용한다. 다만, 재조사 또는 검증조사로 미보상비율이 변경된 경우에는 재조사 또는 검증조사의 미보상비율을 적용한다.

라) 과중조사 대체

위 사항에도 불구하고 현장에서 과중 조사를 실시하기가 어려운 경우, 품종별 평균과중을 적용(자두 제외)하거나 증빙자료가 있는 경우에 한하여 농협의 품종별 출하자료로 과중 조사를 대체할 수 있다(수확 전 대상 재해 발생 시 계약자는 수확개시 최소 10일 전에 보험가입 대리점으로 수확 예정일을 통보하고 최초 수확 1일 전에는 조사를 실시한다.).

(3) 착과피해조사

1) 조사시기

① 착과피해조사는 착과피해를 유발하는 재해가 있을 경우에만 시행하며, 해당 재해 여부는 재해의 종류와 과실의 상태 등을 고려하여 조사자가 판단한다.

② 착과된 과실에 대한 피해 정도를 조사하는 것으로 해당 피해에 대한 확인이 가능한 시기에 실시하며, 필요 시 품종별로 각각 실시할 수 있다.

2) 조사방법

가) 착과수조사

① 착과피해조사에서는 가장 먼저 착과수를 확인하여야 하며, 이때 확인할 착과수 는 수확 전 착과수조사와는 별개의 조사를 의미한다.

② 다만, 이전 실시한 착과수조사(이전 착과피해조사 시 실시한 착과수조사 포함)의 착과수와 착과피해조사 시점의 착과수가 큰 차이가 없는 경우에는 별도의 착과수 확인 없이 이전에 실시한 착과수조사 값으로 대체 할 수 있다.

주수조사	• 농지내 품종별·수령별 실제결과주수, 수확완료주수, 미보상주수 및 고사나무주수를 파악한다.
조사대상주수 계산	• 실제결과주수에서 수확완료주수, 미보상주수 및 고사나무주수를 뺀 조사대상주수를 계산한다.
적정 표본주수 산정	• 조사대상주수를 기준으로 적정 표본주수를 산정한다.

※ 이후 조사방법은 이전 착과수조사방법과 같다.

나) 품종별 표본과실 선정 및 피해구성조사

표본과실 추출	• 착과수 확인이 끝나면 수확이 완료되지 않은 품종별로 표본 과실을 추출한다. • 이때 추출하는 표본 과실수는 품종별 20개 이상 (포도 농지당 30개 이상)으로 하며 표본 과실을 추출할 때에는 품종별 3주 이상의 표본주에서 추출한다.
피해구성조사	• 추출한 표본 과실을 "과실분류에 따른 피해인정계수표"에 따라 품종별로 구분하여 해당 과실 개수를 조사한다.

다) 조사 당시 수확이 완료된 품종이 있거나 피해가 경미하여 피해구성조사가 의미가 없을 때 : 품종별로 피해구성조사를 생략할 수 있다.

(4) 낙과피해조사

1) 조사대상 : 낙과피해조사는 착과수조사 이후 낙과피해가 발생한 농지에 대하여 실시한다.

2) 조사방법

가) 보상하는 재해 여부 심사

농지 및 작물 상태 등을 감안하여 보상하는 재해로 인한 피해가 맞는지 확인하며, 필요시에는 이에 대한 근거자료(피해사실 확인조사 참조)를 확보한다.

나) 표본조사

낙과피해조사는 표본조사로 실시한다(단, 계약자 등이 낙과된 과실을 한 곳에 모아둔 경우 등 표본조사가 불가능한 경우에 한하여 전수조사를 실시한다).

주수조사	• 농지내 품종별·수령별 실제결과주수, 수확완료주수, 미보상주수 및 고사나무주수를 파악한다.
조사대상주수 계산	• 실제결과주수에서 수확완료주수, 미보상주수 및 고사나무주수를 뺀 조사대상주수를 계산한다.
적정표본주수 산정	• 조사대상주수를 기준으로 농지별 전체 적정표본주수를 산정하되, 품종별·수령별 표본주수는 품종별·수령별 조사대상주수에 비례하여 산정한다. • 선정된 품종별·수령별 표본주수를 바탕으로 품종별·수령별 조사대상주수의 특성이 골고루 반영될 수 있도록 표본주를 선정하고, 표본주별로 수관면적 내에 있는 낙과수를 조사한다(이때 표본주의 수관면적 내의 낙과는 표본주와 품종이 다르더라도 해당 표본주의 낙과로 본다).

다) 전수조사

낙과수 전수조사 시에는 농지 내 전체 낙과를 품종별로 구분하여 조사한다. 단, 전체 낙과에 대하여 품종별 구분이 어려운 경우에는 전체 낙과수를 세고 전체 낙과수 중 100개 이상의 표본을 추출하여 해당 표본의 품종을 구분하는 방법을 사용한다.

라) 품종별 표본과실 선정 및 피해구성조사

낙과수 확인이 끝나면 낙과 중 품종별로 표본 과실을 추출한다. 이때 추출하는 표본 과실수는 품종별 20개 이상(포도는 농지당 30개 이상)으로 하며, 추출한 "표본 과실을 과실분류에 따른 피해 인정계수"에 따라 품종별로 구분하여 해당 과실 개수를 조사한다(다만, 전체 낙과수가 30개 미만일 경우 등에는 해당 기준 미만으로도 조사가 가능하다).

마) 조사 당시 수확기에 해당하지 않는 품종이 있거나 낙과의 피해 정도가 심해 피해 구성조사가 의미가 없는 경우 등에는 품종별로 피해 구성조사를 생략할 수 있다.

3 고사나무조사

본 항의 고사나무조사는 다음 각 호의 조사방법에 따라 실시한다.

(1) **조사대상** : 나무손해보장특약 가입 여부 및 사고접수 여부 확인 해당 특약을 가입한 농지 중 사고가 접수된 모든 농지에 대해서 고사나무조사를 실시한다.

(2) 조사시기의 결정

고사나무조사는 수확완료 시점 이후에 실시하되, 나무손해보장특약 종료 시점을 고려하여 결정한다.

(3) 보상하는 재해 여부 심사

농지 및 작물 상태 등을 감안하여 보상하는 재해로 인한 피해가 맞는지 확인하며, 필요시에는 이에 대한 근거 자료(피해사실 확인조사 참조)를 확보할 수 있다.

(4) 주수조사

품종별·수령별로 실제결과주수, 수확완료 전 고사주수, 수확완료 후 고사주수 및 미보상 고사주수를 조사한다.

수확완료 전 고사주수	고사나무조사 이전 조사(착과수조사, 착과피해조사, 낙과피해조사 및 수확개시 전·후 수확량조사)에서 보상하는 재해로 고사한 것으로 확인된 주수를 말함
수확완료 후 고사주수	보상하는 재해로 고사한 나무 중 고사나무조사 이전 조사에서 확인되지 않은 나무주수를 말함
미보상 고사주수	보상하는 재해 이외의 원인으로 고사한 나무주수를 의미하며 고사나무조사 이전 조사(착과수조사, 착과피해조사 및 낙과피해조사)에서 보상하는 재해 이외의 원인으로 고사하여 미보상주수로 조사된 주수를 포함

(5) 수확완료 후 고사주수가 없는 경우

수확완료 후 고사주수가 없는 경우(계약자 유선 확인 등)에는 고사나무조사를 생략할 수 있다.

4 비가림시설 피해조사

(1) **조사기준** : 해당 목적물인 비가림시설의 구조체와 피복재의 재조달가액을 기준금액으로 수리비를 산출한다.

(2) **평가단위** : 물리적으로 분리 가능한 시설 1동을 기준으로 보험목적물별로 평가한다.

(3) **조사방법**

1) 피복재 : 피복재의 피해면적을 조사한다.

2) 구조체

① 손상된 골조를 재사용할 수 없는 경우 : 교체 수량 확인 후 교체 비용 산정

② 손상된 골조를 재사용할 수 있는 경우 : 보수 면적확인 후 보수 비용 산정

3 보험금 산정방법 및 지급기준

1 농업수입감소보험금 산정

① 보험기간 내에 보상하는 재해로 피해율이 자기부담비율을 초과하는 경우 아래와 같이 계산한 농업수입감소보험금을 지급한다.

> 농업수입감소보험금 = 보험가입금액 × (피해율 − 자기부담비율)
> ※ 피해율 = (기준수입 − 실제수입) ÷ 기준수입

② 기준수입은 평년수확량에 농지별 기준가격을 곱하여 산출한다.

> 기준수입 = 평년수확량 × 농지별 기준가격

③ 실제수입은 수확기에 조사한 수확량(다만, 수확량조사를 하지 아니한 경우에는 평년수확량)에 미보상감수량을 더한 값에 농지별 기준가격과 농지별 수확기가격 중 작은 값을 곱하여 산출한다.

> 실제수입 = (수확량 + 미보상감수량) × 최소값(농지별 기준가격, 농지별 수확기가격)

④ 계약자 또는 피보험자의 고의 또는 중대한 과실로 수확량조사를 하지 못하여 수확량을 확인할 수 없는 경우에는 농업수입감소보험금을 지급하지 않는다.

⑤ 자기부담비율은 보험가입할 때 계약자가 선택한 비율로 한다.

⑥ 포도의 경우 착색 불량된 송이는 상품성 저하로 인한 손해로 보아 감수량에 포함되지 않는다.

2 수확량감소 추가보장특약의 보험금

보상하는 재해로 피해율이 자기부담비율을 초과하는 경우 적용한다.

보험금 = 보험가입금액 × (피해율 × 10%)

※ 피해율 = (평년수확량 − 수확량 − 미보상감수량) ÷ 평년수확량

3 나무손해보장특약의 보험금 : 보험금은 다음과 같다.

(1) 보험금

보험금 = 보험가입금액 × (피해율 − 자기부담비율)

(2) 피해율

피해율 = 피해주수(고사된 나무) ÷ 실제결과주수

(3) 피해주수 : 피해주수는 수확 전 고사주수와 수확완료 후 고사주수를 더하여 산정하며, 미보상 고사주수는 피해주수에서 제외한다.

(4) 대상품목 및 자기부담비율 : 약관에 따른다.

4 비가림시설 보험금 산정

① 손해액이 자기부담금을 초과하는 경우 아래와 같이 계산한 보험금을 지급한다.

- 재해보험사업자가 보상할 손해액은 그 손해가 생긴 때와 곳에서의 가액에 따라 계산한다.
- 재해보험사업자는 1사고 마다 재조달가액(보험의 목적과 동형·동질의 신품을 조달하는데 소요되는 금액을 말한다. 이하 같다) 기준으로 계산한 손해액에서 자기부담금을 차감한 금액을 보험가입금액 내에서 보상한다.

지급보험금 = Min(손해액 − 자기부담금, 보험가입금액)

② 동일한 계약의 목적과 동일한 사고에 관하여 보험금을 지급하는 다른 계약(공제계약을 포함한다)이 있고 이들의 보험가입금액의 합계액이 보험가액보다 클 경우에는 아래에 따라 지급보험금을 계산한다. 이 경우 보험자 1인에 대한 보험금 청구를 포기한 경우에도 다른 보험자의 지급보험금 결정에는 영향을 미치지 않는다.

〈다른 계약이 이 계약과 지급보험금의 계산 방법이 같은 경우〉

$$\text{손해액} \times \frac{\text{이계약의 보험가입금액}}{\text{다른 계약이 없는 것으로 하여 각각계산한 보험가입금액의 합계액}}$$

〈다른 계약이 이 계약과 지급보험금의 계산 방법이 다른 경우〉

$$\text{손해액} \times \frac{\text{이계약의 보험금}}{\text{다른 계약이 없는 것으로하여 각각계산한 보험금의 합계액}}$$

- 이 보험계약이 타인을 위한 보험계약이면서 보험계약자가 다른 계약으로 인하여 「상법」 제682조에 따른 대위권 행사의 대상이 된 경우에는 실제 그 다른 계약이 존재함에도 불구하고 그 다른 계약이 없다는 가정하에 계산한 보험금을 그 다른 보험계약에 우선하여 이 보험계약에서 지급한다.
- 이 보험계약을 체결한 재해보험사업자가 타인을 위한 보험에 해당하는 다른 계약의 보험계약자에게 「상법」 제682조에 따른 대위권을 행사할 수 있는 경우에는 이 보험계약이 없다는 가정하에 다른 계약에서 지급받을 수 있는 보험금을 초과한 손해액을 이 보험계약에서 보상한다.

③ 하나의 보험가입금액으로 둘 이상의 보험의 목적을 계약한 경우에는 전체가액에 대한 각 가액의 비율로 보험가입금액을 비례배분하여 가)항 또는 나)항의 규정에 따라 지급보험금을 계산한다.

④ 재해보험사업자는 보험의 목적이 손해를 입은 장소에서 실제로 수리 또는 복구되지 않은 때에는 재조달가액에 의한 보상을 하지 않고 시가(감가상각된 금액)로 보상한다.

⑤ 계약자 또는 피보험자는 손해 발생 후 늦어도 180일 이내에 수리 또는 복구 의사를 재해보험사업자에 서면으로 통지해야 한다.

⑥ 자기부담금을 다음과 같이 산정한다.

- 재해보험사업자는 최소자기부담금(30만 원)과 최대자기부담금(100만 원)을 한도로 보험사고로 인하여 발생한 손해액의 10%에 해당하는 금액을 자기부담금으로 한다. 다만, 피복재 단독사고는 최소자기부담금(10만 원)과 최대자기부담금(30만 원)을 한도로 한다.
- 제①항의 자기부담금은 단지 단위, 1사고 단위로 적용한다.

⑦ 보험금 등의 지급한도

- 보상하는 손해로 지급할 보험금과 잔존물 제거비용은 상기 ① ~ ⑤의 방법을 적용하여 계산하고, 그 합계액은 보험증권에 기재된 보험가입금액을 한도로 한다. 단, 잔존물 제거비용은 손해액의 10%를 초과할 수 없다.
- 비용손해 중 손해방지 비용, 대위권 보전비용, 잔존물 보전비용은 상기 ① ~ ⑥의 방법을 적용하여 계산한 금액이 보험가입금액을 초과하는 경우에도 지급한다.
- 비용손해 중 기타 협력비용은 보험가입금액을 초과한 경우에도 전액 지급한다.

II 농업수입보장방식 밭작물{마늘, 양파, 양배추, 고구마, 감자(가을재배), 콩}

1 시기별 조사종류

1 조사종류

(종합위험방식과 동일) 피해사실 확인조사, 재파종조사(마늘만 해당), 재정식조사(양배추만 해당), 경작불능조사, 수확량조사

2 손해평가 현지조사방법

1 피해사실 확인조사

(1) **조사대상** : 대상 재해로 사고접수 농지 및 조사 필요 농지

(2) **대상 재해** : 자연재해, 조수해(鳥獸害), 화재, 병해충(감자 품목만 해당)

(3) **조사시기** : 사고접수 직후 실시

(4) **조사방법**

1) 「피해사실 "조사방법" 준용」

2) 추가조사 필요 여부 판단

보상하는 재해 여부 및 피해 정도 등을 감안하여 추가조사(재정식조사, 재파종조사, 경작불능조사 및 수확량조사)가 필요한지 여부를 판단하여 해당 내용에 대하여 계약자에게 안내하고, 추가조사가 필요할 것으로 판단된 경우에는 손해평가반 구성 및 추가조사 일정을 수립한다.

2 재파종조사

(1) **적용품목** : 마늘

(2) **조사대상** : 피해사실 확인조사 시 재파종 조사가 필요하다고 판단된 농지

(3) **조사시기** : 피해사실 확인조사 직후 또는 사고접수 직후

(4) 조사방법

1) 보상하는 재해 여부 심사

농지 및 작물 상태 등을 감안하여 보상하는 재해로 인한 피해가 맞는지 확인하며, 필요시에는 이에 대한 근거자료(피해 사실확인조사 참조)를 확보한다.

2) 실제 경작면적확인

GPS 면적측정기 또는 지형도 등을 이용하여 보험 가입면적과 실제 경작면적을 비교한다. 이때 실제 경작면적이 보험 가입면적 대비 10% 이상 차이가 날 경우에는 계약사항을 변경해야 한다.

3) 재파종 보험금 지급 대상 여부 조사(재파종 전(前)조사)

가) 표본구간수 산정

조사대상 면적 규모에 따라 적정 표본구간수 이상의 표본구간수를 산정한다. 다만 가입면적과 실제 경작면적이 10% 이상 차이가 날 경우(계약 변경 대상 건)에는 실제 경작면적을 기준으로 표본구간수를 산정한다.

조사대상 면적 = 실제 경작면적 − 고사면적 − 타작물 및 미보상면적 − 기수확면적

나) 표본구간 선정

선정한 표본구간수를 바탕으로 재배 방법 및 품종 등을 감안하여 조사대상 면적에 동일한 간격으로 골고루 배치될 수 있도록 표본구간을 선정한다. 다만, 선정한 지점이 표본으로 부적합한 경우(해당 지점 마늘의 출현율이 현저히 높거나 낮아서 표본으로 대표성을 가지기 어려운 경우 등)에는 가까운 위치의 다른 지점을 표본구간으로 선정한다.

다) 표본구간 길이 및 출현주수 조사

선정된 표본구간별로 이랑 길이 방향으로 식물체 8주 이상(또는 1m)에 해당하는 이랑 길이, 이랑 폭(고랑 포함) 및 출현주수를 조사한다.

4) 재파종 이행 완료 여부 조사(재파종 후(後)조사)

가) 조사대상 농지 및 조사시기 확인

재파종 보험금 대상 여부 조사(1차 조사) 시 재파종 보험금 대상으로 확인된 농지에 대하여, 재파종이 완료된 이후 조사를 진행한다.

나) 표본구간 선정

재파종 보험금 대상 여부 조사(재파종 전 조사)에서와 같은 방법으로 표본구간을 선정한다.

다) 표본구간 길이 및 파종주수 조사

선정된 표본구간별로 이랑 길이, 이랑 폭 및 파종주수를 조사한다.

3 재정식조사

(1) 적용품목 : 양배추

(2) 조사대상 : 피해사실 확인조사시 재정식조사가 필요하다고 판단된 농지

(3) 조사시기 : 피해사실 확인조사 직후 또는 사고접수 직후

(4) 조사방법

1) 보상하는 재해 여부 심사

농지 및 작물 상태 등을 감안하여 보상하는 재해로 인한 피해가 맞는지 확인하며, 필요시에는 이에 대한 근거자료(피해사실 확인조사 참조)를 확보할 수 있다.

2) 실제 경작면적확인

GPS 면적측정기 또는 지형도 등을 이용하여 보험 가입면적과 실제 경작면적을 비교한다. 이때 실제 경작면적이 보험 가입면적 대비 10% 이상 차이가 날 경우에는 계약사항을 변경해야 한다.

3) 재정식 보험금 지급 대상 여부 조사(재정식 전(前)조사)

가) 피해면적확인

GPS 면적측정기 또는 지형도 등을 이용하여 실제 경작면적 대비 피해면적을 비교 및 조사한다.

나) 피해면적의 판정 기준

작물이 고사되거나 살아 있으나 수확이 불가능할 것으로 판단된 면적

4) 재정식 이행완료 여부 조사(재정식 후(後)조사)

재정식 보험금 지급 대상 여부 조사(전(前)조사) 시 재정식 보험금 지급 대상으로 확인된 농지에 대하여, 재정식이 완료되었는지를 조사한다. 피해면적 중 일부에 대해서만 재정식이 이루어진 경우에는, 재정식이 이루어지지 않은 면적은 피해면적에서 제외한다.

5) 농지별 상황에 따라 재정식 전 조사를 생략하고 재정식 후(後)조사 시 면적조사(실제경작면적 및 피해면적)를 실시할 수 있다.

4 경작불능조사

(1) **적용품목** : 마늘, 양파, 양배추, 감자(가을재배), 고구마, 콩

(2) **조사대상** : 피해사실 확인조사 시 경작불능조사가 필요하다고 판단된 농지 또는 사고접수 시 이에 준하는 피해가 예상되는 농지

(3) **조사시기** : 피해사실 확인조사 직후 또는 사고접수 직후

(4) **경작불능 보험금 지급 대상 여부 조사**(경작불능 전(前)조사)

1) 보상하는 재해 여부 심사

농지 및 작물 상태 등을 감안하여 보상하는 재해로 인한 피해가 맞는지 확인하며, 필요시에는 이에 대한 근거자료(피해사실 확인조사 참조)를 확보한다.

2) 실제 경작면적확인

GPS 면적측정기 또는 지형도 등을 이용하여 보험 가입면적과 실제 경작면적을 비교한다. 이때 실제 경작면적이 보험 가입면적 대비 10% 이상 차이가 날 경우에는 계약사항을 변경해야 한다.

3) 식물체 피해율 조사

목측 조사를 통해 조사대상 농지에서 보상하는 재해로 인한 식물체 피해율(고사식물체(수 또는 면적)를 보험 가입식물체(수 또는 면적)로 나눈 값을 의미하며, 고사식물체 판정의 기준은 해당 식물체의 수확 가능 여부임)이 65% 이상 여부를 조사한다.

4) 계약자의 경작불능보험금 신청 여부 확인

식물체 피해율이 65% 이상인 경우 계약자에게 경작불능보험금 신청 여부를 확인한다.

5) 수확량조사대상 확인

식물체 피해율이 65% 미만이거나, 식물체 피해율이 65% 이상이 되어도 계약자가 경작불능보험금을 신청하지 않은 경우에는 향후 수확량조사가 필요한 농지로 결정한다(콩, 팥 제외).

6) 산지폐기 여부 확인(경작불능 후(後)조사)

마늘, 양파, 양배추, 감자(봄재배, 가을재배, 고랭지재배), 고구마, 옥수수, 사료용 옥수수, 콩, 팥 품목에 대하여 경작불능 전(前) 조사에서 보상하는 재해로 식물체 피해율이 65% 이상인 농지에 대하여, 산지폐기 등으로 작물이 시장으로 유통되지 않은 것을 확인한다.

5 수확량조사

(1) 적용품목 : 마늘, 양파, 양배추, 감자(가을재배), 고구마, 콩

(2) 조사대상

① 피해사실 확인조사 시 수확량조사가 필요하다고 판단된 농지 또는 경작불능조사 결과 수확량조사를 실시하는 것으로 결정된 농지

② 수확량조사 전 계약자가 피해 미미(자기부담비율 이내의 사고) 등의 사유로 수확량조사 실시를 취소한 농지는 수확량조사를 실시하지 않는다.

(3) 손해조사방법

1) 보상하는 재해 여부 심사

농지 및 작물 상태 등을 감안하여 보상하는 재해로 인한 피해가 맞는지 확인하며, 필요시에는 이에 대한 근거자료(피해사실 확인조사 참조)를 확보할 수 있다.

2) 수확량조사 적기 판단 및 시기 결정

해당 작물의 특성에 맞게 아래 표에서 수확량조사 적기 여부를 확인하고 이에 따른 조사시기를 결정한다.

〈품목별 수확량조사 적기〉

품목	수확량조사 적기
콩	콩잎이 누렇게 변하여 떨어지고 꼬투리의 80 ~ 90% 이상이 고유한 성숙(황색)색깔로 변하는 시기인 생리적 성숙기로부터 7 ~ 14일이 지난 시기
양배추	결구 형성이 완료된 때
양파	양파의 비대가 종료된 시점 (식물체의 도복이 완료된 때)
감자 (가을재배)	감자의 비대가 종료된 시점 (파종일로부터 제주지역은 110일 이후, 이외 지역은 95일 이후)

품목	수확량조사 적기
마늘	마늘의 비대가 종료된 시점 (잎과 줄기가 1/2 ~ 2/3 황변하여 말랐을 때와 해당 지역의 통상 수확기가 도래하였을 때)
고구마	고구마의 비대가 종료된 시점 (삽식일로부터 120일 이후에 농지별로 적용)

3) 수확량조사 재조사 및 검증조사

수확량 조사 실시 후 2주 이내에 수확을 하지 않을 경우 재조사 또는 검증조사를 실시할 수 있다.

4) 면적확인

실제 경작면적확인	GPS 면적측정기 또는 지형도 등을 이용하여 보험 가입면적과 실제 경작면적을 비교한다. 이때 실제 경작면적이 보험 가입면적 대비 10% 이상 차이가 날 경우에는 계약 사항을 변경해야 한다.
수확불능(고사)면적확인	보상하는 재해로 인하여 해당 작물이 수확될 수 없는 면적을 확인한다.
타작물 및 미보상 면적확인	해당 작물 외의 작물이 식재되어 있거나 보상하는 재해 이외의 사유로 수확이 감소한 면적을 확인한다.
기수확면적확인	조사 전에 수확이 완료된 면적을 확인한다.
조사대상 면적확인	실제경작면적에서 고사면적, 타작물 및 미보상면적, 기수확면적을 제외하여 조사대상 면적을 확인한다.

5) 조사방법 결정

품목 및 재배 방법 등을 참고하여 다음의 적절한 조사방법을 선택한다.

가) 표본조사방법

적용품목	마늘, 양파, 양배추, 감지(가을재배), 고구마, 콩
표본구간수 산정	조사대상 면적 규모에 따라 적정 표본구간수 이상의 표본구간수를 산정한다. 다만, 가입면적과 실제 경작면적이 10% 이상 차이가 날 경우(계약 변경 대상)에는 실제 경작면적을 기준으로 표본구간수를 산정한다.
표본구간 선정	선정한 표본구간수를 바탕으로 재배 방법 및 품종 등을 감안하여 조사대상 면적에 동일한 간격으로 골고루 배치될 수 있도록 표본구간을 선정한다. 다만, 선정한 구간이 표본으로 부적합한 경우(해당 지점 작물의 수확량이 현저히 많거나 적어서 표본으로 대표성을 가지기 어려운 경우 등)에는 가까운 위치의 다른 구간을 표본구간으로 선정한다.
표본구간 면적 및 수확량조사	해당 품목별로 선정된 표본구간의 면적을 조사하고, 해당 표본구간에서 수확한 작물의 수확량을 조사한다.

※ 양파, 마늘의 경우 지역별 수확 적기보다 일찍 조사를 하는 경우, 수확 적기까지 잔여일수별 비대지수를 추정하여 적용할 수 있다.

〈품목별 표본구간 면적조사방법〉

품목	표본구간 면적 조사방법
콩	점파 : 이랑 길이(4주 이상) 및 이랑 폭 조사 산파 : 규격의 원형($1m^2$) 이용 또는 표본구간의 가로·세로 길이 조사
양파, 마늘, 양배추, 감자(가을재배), 고구마	이랑 길이(5주 이상) 및 이랑 폭 조사

나) 전수조사방법

적용품목	콩
전수조사대상 농지 여부 확인	전수조사는 기계수확(탈곡 포함)을 하는 농지 또는 수확 직전 상태가 확인된 농지 중 자른 작물을 농지에 그대로 둔 상태에서 기계 탈곡을 시행하는 농지에 한한다.

중량 조사	대상 농지에서 수확한 전체 콩(종실)의 무게를 조사하며, 전체 무게 측정이 어려운 경우에는 10포대 이상의 포대를 임의로 선정하여 포대당 평균 무게를 구한 후 해당 수치에 수확한 전체 포대 수를 곱하여 전체 무게를 산출한다.
콩(종실)의 함수율 조사	10회 이상 종실의 함수율을 측정 후 평균값을 산출한다. 단, 함수율을 측정할 때에는 각 횟수마다 각기 다른 포대에서 추출한 콩을 사용한다.

6 미보상비율 조사(모든 조사 시 동시조사) : 상기 모든 조사마다 미보상비율 적용표에 따라 미보상비율을 조사한다.

〈품목별 표본구간별 수확량조사방법〉

품목	표본구간별 수확량조사방법
콩	• 표본구간 내 콩을 수확하여 꼬투리를 제거한 후 콩 종실의 무게 및 함수율(3회 평균) 조사
양배추	• 표본구간 내 작물의 뿌리를 절단하여 수확(외엽 2개 내외 부분을 제거)한 후, 정상 양배추와 80%피해 양배추(일반시장에 출하할 때 정상 양배추에 비해 50% 정도의 가격이 예상 되는 품질이거나 일반시장 출하는 불가능하나 가공용으로 공급될 수 있는 품질), 100% 피해 양배추(일반시장 및 가공용 출하 불가)로 구분하여 무게를 조사
양파	• 표본구간 내 작물을 수확한 후, 종구 5cm 윗부분 줄기를 절단하여 해당 무게를 조사 (단, 양파의 최대 지름이 6cm 미만인 경우에는 80%(보상하는 재해로 인해 피해가 발생하여 일반시장 출하가 불가능하나, 가공용으로는 공급될 수 있는 작물을 말하며, 가공공장 공급 및 판매 여부와는 무관), 100%(보상하는 재해로 인해 피해가 발생하여 일반시장 출하가 불가능하고 가공용으로도 공급될 수 없는 작물) 피해로 인정하고 해당 무게의 20%, 0%를 수확량으로 인정)

품목	표본구간별 수확량조사방법
마늘	• 표본구간 내 작물을 수확한 후, 종구 3cm 윗부분을 절단하여 무게를 조사(단, 마늘통의 최대 지름이 2cm(한지형), 3.5cm(난지형) 미만인 경우에는 80%(보상하는 재해로 인해 피해가 발생하여 일반시장 출하가 불가능하나, 가공용으로는 공급될 수 있는 작물을 말하며, 가공공장 공급 및 판매 여부와는 무관), 100%(보상하는 재해로 인해 피해가 발생하여 일반시장 출하가 불가능하고 가공용으로도 공급될 수 없는 작물) 피해로 인정하고 해당 무게의 20%, 0%를 수확량으로 인정)
감자(가을재배)	• 표본구간 내 작물을 수확한 후 정상 감자, 병충해별 20% 이하, 21% ~ 40% 이하, 41% ~ 60% 이하, 61% ~ 80% 이하, 81% ~ 100% 이하 발병 감자로 구분하여 해당 병충해명과 무게를 조사하고 최대 지름이 5cm 미만이거나 피해 정도 50% 이상인 감자의 무게는 실제 무게의 50%를 조사 무게로 함.
고구마	• 표본구간 내 작물을 수확한 후 정상 고구마와 50%형 고구마 (일반시장에 출하할 때, 정상 고구마에 비해 50% 정도의 가격 하락이 예상되는 품질 • 단, 가공공장 공급 및 판매 여부와 무관), 80% 피해 고구마(일반시장에 출하가 불가능 하나, 가공용으로 공급될 수 있는 품질. 단, 가공공장 공급 및 판매 여부와 무관), 100% 피해 고구마(일반시장 출하가 불가능하고 가공용으로 공급될 수 없는 품질)로 구분하여 무게를 조사

3 보험금 산정방법 및 지급기준

1 재파종 보험금 산정(마늘)

(1) 지급사유

보험기간 내에 보상하는 재해로 10a당 출현주수가 30,000주보다 작고, 10a당 30,000주 이상으로 재파종한 경우 재파종 보험금은 아래에 따라 계산하며 1회에 한하여 보상한다.

지급보험금 = 보험가입금액 × 35% × 표준출현 피해율

※ 표준출현 피해율(10a 기준) = (30,000 − 출현주수) ÷ 30,000

2 재정식보험금 산정(양배추)

(1) 지급사유

보험기간 내에 보상하는 재해로 면적 피해율이 자기부담비율을 초과하고, 재정식한 경우 재정식보험금은 아래에 따라 계산하며 1회 지급한다.

지급보험금 = 보험가입금액 × 20% × 면적 피해율

※ 면적 피해율 = 피해면적 ÷ 보험 가입면적

3 경작불능보험금 산정(마늘, 양파, 양배추, 감자(가을재배), 고구마, 콩)

(1) 지급사유

보험기간 내에 보상하는 재해로 식물체 피해율이 65% 이상이고, 계약자가 경작불능보험금을 신청한 경우 경작불능보험금은 자기부담비율에 따라 보험가입금액의 일정 비율로 계산한다.

〈품목별 자기부담비율별 경작불능보험금 지급 비율〉

자기부담비율	20%형	30%형	40%형
지급비율	보험가입금액 × 40%	보험가입금액 × 35%	보험가입금액 × 30%

(2) 지급거절 사유

보험금 지급 대상 농지 품목이 산지폐기 등의 방법을 통해 시장으로 유통되지 않게 된 것이 확인되지 않으면 경작불능보험금을 지급하지 않는다.

(3) 경작불능보험금을 지급한 때

경작불능보험금을 지급한 때에는 그 손해보상의 원인이 생긴 때로부터 해당 농지에 대한 보험계약은 소멸되며, 이 경우 환급보험료는 발생하지 않는다.

4 농업수입감소보험금 산정

① 보험기간 내에 보상하는 재해로 피해율이 자기부담비율을 초과하는 경우 아래와 같이 계산한 농업수입감소보험금을 지급한다. 다만, 콩품목은 경작불능보험금 지급대상인 경우 농업수입감소보험금을 지급하지 아니한다.

> 농업수입감소보험금 = 보험가입금액 × (피해율 − 자기부담비율)
> ※ 피해율 = (기준수입 − 실제수입) ÷ 기준수입

② 기준수입은 평년수확량에 농지별 기준가격을 곱하여 산출한다.

> 기준수입 = 평년수확량 × 농지별 기준가격

③ 실제 수입은 수확기에 조사한 수확량(다만, 수확량조사를 하지 아니한 경우에는 평년수확량)에 미보상감수량을 더한 값에 농지별 기준가격과 농지별 수확기가격 중 작은 값을 곱하여 산출한다.

> 실제수입 = (수확량 + 미보상감수량) × 최소값(농지별 기준가격, 농지별 수확기가격)

④ 미보상감수량은 평년수확량에서 수확량을 뺀 값에 미보상비율을 곱하여 산출하며, 평년수확량 보다 수확량이 감소하였으나 보상하는 재해로 인한 감소가 확인되지 않는 경우에는 감소한 수량을 모두 미보상감수량으로 한다.

⑤ 계약자 또는 피보험자의 고의 또는 중대한 과실로 수확량조사를 하지 못하여 수확량을 확인할 수 없는 경우에는 농업수입감소보험금을 지급하지 않는다.

⑥ 자기부담비율은 보험가입할 때 계약자가 선택한 비율로 한다.

03 핵심내용 정리하기

1 농업수입보장방식 품목

양배추, 콩, 양파, 포도, 감자(가을재배), 고구마, 마늘

2 농업수입감소보험금

농업수입감소보험금 = 보험가입금액 × (피해율 − 자기부담비율)

※ 피해율 = (기준수입 - 실제수입) ÷ 기준수입

3 기준수입

기준수입 = 평년수확량 × 농지별 기준가격

4 실제수입

실제수입 = (수확량 + 미보상감수량) × 최솟값(농지별 기준가격, 농지별 수확기가격)

※ 감자(가을재배)만 실제수입 = (수확량 + 미보상감수량 − 병충해감수량) × 최솟값(농지별 기준가격, 농지별 수확기가격)

04 워크북으로 마무리하기

01 농업수입보장보험 마늘 품목에 한해와 조해피해가 발생하여 아래와 같이 수확량조사를 하였다. 계약사항과 조사내용을 토대로 하여 농업수입감소보험금의 계산과정과 값을 구하시오. (단, 품종에 따른 환산계수는 미적용하고, 소수점 셋째자리에서 반올림하여 둘째자리까지 다음 예시와 같이 구하시오. 예시: 수확량 3.456kg → 3.46kg, 피해율 0.12345 → 12.35%로 기재) (15점)

〈계약사항〉

- 품종 : 남도
- 가입면적 : 2,500m^2
- 자기부담비율 : 20%
- 평년수확량 : 10,000kg
- 가입수확량 : 10,000kg
- 기준(가입)가격 : 3,000원/kg

〈조사내용〉

- 실제경작면적 : 2,500m^2
- 타작물면적 및 미보상면적 : 500m^2
- 표본구간 면적 합계 : 10m^2
- 미보상비율 : 20%
- 수확불능(고사)면적 : 300m^2
- 표본구간 : 7구간
- 표본구간 수확량 : 30kg
- 수확기가격 : 2,500원/kg

정답

01

농업수입감소보험금 = 보험가입금액 × (피해율 − 자기부담비율)
= 30,000,000원 × (0.36 − 0.2) = 4,800,000원

보험가입금액 = 가입수확량 × 기준(가입)가격
= 10,000kg × 3,000원/kg = 30,000,000원

피해율 = (기준수입 − 실제수입) ÷ 기준수입
= (30,000,000원 − 19,200,000원) ÷ 30,000,000원 = 0.36

기준수입 = 평년수확량 × 농지별 기준가격
= 10,000kg × 3,000원/kg = 30,000,000원

실제수입
= (수확량 + 미보상감수량) × 최솟값(농지별 기준가격, 농지별 수확기가격)
= (7,100kg + 580kg) × 2,500원/kg = 19,200,000원

수확량 = (표본구간 단위면적당 수확량 × 조사대상면적) + {단위면적당 평년수확량 × (타작물 및 미보상면적 + 기수확면적)}
= ($3kg/m^2$ × $1,700m^2$) + ($4kg/m^2$ × $500m^2$) = 5,100kg + 2,000kg = 7,100kg

미보상감수량 = (평년수확량 − 수확량) × 미보상비율
= (10,000kg − 7,100kg) × 0.2 = 580kg

조사대상면적
= 실제경작면적 − 수확불능면적 − 타작물 및 미보상면적 − 기수확면적
= $2,500m^2$ − $300m^2$ − $500m^2$ − $0m^2$ = $1,700m^2$

표본구간 단위면적당 수확량 = (표본구간 수확량 × 환산계수) ÷ 표본구간 면적
환산계수 미적용 문제조건, 표본구간 단위면적당 수확량
= 표본구간 수확량 ÷ 표본구간 면적
= 30kg ÷ $10m^2$ = $3kg/m^2$

단위면적당 평년수확량 = 평년수확량 ÷ 실제경작면적
= 10,000kg ÷ $2,500m^2$ = $4kg/m^2$

답 : 4,800,000원 끝

제3장

가축재해보험 손해평가

제1절~제3절 손해의 평가 / 특약의 손해평가 / 보험금 지급 및 심사

01 기출유형 확인하기

제3회 가축재해보험의 보상하는 손해 중 계약자 및 피보험자에게 지급할 수 있는 비용의 종류와 지급한도에 관하여 서술하시오. (15점)

제4회 가축재해보험(젖소) 사고 시 월령에 따른 보험가액을 산출하고자 한다. 각 사례별 (① ~ ⑤)로 보험가액 계산과정과 값을 쓰시오. (15점)

가축재해보험 보험가액 및 손해액 평가에서 ① 보험가액 및 손해액의 적용가격, ② 보험사에서 지급할 보험금의 계산, ③ 잔존물처리비용과 보험금 등의 지급한도에 관하여 각각 서술하시오. (15점)

제5회 돼지를 사육하는 축산농가에서 화재가 발생하여 사육장이 전소되고 사육장내 돼지가 모두 폐사하였다. 다음의 계약 및 조사내용을 참조하여 보험금을 구하시오. (5점)

제6회 가축 재해보험 축사특약에 관한 다음 내용을 쓰시오. (15점)

피보험자 A가 운영하는 △△한우농장에서 한우 1마리가 인근 농장주인 B의 과실에 의해 폐사(보상하는 손해)되어 보험회사에 사고보험금을 청구하였다. 다음의 내용을 참조하여 피보험자 청구항목 중 비용(① ~④)에 대한 보험회사의 지급여부를 각각 지급 또는 지급불가로 기재하고 ⑤ 보험회사의 최종 지급금액(보험금 + 비용)을 구하시오. (15점)

제7회 일괄가입방식 보험가입금액의 계산과정과 값을 쓰시오. (2점)

질병위험보장특약 보험가입금액의 계산과정과 값을 쓰시오. (3점)

업무방법에서 정하는 가축재해보험 구상권의 의의 및 발생유형에 관한 내용이다. (　　)에 들어갈 용어를 각각 쓰시오. (5점)

제8회 조건 2 ~ 3을 참조하여 한우(암컷) 보험가액의 계산과정과 값을 쓰시오. (5점)

조건 1 ~ 3을 참조하여 지급보험금과 그 산정 이유를 쓰시오. (5점)

다음 (　　)에 들어갈 내용을 쓰시오. (5점)

제9회 다음은 가축재해보험에 관한 내용이다. 다음 물음에 답하시오. (15점)

물음 1) 가축재해보험에서 모든 부문 축종에 적용되는 보험계약자 등의 계약 전·후 알릴 의무와 관련한 내용의 일부분이다. 다음 (　　)에 들어갈 내용을 쓰시오. (5점)

물음 2) 가축재해보험 소에 관한 내용이다. 다음 조건을 참조하여 한우(수컷)의 지급보험금(원)을 쓰시오. (10점)

02-1 기본서 내용 익히기 - 제1절 손해의 평가

1 의의

1 보험금 산정의 과정

가축재해보험에서 보험사고로 인한 보험금의 산정은 손해발생 사실을 확인하는 과정, 손해액과 보험가액의 평가, 확정된 손해액 및 보험가액을 기준으로 피보험자에게 지급할 보험금을 산정하는 과정을 거치게 된다.

2 손해평가에서 가장 중요한 과정

보험계약자 등의 사고접수로 시작되는 손해평가에서 손해발생 사실의 확인 후 손해의 조사를 통하여 손해액을 확정하게 되는 과정은 손해평가에서 가장 중요한 과정이다.

3 손해액을 확정하는 방식

축종별로 손해액을 확정하는 다양한 방식이 있을 수 있다. 하지만, 가축재해보험약관에서는 축종별로 손해액을 확정하는 방식을 별도로 규정하고 있으며, 손해액 평가와 관련하여 보험계약자와 피보험자에게 다양한 의무를 부여하고 있다.

2 보험계약자 등의 의무

1 계약 전 알릴 의무

① 계약자, 피보험자 또는 이들의 대리인은 보험계약을 청약할 때 청약서에서 질문한 사항에 대하여 알고 있는 사실을 반드시 사실대로 알려야 할 의무이다.

② 보험계약자 또는 피보험자가 고의 또는 중대한 과실로 계약 전 알릴 의무를 이행하지 않은 경우에 보험자는 그 사실을 안 날로부터 1월 내에, 계약을 체결한 날로부터

3년 내에 한하여 계약을 해지할 수 있다. 그러나 보험자가 계약 당시에 그 사실을 알았거나 중대한 과실로 인하여 알지 못한 때에는 그러하지 아니하다.

2 계약 후 알릴 의무

- 가축재해보험에서는 계약을 맺은 후 보험의 목적에 다음과 같은 사실이 생긴 경우에 계약자나 피보험자는 지체 없이 서면으로 보험자에게 알려야 할 의무로 재해보험사업자는 계약 후 알릴 의무의 통지를 받은 때에 위험이 감소된 경우에는 그 차액보험료를 돌려주고, 위험이 증가된 경우에는 통지를 받은 날부터 1개월 이내에 보험료의 증액을 청구하거나 계약을 해지할 수 있으며 보험계약자 또는 피보험자가 보험기간 중에 계약 후 알릴 의무를 위반한 경우에 보험자는 그 사실을 안 날로부터 1월 내에 계약을 해지할 수 있다.
- 가축재해보험에서는 모든 부문 축종에 적용되는 계약 후 알릴 의무와 특정 부분의 가축에게만 추가로 적용되는 계약 후 알릴 의무가 있다.

(1) 계약 후 알릴 의무

① 이 계약에서 보장하는 위험과 동일한 위험을 보장하는 계약을 다른 보험자와 체결하고자 할 때 또는 이와 같은 계약이 있음을 알았을 때

② 양도할 때

③ 보험목적 또는 보험목적 수용장소로부터 반경 10km 이내 지역에서 가축전염병 발생(전염병으로 의심되는 질환 포함) 또는 원인 모를 질병으로 집단폐사가 이루어진 경우

④ 보험의 목적 또는 보험의 목적을 수용하는 건물의 구조를 변경, 개축, 증축하거나 계속하여 15일 이상 수선할 때

⑤ 보험의 목적 또는 보험의 목적을 수용하는 건물의 용도를 변경함으로써 위험이 변경되는 경우

⑥ 보험의 목적 또는 보험의 목적이 들어있는 건물을 계속하여 30일 이상 비워두거나 휴업하는 경우

⑦ 다른 곳으로 옮길 때

⑧ 도난 또는 행방불명 되었을 때

⑨ 의외의 재난이나 위험에 의해 구할 수 없는 상태에 빠졌을 때

⑩ 개체 수가 증가되거나 감소되었을 때

⑪ 위험이 뚜렷이 변경되거나 변경되었음을 알았을 때

(2) 부문별 계약 후 알릴 의무

1) 소 부문

① 개체 표시가 떨어지거나 오손, 훼손, 멸실되어 새로운 개체 표시를 부착하는 경우
② 거세, 제각, 단미 등 외과적 수술을 할 경우
③ 품평회, 경진회, 박람회, 소싸움대회, 소등 타기 대회 등에 출전할 경우

2) 말 부문

① 외과적 수술을 하여야 할 경우
② 5일 이내에 폐사가 예상되는 큰 부상을 입을 경우
③ 거세, 단미(斷尾) 등 외과적 수술을 할 경우
④ 품평회, 경진회, 박람회 등에 출전할 경우

3) 종모우 부문

① 개체 표시가 떨어지거나 오손, 훼손, 멸실된 경우
② 거세, 제각, 단미 등 외과적 수술을 할 경우
③ 품평회, 경진회, 박람회, 소싸움대회, 소등 타기 대회 등에 출전할 경우

3 보험사고발생 통지의무

보험계약자 등의 보험사고발생의 통지의무는 법정 의무로 상법에서는 “보험계약자 또는 피보험자나 보험수익자는 보험사고의 발생을 안 때는 지체 없이 보험자에게 그 통지를 발송해야 한다(「상법」 제657조 제1항)”라는 내용으로 법률로서 규정하고 있으며 이러한 보험사고발생 통지의무는 보험자의 신속한 사고조사를 통하여 손해의 확대를 방지하고 사고원인 등을 명확히 규명하기 위하여 법으로 인정하고 있는 의무인 동시에 약관상 의무이며, 보험계약자 등이 정당한 이유 없이 의무를 이행하지 않은 경우에는 그로 인하여 확대된 손해 또는 회복 가능한 손해는 재해보험사업자가 보상할 책임이 없다.

4 손해방지의무

손해방지의무는 보험사고가 발생하였을 때 보험계약자와 피보험자가 손해발생을 방지 또는 경감 하는데 적극적으로 노력해야 하는 의무로 “보험계약자와 피보험자는 손해의 방지와 경감을 위하여 노력하여야 한다. 그러나 이를 위하여 필요 또는 유익하였던 비용과 보상액이 보험금액을 초과한 경우라도 보험자가 이를 부담한다(상법 680조)”라는 내용의 법정 의무인 동시에 약관상 의무이기도 하다.

계약자 또는 피보험자가 고의 또는 중대한 과실로 손해방지의무를 게을리한 때에는 방지 또는 경감할 수 있었을 것으로 밝혀진 손해를 손해액에서 공제한다.

5 보험목적 관리의무

① 가축재해보험에서는 보험의 목적이 사람의 지속적인 관리가 필요한 생명체라는 특수성 때문에 계약자 또는 피보험자에게 보험의 목적에 대한 관리의무를 아래와 같이 부여하고 있으며 만약 계약자 또는 피보험자가 보험목적 관리의무를 고의 또는 중대한 과실로 게을리한 때에는 방지 또는 경감할 수 있었을 것으로 밝혀진 손해를 손해액에서 공제하며, 재해보험사업자는 계약자 또는 피보험자에 대하여 아래의 조치를 요구하거나 또는 계약자를 대신하여 그 조치를 취할 수 있다.

- 계약자 또는 피보험자는 보험목적을 사육, 관리, 보호함에 있어서 그 보험목적이 본래의 습성을 유지하면서 정상적으로 살 수 있도록 할 것
- 계약자 또는 피보험자는 보험목적에 대하여 적합한 사료의 급여와 급수, 운동, 휴식, 수면 등이 보장되도록 적정한 사육관리를 할 것
- 계약자 또는 피보험자는 보험목적에 대하여 예방접종, 정기검진, 기생충구제 등을 실시할 것
- 계약자 또는 피보험자는 보험목적이 질병에 걸리거나 부상을 당한 경우 신속하게 치료하고 필요한 조치를 취할 것

② 가축재해보험 약관에서는 보험목적의 수용장소와 사용과 관련해서도 다음과 같이 보험계약자 또는 피보험자의 보험목적의 관리의무를 규정하고 있으며, 의무를 이행하지 않는 경우 재해보험사업자는 그 사실을 안 날부터 1개월 이내에 계약을 해지할 수 있는 해지권을 보험자에게 부여하고 있다.

- 보험목적은 보험기간동안 언제나 보험증권에 기재된 지역 내에 있어야 한다.
  다만, 계약자가 재해 발생 등으로 불가피하게 보험목적의 수용장소를 변경한 경우와 재해보험사업자의 승낙을 얻은 경우에는 그러하지 않는다.
- 보험목적을 양도 또는 매각하기 위해 보험목적의 수용장소가 변경된 이후 다시 본래의 사육장소로 되돌아온 경우에는 가축이 수용장소에 도착한 때 원상복귀 되는 것으로 한다.
- 보험목적은 보험기간동안 언제나 보험증권에 기재된 목적으로만 사용되어야 한다. 다만, 재해보험사업자의 승낙을 얻은 경우에는 그러하지 않다.

3 보험목적의 조사

가축재해보험의 손해평가에서 피해 사실을 확인하고 손해액 및 보험가액을 평가하기 위해서는 재해보험사업자 또는 재해보험사업자에게 위탁을 받은 손해평가사의 보험목적에 발생한 손해에 대한 실질적이고 구체적인 조사는 손해평가 과정에서 필수적인 부분이므로 약관에서는 이러한 보험목적에 대한 조사를 원만히 수행할 수 있도록 다음과 같은 재해보험사업자의 권한을 규정하고 있다.

- 보험의 목적에 대한 위험상태를 조사하기 위하여 보험기간 중 언제든지 보험의 목적 또는 이들이 들어 있는 건물이나 구내를 조사할 수 있다.
- 손해의 사실을 확인하기 어려운 경우에는 계약자 또는 피보험자에게 필요한 증거자료의 제출을 요청할 수 있다. 이 경우 재해보험사업자는 손해를 확인할 수 있는 경우에 한하여 보상한다.
- 보험사고의 통지를 받은 때에는 사고가 생긴 건물 또는 그 구내와 거기에 들어있는 피보험자의 소유물을 조사할 수 있다.

4 손해액의 조사

보험사고로 인하여 보험의 목적에 손해가 발생한 경우에 그 손해액의 산정은 손해보험의 기본원칙인 이득금지원칙에 상응하는 공정성이 필요하기 때문에 법률과 약관에서는 통상의 경우 손해액은 그 손해가 생긴 때와 곳의 가액에 의하여 산정하도록 규정하고 있으며 가축재해보험에서 손해액의 산정도 그 손해가 생긴 때와 곳에서 약관의 각 부문별 제 규정에 별도로 정한 방법으로 산정한다고 규정하고 있으므로 각 부문별로 손해액 산정방식을 살펴보면 다음과 같다.

「상법」 제676조(손해액의 산정기준) ① 보험자가 보상할 손해액은 그 손해가 발생한 때와 곳의 가액에 의하여 산정한다. 그러나 당사자 간에 다른 약정이 있는 때에는 그 신품가액에 의하여 손해액을 산정할 수 있다. ② 제1항의 손해액의 산정에 관한 비용은 보험자의 부담으로 한다.

1 소 부문

(1) 손해액 산정

손해액 = 보험가액 − 이용물 처분액 및 보상금

① 가축재해보험 소 부문에서 손해액은 손해가 생긴 때를 기준으로 아래의 축종별 보험가액 산정방법에 따라서 산정한 보험가액으로 한다. 다만 고기, 가죽 등 이용물 처분액 및 보상금 등이 있는 경우에는 보험가액에서 이를 차감한 금액을 손해액으로 하고 이용물 처분액의 계산은 도축장 발행 정산서 자료가 있는 경우와 없는 경우로 분리하여 다음과 같이 계산한다.

이용물 처분액 산정	
도축장발행 정산자료인 경우	도축장발행 정산자료의 지육금액 × 75%
도축장발행 정산자료가 아닌 경우	중량 × 지육가격 × 75%

※ 중량 : 도축장발행 사고소의 도체(지육)중량

※ 지육가격 : 축산물품질평가원에서 고시하는 사고일 기준 사고소의 등급에 해당 하는 전국평균가격(원/kg)

② 실무적으로 도축장발행 정산서가 없는 경우는 통상 축산물이력제에서 해당 소의 이력번호로 조회하여 도체중, 육질등급에서 확인되는 도체중량과 등급을 적용한다.

③ 폐사의 경우는 보험목적의 전부손해에 해당하고 사고 시점에서 보험목적에 발생할 수 있는 최대 손해액이 보험가액이므로 보험가액이 손해액이 되며 긴급도축의 경우는 보험목적인 소의 도축의 결과로 얻어지는 고기, 가죽 등에 대한 수익을 이용물처분액이라고 하며 이러한 이용물처분액을 보험가액에서 공제한 금액이 손해액이 되고 이용물 처리에 소요되는 제반 비용은 피보험자의 부담을 원칙으로 한다.

④ 소(한우, 육우, 젖소)의 보험가액 산정은 월령을 기준으로 산정하게 되며 월령은 폐사는 폐사 시점, 긴급도축은 긴급도축 시점의 월령을 만(滿)으로 계산하고 월 미만의 일수는 무시하고, 다만 사고발생일까지가 1개월 이하인 경우는 1개월로 한다.

(2) 한우(암컷, 수컷−거세우 포함) 보험가액 산정

한우의 보험가액 산정은 월령을 기준으로 6개월령 이하와 7개월령 이상으로 구분하여 다음과 같이 산정한다.

1) 연령(월령)이 1개월 이상 6개월 이하인 경우

보험가액= 「농협축산정보센터」에 등재된 전전월 전국산지평균 송아지 가격(연령(월령) 2개월 미만(질병사고는 3개월미만)일때는 50% 적용)

※ 「농협축산정보센터」에 등재된 송아지 가격이 없는 경우

① 연령(월령)이 1개월 이상 3개월 이하인 경우

- 보험가액=「농협축산정보센터」에 등재된 전전월 전국산지평균가격 4~5월령 송아지 가격
  (단, 연령(월령)이 2개월 미만(질병사고는 3개월 미만)일때는 50% 적용).
- 「농협축산정보센터」에 등재된 4~5월령 송아지 가격이 없는 경우 아래 ②의 4~5월령 송아지 가격을 적용

② 연령(월령)이 4개월 이상 5개월 이하인 경우

보험가액 = 「농협축산정보센터」에 등재된 전전월 전국산지평균가격 6~7월령 송아지 가격의 암송아지는 85%, 수송아지는 80% 적용

2) 연령(월령)이 7개월 이상인 경우

보험가액 = ①(체중) × ②(kg당 금액)

① 체중은 약관에서 정하고 있는 월령별 "발육표준표"에서 정한 사고소의 연령(월령)에 해당하는 체중을 적용한다.

② kg당 금액은 「산지가격 적용범위표」에서 사고소의 축종별, 성별, 월령에 해당되는 「농협축산정보센터」에 등록된 사고 전전월 전국산지평균가격을 그 체중으로 나누어 구한다.

〈산지가격 적용범위표〉

구분		수컷	암컷
한 우	성별 350kg 해당 전국 산지평균가격 및 성별 600kg 해당 전국 산지평균 가격 중 kg당 가격이 높은 금액	생후 7개월 이상	생후 7개월 이상
육 우	젖소 수컷 500kg 해당 전국 산지평균 가격	생후 3개월 이상	생후 3개월 이상

③ 한우수컷 월령이 25개월을 초과한 경우에는 655kg으로, 한우 암컷 월령이 40개월을 초과한 경우에는 470kg으로 인정한다.

④ 월령별 보험가액이 위 (2)의 송아지 가격보다 낮은 경우 위 (2)의 송아지 가격을 적용한다.

(3) 젖소(암컷) 보험가액 산정

① 젖소의 보험가액 산정은 월령을 기준으로 「농협축산정보센터」에 등재된 보험사고 전전월 전국산지 평균가격을 기준으로 9단계로 구분하여 다음과 같이 산정한다.

월령	보험가액
1 ~ 7개월	분유떼기 암컷 가격(연령(월령)이 2개월 미만(질병사고는 3개월 미만)일 때는 50% 적용)
8 ~ 12개월	분유떼기암컷가격 + $\left\{\frac{(\text{수정단계가격} - \text{분유떼기암컷가격})}{6}\right\}$ × (사고월령 − 7개월){
13 ~ 18개월	수정단계가격
19 ~ 23개월	수정단계가격 + $\left\{\frac{(\text{초산우가격} - \text{수정단계가격})}{6}\right\}$ × (사고월령 − 18개월)
24 ~ 31개월	초산우가격
32 ~ 39개월	초산우가격 + $\left\{\frac{(\text{다산우가격} - \text{초산우가격})}{9}\right\}$ × (사고월령 − 31개월)
40 ~ 55개월	다산우가격
56 ~ 66개월	다산우가격 + $\left\{\frac{(\text{노산우가격} - \text{다산우가격})}{12}\right\}$ × (사고월령 − 55개월)
67개월 이상	노산우가격

(4) 육우 보험가액 산정

육우의 보험가액 산정은 월령을 기준으로 2개월령 이하와 3개월령 이상으로 구분하여 다음과 같이 산정한다.

월령	보험가액
2개월 이하	「농협축산정보센터」에 등재된 전전월 전국산지평균 분유떼기 젖소 수컷 가격 (단, 연령(월령)이 2개월 미만(질병사고는 3개월 미만)일때는 50% 적용)
3개월 이상	체중 × kg당 금액

① 사고 시점에서 산정한 월령별 보험가액이 사고 시점의 분유떼기 젖소 수컷 가격보다 낮은 경우는 분유떼기 젖소 수컷 가격을 적용한다.

② 체중은 약관에서 확정하여 정하고 있는 월령별 "발육표준표"에서 정한 사고소(牛)의 월령에 해당 되는 체중을 적용한다. 다만, 육우 월령이 25개월을 초과한 경우에는 600kg으로 인정한다.

③ kg당 금액은 「농협축산정보센터」에 등재된 보험사고 전전월 젖소 수컷 500kg 해당 전국 산지평균가격을 그 체중으로 나누어 구한다. 단, 전국 산지평균가격이 없는 경우에는 「농협축산정보센터」에 등재된 전전월 전국도매시장 지육평균 가격에 지육율 58%를 곱한 가액을 kg당 금액으로 한다.

※ 지육율은 도체율이라고도 하며 도체중의 생체중에 대한 비율이며, 생체중은 살아있는 생물의 무게이고 도체중은 생체에서 두부,내장,족 및 가죽 등 부분을 제외한 무게를 의미한다.

2 돼지 부문

(1) 손해액 산정

손해액 = 보험가액 − 이용물 처분액 및 보상금

가축재해보험 돼지 부문에서 손해액은 손해가 생긴 때를 기준으로 아래의 보험가액 산정방법에 따라서 산정한 보험가액으로 한다. 다만 고기, 가죽 등 이용물 처분액 및 보상금 등이 있는 경우에는 보험가액에서 이를 차감한 금액을 손해액으로 하는데 피보험자가 이용물을 처리할 때에는 반드시 재해보험사업자의 입회하에 처리하여야 하며 재해보험사업자의 입회 없이 이용물을 임의 처분한 경우에는 재해보험사업자가 인정 평가하여 손해액을 차감하고, 이용물 처리에 소요되는 제반 비용은 피보험자의 부담을 원칙으로 하며 보험가액 산정 시 보험목적물이 임신 상태인 경우는 임신하지 않은 것으로 간주하여 평가한다.

(2) 종모돈의 보험가액 산정

종모돈은 종빈돈의 평가 방법에 따라 계산한 금액의 20%를 가산한 금액을 보험가액으로 한다.

(3) 종빈돈의 보험가액 산정

종빈돈의 보험가액은 재해보험사업자가 정하는 전국 도매시장 비육돈 평균지육단가(탕박)에 의하여 아래 표의 비육돈 지육단가 범위에 해당하는 종빈돈 가격으로 한다. 다만, 임신, 분만 및 포유 등 종빈돈으로서 기능을 하지 않는 경우에는 비육돈의 산출방식과 같이 계산한다.

〈종빈돈 보험가액(비육돈 지육단가의 범위에 해당하는 종빈돈 가격)〉

비육돈 지육단가 (원/kg)	종빈돈 가격 (원/두당)	비육돈 지육단가 (원/kg)	종빈돈 가격 (원/두당)
1,949 이하	350,000	3,650 ~ 3,749	530,000
1,950 ~ 2,049	360,000	3,750 ~ 3,849	540,000
2,050 ~ 2,149	370,000	3,850 ~ 3,949	550,000
2,150 ~ 2,249	380,000	3,950 ~ 4,049	560,000
2,250 ~ 2,349	390,000	4,050 ~ 4,149	570,000
2,350 ~ 2,449	400,000	4,150 ~ 4,249	580,000
2,450 ~ 2,549	410,000	4,250 ~ 4,349	590,000
2,550 ~ 2,649	420,000	4,350 ~ 4,449	600,000
2,650 ~ 2,749	430,000	4,450 ~ 4,549	610,000
2,750 ~ 2,849	440,000	4,550 ~ 4,649	620,000
2,850 ~ 2,949	450,000	4,650 ~ 4,749	630,000
2,950 ~ 3,049	460,000	4,750 ~ 4,849	640,000

비육돈 지육단가 (원/kg)	종빈돈 가격 (원/두당)	비육돈 지육단가 (원/kg)	종빈돈 가격 (원/두당)
3,050 ~ 3,149	470,000	4,850 ~ 4,949	650,000
3,150 ~ 3,249	480,000	4,950 ~ 5,049	660,000
3,250 ~ 3,349	490,000	5,050 ~ 5,149	670,000
3,350 ~ 3,449	500,000	5,150 ~ 5,249	680,000
3,450 ~ 3,549	510,000	5,250 ~ 5,349	690,000
3,550 ~ 3,649	520,000	5,350 이상	700,000

(4) 비육돈, 육성돈 및 후보돈의 보험가액

1) 대상범위(적용체중)

육성돈(31kg 초과 ~ 110kg 미만(출하 대기 규격돈 포함)까지 10kg 단위구간의 중간 생체중량)

단위구간 (kg)	31 ~ 40	41 ~ 50	51 ~ 60	61 ~ 70	71 ~ 80	81 ~ 90	91 ~100	101 ~ 110 미만
적용체중 (kg)	35	45	55	65	75	85	95	105

※ 단위구간은 사고돼지의 실측중량(kg/1두) 임

※ 110kg 이상은 110kg으로 한다.

2) 110kg 비육돈 수취가격

110kg 비육돈 수취가격 = 사고 당일 포함 직전 5영업일 평균 돈육대표가격 (전체, 탕박) × 110kg × 지급(육)율(76.8%)

3) 보험가액

보험가액

$$= 자돈가격(30kg\ 기준) + (적용체중 - 30kg) \times \frac{\{110kg비육돈\ 수취가격 - 자돈가격(30kg)기준\}}{80}$$

4) 위 2)의 돈육대표가격은 축산물품질평가원에서 고시하는 가격(원/kg)을 적용한다.

5) 자돈의 보험가액

자돈은 포유돈(젖먹이 돼지)과 이유돈(젖을 뗀 돼지)으로 구분하여 재해보험사업자와 계약 당시 협정한 가액으로 한다.

6) 기타 돼지의 보험가액

재해보험사업자와 계약 당시 협정한 가액으로 한다.

3 가금 부문

닭, 오리, 꿩, 메추리, 칠면조, 거위, 타조, 관상조, 기타 재해보험사업자가 정하는 가금

(1) 손해액 산정

손해액 = 보험가액 − 이용물 처분액 및 보상금

가축재해보험 가금 부문에서 손해액은 손해가 생긴 때를 기준으로 아래의 보험가액 산정방법에 따라서 산정한 보험가액으로 한다. 다만 고기, 가죽 등 이용물 처분액 및 보상금 등이 있는 경우에는 보험가액에서 이를 차감한 금액을 손해액으로 하며 피보험자가 이용물을 처리할 때에는 반드시 재해보험사업자의 입회하에 처리하여야 하며 재해보험사업자의 입회 없이 이용물을 임의 처분한 경우에는 재해보험사업자가 인정 평가하여 손해액을 차감하고, 이용물 처리에 소요되는 제반 비용은 피보험자의 부담을 원칙으로 한다.

〈발육표준표(가금)〉

육계				토종닭						오리			
일령	중량(g)	일령	중량(g)	일령	중량(g)	일령	중량(g)	일령	중량(g)	일령	중량(g)	일령	중량(g)
1	42	29	1,439	1	41	29	644	57	1,723	1	51	29	2,123
2	56	30	1,522	2	52	30	677	58	1,764	2	75	30	2,219
3	71	31	1,606	3	63	31	712	59	1,805	3	100	31	2,315
4	89	32	1,692	4	74	32	748	60	1,846	4	127	32	2,411
5	108	33	1,776	5	86	33	785	61	1,887	5	156	33	2,506
6	131	34	1,862	6	99	34	823	62	1,928	6	187	34	2,601
7	155	35	1,951	7	112	35	861	63	1,969	7	220	35	2,696

육계				토종닭						오리			
일령	중량(g)	일령	중량(g)	일령	중량(g)	일령	중량(g)	일령	중량(g)	일령	중량(g)	일령	중량(g)
8	185	36	2,006	8	127	36	899	64	2,010	8	267	36	2,787
9	221	37	2,050	9	144	37	936	65	2,050	9	330	37	2,873
10	256	38	2,131	10	161	38	973	66	2,090	10	395	38	2,960
11	293	39	2,219	11	179	39	1,011	67	2,130	11	461	39	3,046
12	333	40	2,300	12	198	40	1,049	68	2,170	12	529	40	3,130
13	376	-		13	218	41	1,087	69	2,210	13	598	41	3,214
14	424	-		14	239	42	1,125	70	2,250	14	668	42	3,293
15	472	-		15	260	43	1,163	71	2,290	15	748	43	3,369
16	524	-		16	282	44	1,202	72	2,329	16	838	44	3,434
17	580	-		17	305	45	1,241	73	2,367	17	930	45	3,500
18	638	-		18	328	46	1,280	74	2,405	18	1,025	-	
19	699	-		19	353	47	1,319	75	2,442	19	1,120	-	
20	763	-		20	379	48	1,358	76	2,479	20	1,217	-	
21	829	-		21	406	49	1,397	77	2,515	21	1,315	-	
22	898	-		22	433	50	1,436	78	2,551	22	1,417	-	
23	969	-		23	461	51	1,477	79	2,585	23	1,519	-	
24	1,043	-		24	490	52	1,518	80	2,619	24	1,621	-	
25	1,119	-		25	519	53	1,559	81	2,649	25	1,723	-	
26	1,196	-		26	504	54	1,600	82	2,679	26	1,825	-	
27	1,276	-		27	580	55	1,641	83	2,709	27	1,926	-	
28	1,357	-		28	612	56	1,682	84	2,800	28	2,027	-	

※ 보험가액(중량 × kg당 시세)이 병아리 시세보다 낮은 경우는 병아리 시세로 보상한다.

※ 육계 일령이 40일령을 초과한 경우에는 2.3kg으로 인정한다.

※ 토종닭 일령이 84일령을 초과한 경우에는 2.8kg으로 인정한다.

※ 오리 일령이 45일령을 초과한 경우에는 3.5kg으로 인정한다.
※ 삼계(蔘鷄)의 경우는 육계 중량의 70%를 적용한다.

(2) 닭·오리의 보험가액

닭·오리의 보험가액은 종계, 산란계, 육계, 토종닭, 오리 모두 5가지로 분류하여 산정하며, 보험가액 산정에서 적용하는 평균 가격은 축산물품질평가원에서 고시하는 가격을 적용하여 산출하되 가격정보가 없는 경우에는 (사)대한양계협회의 가격을 적용한다.

1) 종계의 보험가액

종계	해당주령	보험가액
병아리	생후 2주 이하	사고 당일 포함 직전 5영업일의 육용 종계 병아리 평균가격
성계	생후 3~6주	31주령 가격 × 30%
	생후 7~30주	31주령 가격 × (100% − ((31주령 − 사고주령) × 2.8%))
	생후 31주	회사와 계약당시 협정한 가액
	생후 32~61주	31주령 가격 × (100% − ((사고주령 − 31주령) × 2.6%))
	생후 62주~64주	계약 당시 협정31주령 가격 × 20%한 가격
노계	생후 65주 이상	사고 당일 포함 직전 5영업일의 종계 성계육 평균가격

2) 산란계의 보험가액

산란계	해당주령	보험가액
병아리	생후 1주 이하	사고 당일 포함 직전 5영업일의 산란실용계 병아리 평균가격
	생후 2 ~ 9주	산란실용계병아리가격 + $\left\{\frac{(\text{산란중추가격} - \text{산란실용계병아리가격})}{9}\right\} \times (\text{사고수령} - 1\text{수령})$
중추	생후 10 ~ 15주	사고 당일 포함 직전 5영업일의 산란중추 평균가격
	생후 16 ~ 19주	산란중추가격 + $\left\{\frac{(\text{20주산란계가격} - \text{산란중추가격})}{5}\right\} \times (\text{사고주령} - 15\text{주령})$

산란계	해당주령	보험가액
산란계	생후 20 ~ 70주	(550일 − 사고일령) × 70% × (사고 당일 포함 직전 5영업일의 계란 1개 평균가격 − 계란 1개의 생산비)
산란노계	생후 71주 이상	사고 당일 포함 직전 5영업일의 산란성계육 평균가격

※ 계란 1개 평균가격은 중량규격(왕란/특란/대란이하)별 사고 당일 포함 직전 5영업일 평균가격을 중량규격별 비중으로 가중평균한 가격을 말한다.

※ 중량규격별 비중 : 왕란(2.0%), 특란(53.5%), 대란 이하(44.5%)

※ 산란계의 계란 1개의 생산비는 77원으로 한다.

※ 사고 당일 포함 직전 5영업일의 계란 1개 평균가격에서 계란 1개의 생산비를 공제한 결과가 10원 이하인 경우 10원으로 한다.

보충자료

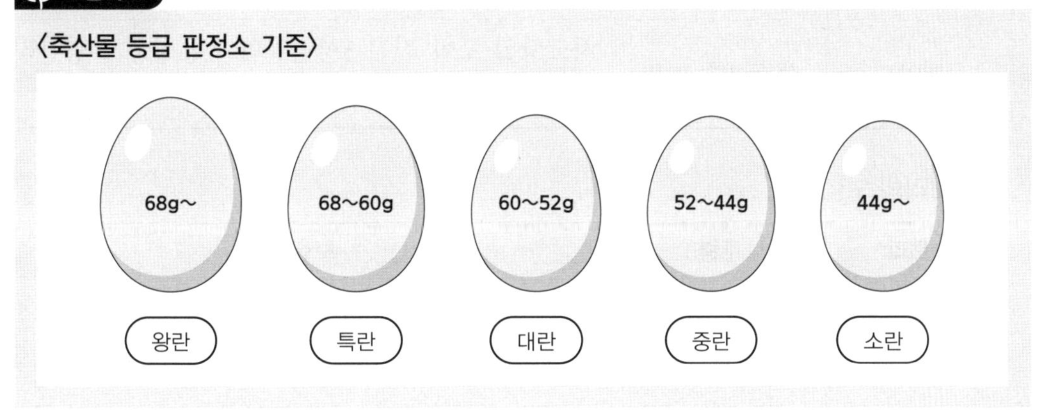

3) 육계의 보험가액

육계	주령	보험가액
병아리	생후 1주 미만	사고 당일 포함 직전 5영업일의 육용실용계 병아리 평균가격
육계	생후 1주 이상	사고 당일 포함 직전 5영업일의 육용실용계 평균가격(원/kg)에 발육표준표 해당 일령 사고 육계의 중량을 곱한 금액

4) 토종닭의 보험가액

토종닭	주령	보험가액
병아리	생후 1주 미만	사고 당일 포함 직전 5영업일의 토종닭 병아리 평균가격
토종닭	생후 1주 이상	사고 당일 포함 직전 5영업일의 토종닭 평균가격(원/kg)에 발육표준표 해당 일령 사고 토종닭의 중량을 곱한 금액 단, 위 금액과 사육계약서상의 중량별 매입단가 중 작은 금액을 한도로 한다.

5) 부화장의 보험가액

구분	해당 주령	보험가액
종 란	–	회사와 계약당시 협정한 가액
병아리	생후 1주 미만	사고당일 포함 직전 5영업일의 육용실용계 병아리 평균가격

6) 오리의 보험가액

오리	주령	보험가액
새끼오리	생후 1주 미만	사고 당일 포함 직전 5영업일의 새끼오리 평균가격
오리	생후 1주 이상	사고 당일 포함 직전 5영업일의 생체오리 평균가격(원/kg)에 발육표준표 해당 일령 사고 오리의 중량을 곱한 금액

(3) 꿩, 메추리, 칠면조, 거위, 타조 등 기타 가금의 보험가액

보험계약 당시 협정한 가액으로 한다.

4 말, 종모우, 기타 가축 부문

손해액 = 보험가액(협정보험가액 또는 사고발생 시의 보험가액) − 이용물 처분액 및 보상금

가축재해보험 말, 종모우, 기타 가축 부문에서 손해액은 계약체결 시 계약자와 협의하여 평가한 보험가액 (이하 "협정보험가액"이라 한다)으로 한다. 다만, 고기, 가죽 등 이용물 처분액 및 보상금 등이 있는 경우에는 보험가액에서 이를 차감한 금액을 손해액으

로 하며, 협정보험가액이 사고발생 시의 보험가액을 현저하게 초과할 때에는 사고발생 시의 가액을 보험가액으로 한다.

5 축사 부문

일반적으로 주택화재보험에서는 부보비율 조건부 실손 보상조항이 많이 적용되는데 동 조항이 적용되면 전부 또는 초과보험의 경우는 보험가액을 한도로 손해액을 전액 지급하지만 일부보험인 경우는 보험가입금액이 보험가액의 일정 비율 이상이면 보험가입금액 이내에서 실제 발생한 손해를 실손보상하고 일정 비율에 미달하면 비례보상한다. 축사 부문에서도 위와 같이 부보비율 조건부 실손 보상조항을 적용하여 보험가입금액이 보험가액의 80% 이상인 경우는 전부보험으로 보고 비례보상 조항을 적용하지 않고 있으며 구체적인 계산방식은 아래와 같다.

(1) 보험가입금액이 보험가액의 80% 해당액과 같거나 클 때

보험가입금액을 한도로 손해액 전액. 그러나, 보험가입금액이 보험가액보다 클 때에는 보험가액을 한도로 한다.

(2) 보험가입금액이 보험가액의 80% 해당액보다 작을 때

보험가입금액을 한도로 아래의 금액

$$\text{손해액} \times \frac{\text{보험가입금액}}{\text{보험가액의 80\%해당액}}$$

(3) 동일한 계약의 보험목적과 동일한 사고에 관하여 보험금을 지급하는 다른 계약(공제 계약을 포함한다)이 있고 이들의 보험가입금액의 합계액이 보험가액보다 클 경우 : 아래에 따라 계산한다. 이 경우 보험자 1인에 대한 보험금 청구를 포기한 경우에도 다른 보험자의 지급보험금 결정에는 영향을 미치지 않는다.

1) 다른 계약이 이 계약과 지급보험금의 계산 방법이 같은 경우

$$\text{손해액} \times \frac{\text{이 계약의 보험가입금액}}{\text{다른 계약이 없는 것으로하여 각각 계산한 보험가입금액의 합계액}}$$

2) 다른 계약이 이 계약과 지급보험금의 계산 방법이 다른 경우

$$손해액 \times \frac{이\ 계약의\ 보험금}{다른\ 계약이\ 없는\ 것으로하여\ 각각\ 계산한\ 보험금의\ 합계액}$$

3) 이 보험계약이 타인을 위한 보험계약이면서 보험계약자가 다른 계약으로 인하여 「상법」 제682조에 따른 대위권 행사의 대상이 된 경우에는 실제 그 다른 계약이 존재함에도 불구하고 그 다른 계약이 없다는 가정하에 계산한 보험금을 그 다른 보험계약에 우선하여 이 보험계약에서 지급한다.

4) 이 보험계약을 체결한 재해보험사업자가 타인을 위한 보험에 해당하는 다른 계약의 보험계약자에게 「상법」 제682조에 따른 대위권을 행사할 수 있는 경우에는 이 보험계약이 없다는 가정하에 다른 계약에서 지급받을 수 있는 보험금을 초과한 손해액을 이 보험계약에서 보상한다.

(4) 자기부담금

풍재·수재·설해·지진으로 인한 손해일 경우에는 (1) ~(3)에 따라 계산한 금액에서 보험증권에 기재된 자기부담비율을 곱한 금액 또는 50만 원 중 큰 금액을 자기부담금으로 한다. 단, 화재로 인한 손해일 경우에는 보험증권에 기재된 자기부담비율을 곱한 금액을 자기부담금으로 한다.

(5) 보험목적물의 감가

손해액은 그 손해가 생긴 때와 장소에서의 보험가액에 따라 계산한다. 보험목적물의 경년감가율은 손해보험협회의 "보험가액 및 손해액의 평가기준"을 준용하며, 이 보험목적물이 지속적인 개·보수가 이루어져 보험목적물의 가치증대가 인정된 경우 잔가율은 보온덮개·쇠파이프 조인 축사구조물의 경우에는 최대 50%까지, 그 외 기타 구조물의 경우에는 최대 70%까지로 수정하여 보험가액을 평가할 수 있다. 다만, 보험목적물이 손해를 입은 장소에서 6개월 이내 실제로 수리 또는 복구되지 않은 때에는 잔가율이 30% 이하인 경우에는 최대 30%로 수정하여 평가한다.

(6) 손해방지의무

보통약관의 일반조항 손해방지의무에 추가하여 손해방지 또는 경감에 소요된 필요 또는 유익한 비용(이하 "손해방지 비용"이라 한다)은 보험가입금액의 보험가액에 대

한 비율에 따라 상기 지급보험금의 계산을 준용하여 계산한 금액을 보상하며, 지급보험금에 손해방지 비용을 합한 금액이 보험가입금액을 초과하더라도 이를 지급한다. 즉 손해방지 비용도 부보비율(80%) 조건부 실손 보상조항을 적용하여 계산한다.

(7) 잔존보험가입금액

보상하는 손해에 따라 손해를 보상한 경우에는 보험가입금액에서 보상액을 뺀 잔액을 손해가 생긴 후의 나머지 보험기간에 대한 잔존보험가입금액으로 한다. 보험의 목적이 둘 이상일 경우에도 각각 적용한다.

02-2 기본서 내용 익히기 - 제2절 특약의 손해평가

1 소(牛)도체결함보장특약

소도체결함 : 결함은 축산물품질평가사가 판정한 "근출혈(ㅎ), 수종(ㅈ), 근염(ㅇ), 외상(ㅅ), 근육제거(ㄱ), 기타(ㅌ)를 말한다.

1 손해액의 산정

특약에서 손해액은 사고소의 도체등급과 같은 등급의 전국평균 경락가격[등외등급 및 결함을 제외한 도체(정상도체)의 가격]과 사고소 도체의 경락가격으로 계산한 1두가격의 차액으로 한다.

- 보험가액 = 정상도체의 해당등급(사고소 등급)의 1두가격
- 손해액 = 정상도체의 해당등급(사고소 등급) − 사고소의 1두 경락가격

① 1두가격 = 사고 전월 전국지육경매평균가격(원/지육kg) × 사고소(牛)의 도체중(kg) 단, kg당 전월 전국지육경매평균가격은 축산물품질평가원이 제시하는 가격을 따른다.

② 도축 후 경매를 통하지 않고 폐기처분된 소의 손해액은 보통약관 소 부문의 손해액 산정방식을 따른다.

2 지급보험금의 계산

상기 1 손해액의 산정에서 정한 보험가액 및 손해액을 기준으로 하여 아래에 따라 계산한 금액에서 자기부담금을 차감한 금액을 지급보험금으로 한다.

(1) 보험가입금액이 보험가액과 같거나 클 때

보험가입금액을 한도로 손해액 전액. 그러나, 보험가입금액이 보험가액보다 클 때에는 보험가액을 한도로 한다.

(2) 보험가입금액이 보험가액보다 작을 때

보험가입금액을 한도로 아래의 금액

$$\text{손해액} \times \frac{\text{보험가입금액}}{\text{보험가액}}$$

(3) 동일한 계약의 보험목적과 동일한 사고에 관하여 보험금을 지급하는 다른 계약(공제 계약을 포함한다)이 있고 이들의 보험가입금액의 합계액이 보험가액보다 클 경우 : 아래에 따라 계산한다. 이 경우 보험자 1인에 대한 보험금 청구를 포기한 경우에도 다른 보험자의 지급보험금 결정에는 영향을 미치지 않는다.

1) 다른 계약이 이 계약과 지급보험금의 계산 방법이 같은 경우

$$\text{손해액} \times \frac{\text{이 계약(특별약관)의 보험가입금액}}{\text{다른 계약이 없는 것으로하여 각각 계산한 보험가입금액의 합계액}}$$

2) 다른 계약이 이 계약과 지급보험금의 계산 방법이 다른 경우

$$\text{손해액} \times \frac{\text{이 계약(특별약관)의 보험금}}{\text{다른 계약이 없는 것으로 하여 각각 계산한 보험금의 합계액}}$$

(4) 하나의 보험가입금액으로 둘 이상의 보험의 목적을 계약하는 경우 : 전체가액에 대한 각 가액의 비율로 보험가입금액을 비례배분하여 상기계산방법에 따라 지급보험금을 계산한다.

(5) 상기 2의 방법에 따라 계산된 금액의 20%를 자기부담금으로 한다.

2 돼지 질병위험보장특약

1 보상하는 손해

가축재해보험 보통약관의 일반조항 보상하지 않는 손해에도 불구하고 이 특약에 따라 아래의 질병을 직접적인 원인으로 하여 보험기간 중에 폐사 또는 맥박, 호흡 그 외 일반증상으로 수의학적으로 구할 수 없는 상태(보험기간 중에 질병으로 폐사하거나 보험기간 종료일 이전에 질병의 발생을 서면 통지한 후 30일 이내에 보험목적이 폐사할 경우를 포함한다.)가 확실시 되는 경우 그 손해를 보상한다.

- 전염성위장염(Transmissible gastroenteritis ; TGE virus 감염증)
- 돼지유행성설사병(Porcine epidemic diarrhea ; PED virus 감염증)
- 로타바이러스감염증(Rota virus 감염증)

이 특약에 따른 질병에 대한 진단확정은 해부병리 또는 임상병리의 전문 수의사 자격증을 가진자에 의하여 내려져야 하며, 이 진단은 조직(fixed tissue) 또는 분변, 혈액검사

등에 대한 형광항체법 또는 PCR(Polymerase chain reaction; 중합효소연쇄반응) 진단법 등을 기초로 하여야 한다. 그러나 상기의 병리학적 진단이 가능하지 않을 때는 임상적인 증거로 인정된다.

2 보상하지 않는 손해

가축재해보험 보통약관의 일반조항 보상하지 않는 손해에 추가하여 아래의 사유로 인한 손해도 보상하지 않는다.

① 국가, 공공단체, 지방자치단체의 명령 또는 사법기관 등의 결정 여부에 관계없이 고의적인 도살은 보상하지 않는다. 단, 재해보험사업자가 보험목적의 도살에 동의한 경우 또는 보험목적이 보상하는 손해의 질병으로 치유가 불가능하고, 상태가 극도로 불량하여 보험자가 선정한 수의사가 인도적인 면에서 도살이 필연 적이라는 증명서를 발급한 경우에는 보상하며, 이 경우 보험자는 보험자가 선정한 수의사에게 부검을 실시하게 할 수 있다.

② 다음의 결과로 발생하는 폐사는 원인의 직·간접을 묻지 않고 보상하지 않는다.

- 보상하는 손해의 주된 원인이 이 계약의 보장개시일(책임개시일) 이전에 발생한 경우
- 외과적 치료행위 및 약물 투약의 결과 발생한 폐사. 다만, 수의사가 치료 또는 예방의 목적으로 실행한 외과적 치료, 투약의 경우에는 보상한다. 약물이라 함은 순수한 음식물이 아닌 보조식품이나 단백질, 비타민, 호르몬, 기타 약품을 의미한다.
- 보험목적이 도난 또는 행방불명된 경우
- 제1회 보험료 등을 납입한 날의 다음 월 응당일(다음월 응당일이 없는 경우는 다음 월 마지막 날로 한다.) 이내에 발생한 손해. 보험기간 중에 계약자가 보험목적을 추가하고 그에 해당하는 보험료를 납입한 경우에도 같다. 다만 이 규정은 보험자가 정하는 기간 내에 1년 이상의 계약을 다시 체결하는 경우에는 적용하지 않는다.

3 손해액 산정

보상할 손해액은 보통약관 돼지 부문의 손해액 산정방법에 따라 산정하며 이 특약의 보험가액은 다음과 같이 산정한다.

$$보험가액 = 모돈두수 \times 2.5 \times 자돈가격$$

4 자기부담금

보통약관 지급보험금 계산방식에 따라서 계산한 금액에서 보험증권에 기재된 자기부담비율을 곱한 금액과 200만 원 중 큰 금액을 자기부담금으로 한다.

3 돼지 축산휴지위험보장특약

1 용어의 정의

구분	내용
축산휴지	• 보험의 목적의 손해로 인하여 불가피하게 발생한 전부 또는 일부의 축산업 중단을 말함
축산휴지손해	• 보상위험에 의해 손해를 입은 결과 축산업이 전부 또는 일부 중단되어 발생한 사업이익과 보상위험에 의한 손해가 발생하지 않았을 경우 예상되는 사업이익의 차감금액을 말함
사업이익	• 1두당 평균가격에서 경영비를 뺀 잔액을 말한다.
보험가입금액	• 이 특약에서 지급될 수 있는 최대금액
1두당 평균가격	• (4) 비육돈, 육성돈 및 후보돈의 보험가액에서 정한 비육돈 생체중량 100kg의 가격을 말한다.
경영비	• 통계청에서 발표한 최근의 비육돈 평균경영비를 말한다.
이익률	• 손해발생 시에 다음의 산식에 의해 얻어진 비율을 말한다. • 이익률 $= \dfrac{\text{1두당 비육돈(100kg 기준)의 평균가격} - \text{경영비}}{\text{1두당 비육돈(100kg 기준)의 평균가격}}$ ※ 단, 이 기간 중에 이익률이 16.5% 미만일 경우 이익률은 16.5%로 한다.

2 보상하는 손해

보험기간 동안 보험증권에 명기된 구내에서 보통약관 및 특약에서 보상하는 사고의 원인으로 피보험자가 영위하는 축산업이 중단 또는 휴지되었을 경우 생긴 손해액을 보상한다.

- 보험금은 이 특약의 보험가입금액을 초과할 수 없다.
- 피보험자가 피보험이익을 소유한 구내의 가축에 대하여 보통약관 또는 특약에 의한 보험금 지급이 확정된 경우에 한하여 보장한다.

3 보상하지 않는 손해

보통약관의 일반조항 및 돼지부문에서 보상하지 않는 손해에 추가하여 아래의 사유로 인해 발생 또는 증가된 손해는 보상하지 않는다.

- 사용, 건축, 수리 또는 철거를 규제하는 국가 또는 지방자치단체의 법령 및 이에 준하는 명령
- 리스, 허가, 계약, 주문 또는 발주 등의 정지, 소멸, 취소
- 보험의 목적의 복구 또는 사업의 계속에 대한 방해
- 보험에 가입하지 않은 재산의 손해
- 관계당국에 의해 구내 출입금지 기간이 14일 초과하는 경우. 단, 14일까지는 보상한다.

4 손해액 산정

피보험자가 축산휴지손해를 입었을 경우 손해액은 보험가액으로 하며, 종빈돈에 대해서만 아래에 따라 계산한 금액을 보험가액으로 한다.

종빈돈 × 10 × 1두당 비육돈(100kg 기준)평균가격 × 이익률

※ 단, 후보돈과 임신, 분만 및 포유 등 종빈돈으로서 기능을 하지 않는 종빈돈은 제외한다.

5 이익률의 조정

영업에 있어서 특수한 사정의 영향이 있는 때 또는 영업추세가 현저히 변화한 때에는 손해사정에 있어서 이익률에 공정한 조정을 하는 것으로 한다.

6 지급보험금의 계산

상기 4. 손해액 산정에서 정한 보험가액 및 손해액을 기준으로 하여 제3절 보험금 지급 및 심사의 지급보험금 계산 방법에 따라 계산한다.

7 자기부담금

자기부담금은 적용하지 않는다.

8 손해의 경감

피보험자는 축산휴지로 인한 손해를 아래의 방법으로 경감할 수 있을 때는 이를 시행하여야 한다.

- 보험의 목적의 전면적인 또는 부분적인 생산활동을 재개하거나 유지하는 것
- 보험증권상에 기재된 장소 또는 기타 장소의 다른 재산을 사용하는 것

02-3 기본서 내용 익히기 - 제3절 보험금 지급 및 심사

1 보험가액과 보험금액

1 가축재해보험 : 「상법」상 손해보험에 해당

(1) 이득금지원칙

① 손해보험을 지배하는 기본적인 원칙 중 하나로, "보험으로 이득을 보아서는 안된다"는 원칙.

② 보험에 가입한 피보험자가 보험사고의 발생 결과 그 사고발생 직전의 경제 상태보다 더 나은 상태에 놓인다면 고의로 보험사고가 유발되는 등 손해보험제도의 존립을 위협하기 때문에 손해보험의 본질과 보험단체의 형평을 유지하고 도덕적 위험을 강하게 억제하고자 하는 원칙이다.

2 보험가액과 보험가입금액의 개념

보험가액	• 피보험이익을 금전적 가치로 평가한 것. 보험가액은 이득금지의 판정 기준이 되며, 재해보험사업자의 법률상 보상한도액이다. • 피보험이익 : 손해보험에서 피보험자가 보험사고로 인하여 입게 될 경제적 이익
보험가액금액	보험계약상 보상한도액

3 보험가액과 보험가입금액의 관계

보험가액과 보험가입금액 통상 일치하는 것(전부보험)을 기대하지만 보험가액은 통상 사고가 발생한 곳과 때의 가액을 보험가액으로 평가되므로 수시로 변경될 수 있다. 때문에 초과보험, 중복보험 및 일부보험의 문제가 발생한다.

2 지급보험금의 계산

지급보험금의 계산방식은 전부보험, 초과보험의 경우는 보험가액을 한도로 손해액 전액을 보상하고 일부보험의 경우는 보험가입금액의 보험가액에 대한 비율에 따라서 손해액을 보상하며 중복보험의 경우는 각 보험증권별로 지급보험금 계산방식이 동일한 경우는 가입금액 비례분담방식, 다른 경우는 독립책임액분담방식으로 산정하게 된다. 구체적인 계산방식은 아래와 같다.

1 지급보험 계산방식

(1) **지급할 보험금** : 아래에 따라 계산한 금액에서 약관 각 부문별 제 규정에서 정한 자기부담금을 차감한 금액으로 한다.

1) 보험가입금액이 보험가액과 같거나 클 때 : 보험가입금액을 한도로 손해액 전액. 그러나, 보험가입금액이 보험가액보다 클 때에는 보험가액을 한도로 한다.

2) 보험가입금액이 보험가액보다 작을 때 : 보험가입금액을 한도로 아래의 금액으로 한다.

$$\text{손해액} \times \frac{\text{보험가입금액}}{\text{보험가액}}$$

(2) **동일한 계약의 목적과 동일한 사고에 관하여 보험금을 지급하는 다른 계약이 있고 이들의 보험가입금액의 합계액이 보험가액보다 클 경우** : 아래에 따라 계산한 금액에서 이 약관 각 부문별 제 규정에서 정한 자기부담금을 차감하여 지급보험금을 계산한다. 이 경우 보험자 1인에 대한 보험금 청구를 포기한 경우에도 다른 보험자의 지급보험금 결정에는 영향을 미치지 않는다.

1) 다른 계약이 이 계약과 지급보험금의 계산 방법이 같은 경우

$$\text{손해액} \times \frac{\text{이계약(특별약관)의 보험가입금액}}{\text{다른계약이 없는것으로하여 각각 계산한 보험가입금액의 합계액}}$$

2) 다른 계약이 이 계약과 지급보험금의 계산 방법이 다른 경우

$$\text{손해액} \times \frac{\text{이계약(특별약관)의 보험금}}{\text{다른계약이 없는것으로하여 각각 계산한 보험금 합계액}}$$

3) 이 보험계약이 타인을 위한 보험계약이면서 보험계약자가 다른 계약으로 인하여 「상법」 제682조에 따른 대위권 행사의 대상이 된 경우 : 실제 그 다른 계약이 존재함에도 불구하고 그 다른 계약이 없다는 가정하에 계산한 보험금을 그 다른 보험계약에 우선하여 이 보험계약에서 지급한다.

4) 이 보험계약을 체결한 재해보험사업자가 타인을 위한 보험에 해당하는 다른 계약의 보험계약자에게 「상법」 제682조에 따른 대위권을 행사할 수 있는 경우 : 이 보험계약이 없다는 가정하에 다른 계약에서 지급받을 수 있는 보험금을 초과한 손해액을 보험계약에서 보상한다.

보충자료

제682조(제3자에 대한 보험대위)

① 손해가 제3자의 행위로 인하여 발생한 경우에 보험금을 지급한 보험자는 그 지급한 금액의 한도에서 그 제3자에 대한 보험계약자 또는 피보험자의 권리를 취득한다. 다만, 보험자가 보상할 보험금의 일부를 지급한 경우에는 피보험자의 권리를 침해하지 아니하는 범위에서 그 권리를 행사할 수 있다.

② 보험계약자나 피보험자의 제1항에 따른 권리가 그와 생계를 같이 하는 가족에 대한 것인 경우 보험자는 그 권리를 취득하지 못한다. 다만, 손해가 그 가족의 고의로 인하여 발생한 경우에는 그러하지 아니하다.

(3) **하나의 보험가입금액으로 둘 이상의 보험의 목적을 계약하는 경우** : 전체가액에 대한 각 가액의 비율로 보험가입금액을 비례배분하여 상기 규정에 따라 지급보험금을 계산한다.

3 자기부담금

① 자기부담금은 보험사고발생 시 계약자에게 일정 금액을 부담시키는 것으로 이를 통하여 재해보험사업자의 지출비용을 축소하여 보험료를 경감하고 피보험자의 자기부담을 통하여 도덕적 해이 및 사고방지에 대한 의식을 고취하는 기능을 하게 된다.

② 가축재해보험에서 소, 돼지, 종모우, 가금, 기타 가축 부분의 자기부담금은 상기 지급보험금의 계산방식에 따라서 계산한 금액에서 보험증권에 기재된 자기부담금비율을 곱한 금액을 자기부담금으로 한다. 다만 폭염·전기적장치·질병위험 특약의 경우 위의 자기부담금과 200만 원 중 큰 금액을 자기부담금으로 하며, 축사 부문의 풍수재·설해·지진으로 인한 손해의 경우 위의 자기부담금과 50만 원 중 큰 금액을 자기부담금으로 한다.

③ 말 부문의 경우는 상기 지급보험금의 계산방식에 따라서 계산한 금액의 20%를 자기부담금으로 한다. 다만, 경주마(보험가입 후 경주마로 용도 변경된 경우 포함)는 보험증권에 기재된 자기부담금 비율을 곱한 금액을 자기부담금으로 한다.

4 잔존보험가입금액

① 보험기간의 중도에 재해보험사업자가 일부손해의 보험금을 지급하였을 경우 손해발생일 이후의 보험기간에 대해서는 보험가입금액에서 그 지급보험금을 공제한 잔액을 보험가입금액으로 하여 보장하는데 이때 보험가입금액을 잔존보험가입금액이라고 한다.

② 가축재해보험은 돼지, 가금, 기타 가축 부문에서 약관 규정에 따라서 손해의 일부를 보상한 경우 보험가입금액에서 보상액을 뺀 잔액을 손해가 생긴 후의 나머지 보험기간에 대한 잔존보험가입금액으로 하고 있다.

5 비용손해의 지급한도

가축재해보험에서는 잔존물처리비용, 손해방지 비용, 대위권 보전비용, 잔존물 보전비용, 기타 협력비용 등 5가지 비용손해를 보상하는 비용손해로 규정하고 있는데 이러한 비용손해의 지급한도는 다음과 같다.

- 가축재해보험 약관상 보험의 목적이 입은 손해에 의한 보험금과 약관에서 규정하는 잔존물처리비용은 각각 지급보험금의 계산을 준용하여 계산하며, 그 합계액은 보험증권에 기재된 보험가입금액을 한도로 한다. 다만, 잔존물 처리비용은 손해액의 10%를 초과할 수 없다.
- 비용손해 중 손해방지 비용, 대위권 보전비용 및 잔존물 보전비용은 약관상 지급보험금의 계산을 준용하여 계산한 금액이 보험가입금액을 초과하는 경우에도 이를 지급한다. 단, 이 경우에 자기부담금은 차감하지 않는다.
- 비용손해 중 기타 협력비용은 보험가입금액을 초과한 경우에도 이를 전액 지급한다.
  일부보험이나 중복보험인 경우에는 손해방지 비용, 대위권 보전비용 및 잔존물 보전비용은 상기 비례분담방식 등으로 계산하며 자기부담금은 공제하지 않고 계산한 금액이 보험가입금액을 초과하는 경우도 지급하고, 기타 협력비용은 일부보험이나 중복보험인 경우에도 비례분담방식 등으로 계산하지 않고 전액 지급하며 보험가입금액을 초과한 경우에도 전액 지급한다.

6 보험금 심사

1 보험금 심사

① 보험사고접수 이후 피해사실의 확인, 보험가액 및 손해액의 평가 등 손해평가 과정 이후 재해보험사업자의 보험금지급 여부 및 지급보험금을 결정하기 위하여 보험금 심사를 하게 되는데 사고보험금 심사는 우연한 사고로 발생한 재산상의 손해를 보상할 것을 목적으로한다.

② 약관형식으로 판매되는 손해보험 특성상 약관 규정 내용을 중심으로 판단하게 되며 보험계약의 단체성과 부합계약성이라는 특수성 때문에 약관의 해석은 보험계약자 등을 보호하기 위하여 일정한 해석의 원칙이 필요하기 때문에 우리나라에서는 "약관의 규제에 관한 법률"에 약관의 해석과 관련하여 다양한 약관의 해석의 원칙을 규정하고 있다.

③ 특별약관은 개별약정으로 보통약관에 우선 적용되나 특별약관에서 달리 정하지 아니한 부분에 대해서는 보통약관이 구속력을 가지게 된다. 보험금 심사방법 및 유의사항은 다음과 같다.

2 보험금 지급의 면·부책 판단

보험금 지급의 면·부책 판단은 보험약관의 내용에 따르며, 보험금 청구서류 서면심사 및 손해조사 결과를 검토하여 보험약관의 보상하는 손해에 해당되는지 그리고 보상하지 아니하는 손해에 해당하지는 않는지 판단하게 되며 면·부책 판단의 요건은 다음과 같다.

- 보험기간 내에 보험약관에서 담보하는 사고인지 여부
- 원인이 되는 사고와 결과적인 손해사이의 상당인과관계 여부
- 보험사고가 상법과 보험약관에서 정하고 있는 면책조항에 해당되는지 여부
- 약관에서 보상하는 손해 및 보상하지 아니하는 손해 조항 이외에도 알릴 의무 위반 효과에 의거 손해보상책임이 달라질 수 있으므로 주의

3 손해액 평가

손해액 산정 및 평가는 약관 규정에 따라서 평가한다.

4 보험금 지급심사 시 유의사항

1	**계약체결의 정당성 확인**	• 보험계약 체결 시 보험 대상자(피보험자)의 동의 여부 등을 확인한다.
2	**고의, 역선택 여부 확인**	• 고의적인 보험사고를 유발하거나 허위사고 여부를 확인한다. • 다수의 보험을 가입하고 고의로 사고를 유발하는 경우가 있으므로 특히 주의를 요하며, 보험계약이 역선택에 의한 계약인지 확인한다.

3	고지의무위반 등 여부 확인	• 약관에서 규정하고 있는 계약 전, 후 알릴 의무 및 각종 의무 위반 여부를 확인한다.
4	면책사유 확인	• 고지의무 위반 여부, 보험계약의 무효 사유, 보험사고발생의 고의성, 청구서류에 고의로 사실과 다른 표기, 청구시효 소멸 여부 등을 확인한다.
5	기타 확인	• 개별약관을 확인하여 위에 언급한 사항 이외에 보험금 지급에 영향을 미치는 사항이 있는지 확인한다. • 미비된 보험금 청구 서류의 보완 지시로 인한 지연지급, 불필요한 민원을 방지하기 위하여, 보험금 청구서류 중 사고의 유무, 손해액 또는 보험금의 확정에 영향을 미치지 않는 범위 내에서 일부 서류를 생략할 수 있으며, 사고내용에 따라 추가할 수 있다.

7 보험사기 방지

1 보험사기 정의

보험사기는 보험계약자 등이 보험제도의 원리상으로는 취할 수 없는 보험혜택을 부당하게 얻거나 보험 제도를 역이용하여 고액의 보험금을 수취할 목적으로 고의적이며 악의적으로 행동하는 일체의 불법행위로써 형법상 사기죄의 한 유형으로 보험사기방지 특별법에서는 보험사기행위로 보험금을 취득하거나 제3자에게 보험금을 취득하게 한 자는 10년 이하의 징역 또는 5천만 원 이하의 벌금에 처하도록 규정하고 있다.

2 성립요건

① 계약자 또는 보험 대상자에게 고의가 있을 것 : 계약자 또는 보험 대상자의 고의에 보험자를 기망하여 착오에 빠뜨리는 고의와 그 착오로 인해 승낙의 의사표시를 하게 하는 것 등

② 기망행위가 있을 것 : 기망이란 허위진술을 하거나 진실을 은폐하는 것, 통상 진실이 아닌 사실을 진실이라 표시하는 행위를 말하거나 알려야 할 경우에 침묵, 진실을 은폐하는 것도 기망행위에 해당

③ 상대방인 보험자가 착오에 빠지는 것 : 상대방인 보험자가 착오에 빠지는 것에 내하여 보험자의 과실 유무는 문제되지 않음
④ 상대방인 보험자가 착오에 빠져 그 결과 승낙의 의사표시를 한 것 : 착오에 빠진 것과 그로 인해 승낙 의사표시 한 것과 인과관계 필요
⑤ 사기가 위법일 것 : 사회생활상 신의성실의 원칙에 반하지 않는 정도의 기망 행위는 보통 위법성이 없다고 해석

3 사기행위자

사기행위에 있어 권유자가 사기를 교사하는 경우도 있으며, 권유자가 개입해도 계약자 또는 피보험자 자신에게도 사기행위가 있다면 고지의무 위반과 달리 보장개시일로부터 5년 이내에 계약을 취소할 수 있다.

4 사기증명

계약자 또는 피보험자의 사기를 이유로 보험계약의 무효를 주장하는 경우에 사기를 주장하는 재해보험사업자 측에서 사기 사실 및 그로 인한 착오 존재를 증명해야 한다.

5 보험사기 조치

① 청구한 사고보험금 지급을 거절 가능
② 약관에 의거하여 해당 계약을 취소할 수 있음

03 워크북으로 마무리하기

01 다음은 가축재해보험의 계약 후 알릴 의무에 관한 내용이다. 아래 괄호에 알맞은 내용을 순서대로 쓰시오

〈계약 후 알릴 의무〉

① 이 계약에서 보장하는 위험과 동일한 위험을 보장하는 계약을 다른 보험자와 체결하고자 할 때 또는 이와 같은 계약이 있음을 알았을 때
② (　　)할 때
③ 보험목적 또는 보험목적 수용장소로부터 반경 (　　) 이내 지역에서 가축전염병 발생(전염병으로 의심되는 질환 포함) 또는 원인 모를 질병으로 집단폐사가 이루어진 경우
④ 보험의 목적 또는 보험의 목적을 수용하는 건물의 구조를 변경, 개축, 증축하거나 계속하여 (　　) 수선할 때
⑤ 보험의 목적 또는 보험의 목적을 수용하는 건물의 (　　)함으로써 위험이 변경되는 경우
⑥ 보험의 목적 또는 보험의 목적이 들어있는 건물을 계속하여 (　　) 비워두거나 휴업하는 경우
⑦ 다른 곳으로 옮길 때
⑧ (　　) 또는 행방불명 되었을 때
⑨ 의외의 재난이나 위험에 의해 구할 수 없는 상태에 빠졌을 때
⑩ (　　)가 증가되거나 감소되었을 때
⑪ (　　)이 뚜렷이 변경되거나 변경되었음을 알았을 때

02 소(암컷)의 보험가액 산정에 관한 표이다. 빈칸에 알맞은 내용을 쓰시오.

월령	보험가액
1 ~ 7개월	분유떼기 암컷 가격
8 ~ 12개월	( )
13 ~ 18개월	수정단계가격
19 ~ 23개월	( )
24 ~ 31개월	초산우가격
32 ~ 39개월	( )
40 ~ 55개월	다산우가격
56 ~ 66개월	( )
67개월 이상	노산우가격

03 산란계의 보험가액 산정에 관한 표이다. 빈칸에 알맞은 내용을 쓰시오.

산란계	해당주령	보험가액
병아리	생후 1주 이하	사고 당일 포함 직전 5영업일의 산란실용계 병아리 평균가격
	생후 2 ~ 9주	( )
중추	생후 10 ~ 15주	사고 당일 포함 직전 5영업일의 산란중추 평균가격
	생후 16 ~ 19주	( )
산란계	생후 20 ~ 70주	( )
산란노계	생후 71주 이상	사고 당일 포함 직전 5영업일의 산란성계육 평균가격

04 **다음은 축사의 손해액 산정에 관한 내용이다. 아래 괄호에 알맞은 내용을 쓰시오.**

손해액은 그 손해가 생긴 때와 장소에서의 보험가액에 따라 계산한다. 보험목적물의 (　　) 은 손해보험협회의 "보험가액 및 손해액의 평가기준"을 준용하며, 이 보험목적물이 지속적인 개·보수가 이루어져 보험목적물의 가치증대가 인정된 경우 (　　)은 보온덮개·쇠파이프 조인 축사구조물의 경우에는 최대 (　　)까지, 그 외 기타 구조물의 경우에는 최대 (　　)까지로 수정하여 보험가액을 평가할 수 있다. 다만, 보험목적물이 손해를 입은 장소에서 (　　) 이내 실제로 수리 또는 복구되지 않은 때에는 잔가율이 (　　) 이하인 경우에는 최대 (　　)로 수정하여 평가한다.

05 **돼지 질병위험보장특약에서 보장하는 질병을 3가지 쓰시오.**

06 다음은 보험사기의 성립요건에 관한 내용이다. 아래 괄호에 알맞은 내용을 순서대로 쓰시오.

〈성립요건〉

(1) 계약자 또는 보험 대상자에게 (①)가 있을 것
계약자 또는 보험 대상자의 (①)에 보험자를 (②)하여 (③)에 빠뜨리는 (①)와 그 (③)로 인해 (④)를 하게 하는 것 등
(2) (②)행위가 있을 것
(②)이란 허위진술을 하거나 진실을 은폐하는 것, 통상 진실이 아닌 사실을 진실이라 표시하는 행위를 말하거나 알려야 할 경우에 (⑤), 진실을 은폐하는 것도 기망행위에 해당
(3) 상대방인 보험자가 (③)에 빠지는 것
상대방인 보험자가 (③)에 빠지는 것에 대하여 보험자의 과실 유무는 문제되지 않음
(4) 상대방인 보험자가 (③)에 빠져 그 결과 (④)를 한 것
착오에 빠진 것과 그로 인해 승낙 의사표시 한 것과 (⑥) 필요
(5) 사기가 (⑦)일 것
사회생활상 (⑧)에 반하지 않는 정도의 (②) 행위는 보통 (⑦)성이 없다고 해석

〈사기행위자〉

사기행위에 있어 권유자가 사기를 교사하는 경우도 있으며, 권유자가 개입해도 계약자 또는 피보험자 자신에게도 사기행위가 있다면 고지의무 위반과 달리 (⑨)로부터 (⑩)에 계약을 취소할 수 있다.

〈사기증명〉

계약자 또는 피보험자의 사기를 이유로 보험계약의 무효를 주장하는 경우에 사기를 주장하는 (⑪) 측에서 사기 사실 및 그로 인한 착오 존재를 증명해야 한다.

〈보험사기 조치〉

(1) 청구한 사고보험금 (⑫) 가능
(2) 약관에 의거하여 해당 (⑬)할 수 있음

07 가축재해보험(젖소) 사고 시 월령에 따른 보험가액을 산출하고자 한다. 각 사례별 (1) ~ (5)로 보험가액 계산과정과 값을 쓰시오. (단, 유량검정젖소 가입 시는 제외, 만 원 미만 절사) (각3점, 15점)

〈사고 전전월 전국산지평균가격〉

- 분유떼기 암컷 : 100만 원
- 수정단계 : 300만 원
- 초산우 : 350만 원
- 다산우 : 480만 원
- 노산우 : 300만 원

(1) 월령 2개월 질병사고 폐사

(2) 월령 11개월 대사성 질병 폐사

(3) 월령 20개월 유량감소 긴급 도축

(4) 월령 35개월 급성고창 폐사

(5) 월령 60개월 사지골절 폐사

정답

01 답 : 양도, 10km, 15일 이상, 용도를 변경, 30일 이상, 도난, 개체 수, 위험 끝

02 답 : 분유떼기암컷가격 + (수정단계가격 − 분유떼기암컷가격) / 6 × (사고월령 − 7개월), 수정단계가격 + (초산우가격 − 수정단계가격) / 6 × (사고월령 − 18개월), 초산우가격 + (다산우가격 − 초산우가격) / 9 × (사고월령 − 31개월), 다산우가격 + (노산우가격 − 다산우가격) / 12 × (사고월령 − 55개월) 끝

03 답 : 산란실용계병아리가격 + (산란중추가격 − 산란실용계병아리가격) / 9 × (사고주령 − 1주령), 산란중추가격 + (20주 산란계가격 − 산란중추가격) / 5 × (사고주령 − 15주령), (550일 − 사고일령) × 70% × (사고 당일 포함 직전 5영업일의 계란 1개 평균가격 − 계란 1개의 생산비) 끝

04 답 : 경년감가율, 잔가율, 50%, 70%, 6개월, 30%, 30% 끝

05 답 : ① 전염성위장염(TGE virus 감염증)
② 돼지유행성설사병(PED virus 감염증)
③ 로타바이러스감염증(Rota virus 감염증) 끝

06 답 : ① 고의, ② 기망, ③ 착오, ④ 승낙의 의사표시, ⑤ 침묵, ⑥ 인과관계, ⑦ 위법, ⑧ 신의성실의 원칙, ⑨ 보장개시일, ⑩ 5년 이내, ⑪ 재해보험사업자, ⑫ 지급을 거절, ⑬ 계약을 취소 끝

07

(1)

월령 2개월 질병사고 폐사
전전월 전국산지평균 분유떼기 젖소 암컷 가격 100만 원 × 50% = 50만 원

답 : 50만 원(500,000원) 끝

(2)

월령 11개월 대사성 질병 폐사
분유떼기암컷가격 + (수정단계가격 − 분유떼기암컷가격) / 6 × (사고월령 − 7개월)
= 100만 원 + (300만 원 − 100만 원) / 6 × (11 − 7) = 2,333,333.333원
= 2,330,000원(만 원 미만 절사)

답 : 233만 원(2,330,000원) 끝

(3)

월령 20개월 유량감소 긴급 도축
수정단계가격 + (초산우가격 − 수정단계가격) / 6 × (사고월령 − 18개월)
= 300만 원 + (350만 원 − 300만 원) / 6 × (20 − 18) = 3,166,666.667
= 3,160,000원(만 원 미만 절사)

답 : 316만 원(3,160,000원) 끝

(4)

월령 35개월 급성고창 폐사
초산우가격 + (다산우가격 − 초산우가격) / 9 × (사고월령 − 31개월)
= 350만 원 + (480만 원 − 350만 원) / 9 × (35 − 31) = 4,077,777.778
= 4,070,000원(만 원 미만 절사)

답 : 407만 원(4,070,000원) 끝

(5)

월령 60개월 사지골절 폐사
다산우가격 + (노산우가격 − 다산우가격) / 12 × (사고월령 − 55개월)
= 480만 원 + (300만 원 − 480만 원) / 12 × (60 − 55) = 405만 원

답 : 405만 원(4,050,000원) 끝

손해평가사 2차 시험,
합격을 위한 최적의 교재!

손해평가사 기본서 1
농작물재해보험 및
가축재해보험의 이론과 실무
교재 / 34,000원

손해평가사 기본서 2
농작물재해보험 및
가축재해보험 손해평가의 이론과 실무
교재 / 34,000원

손해평가사 2차
기출문제+합격노트
교재 / 34,000원

손해평가사 2 기본서

농작물재해보험 및 가축재해보험 손해평가의 이론과 실무

면밀한 기출문제 분석을 통한 **기출문제 유형 제시**
농업정책보험금융원 발표 최신 내용 반영한 **핵심이론 수록**
복잡한 계산식 및 중요 개념 정리한 **필수개념 요약정리**
최종 마무리 학습을 위한 **워크북 수록**

손해평가사

농작물재해보험 및 가축재해보험 손해평가의 이론과 실무

gongbu-haja 저

농업정책보험금융원 발표 최신 내용 완벽 반영

면밀한 기출문제 분석을 통한 **기출문제 유형 제시**
농업정책보험금융원 발표 최신 내용 반영한 **핵심이론 수록**
복잡한 계산식 및 중요 개념 정리한 **필수개념 요약정리**
최종 마무리 학습을 위한 **워크북 수록**

다락원

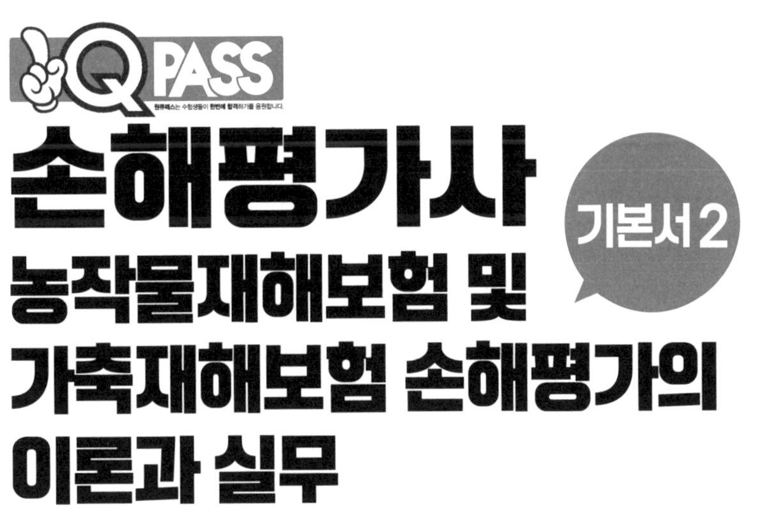

gongbu-haja 저

다락원

차례

별표 1 품목별 표본주(구간)수 표

1 사과, 배, 단감, 떫은감, 포도(수입보장 포함), 복숭아, 자두, 감귤(만감류), 밤, 호두, 무화과

조사대상주수	표본주수	조사대상주수	표본주수
50주 미만	5	500주 이상 600주 미만	12
50주 이상 100주 미만	6	600주 이상 700주 미만	13
100주 이상 150주 미만	7	700주 이상 800주 미만	14
150주 이상 200주 미만	8	800주 이상 900주 미만	15
200주 이상 300주 미만	9	900주 이상 1,000주 미만	16
300주 이상 400주 미만	10	1,000주 이상	17
400주 이상 500주 미만	11	–	–

2 유자

조사대상주수	표본주수	조사대상주수	표본주수
50주 미만	5	200주 이상, 500주 미만	8
50주 이상, 100주 미만	6	500주 이상, 800주 미만	9
100주 이상, 200주 미만	7	800주 이상	10

3 참다래, 매실, 살구, 대추, 오미자

참다래		매실, 대추, 살구		오미자	
조사대상주수	표본주수	조사대상주수	표본주수	조사대상 유인틀 길이	표본주수
50주 미만	5	100주 미만	5	500m 미만	5
50주 이상 100주 미만	6	100주 이상 300주 미만	7	500m 이상 1,000m 미만	6
100주 이상 200주 미만	7	300주 이상 500주 미만	9	1,000m 이상 2,000m 미만	7
200주 이상 500주 미만	8	500주 이상 1,000주 미만	12	2,000m 이상 4,000m 미만	8

참다래		매실, 대추, 살구		오미자	
조사대상주수	표본주수	조사대상주수	표본주수	조사대상 유인틀 길이	표본주수
500주 이상 800주 미만	9	1,000주 이상	16	4,000m 이상 6,000m 미만	9
800주 이상	10	–	–	6,000m 이상	10

4 오디, 복분자, 감귤(온주밀감류)

오디		복분자		감귤(온주밀감류)	
조사대상 주수	표본 주수	가입 포기수	표본 포기수	가입면적	표본 주수
50주 미만	6	1,000포기 미만	8	5,000㎡ 미만	4
50주 이상 100주 미만	7	1,000포기 이상 1,500포기 미만	9	10,000㎡ 미만	6
100주 이상 200주 미만	8	1,500포기 이상 2,000포기 미만	10	10,000㎡ 이상	8
200주 이상 300주 미만	9	2,000포기 이상 2,500포기 미만	11	–	–
300주 이상 400주 미만	10	2,500포기 이상 3,000포기 미만	12	–	–
400주 이상 500주 미만	11	3,000포기 이상	13	–	–
500주 이상 600주 미만	12	–	–	–	–
600주 이상	13	–	–	–	–

5 벼, 밀, 보리, 귀리

조사대상면적	표본구간	조사대상면적	표본구간
2,000㎡ 미만	3	4,000㎡ 이상 5,000㎡ 미만	6
2,000㎡ 이상 3,000㎡ 미만	4	5,000㎡ 이상 6,000㎡ 미만	7
3,000㎡ 이상 4,000㎡ 미만	5	6,000㎡ 이상	8

6 고구마, 양파, 마늘, 옥수수, 양배추

※ 수입보장 포함

조사대상면적	표본구간	조사대상면적	표본구간
1,500㎡ 미만	4	3,000㎡ 이상, 4,500㎡ 미만	6
1,500㎡ 이상, 3,000㎡ 미만	5	4,500㎡ 이상	7

7 감자, 차, 콩, 팥

※ 수입보장 포함

조사대상면적	표본구간	조사대상면적	표본구간
2,500㎡ 미만	4	7,500㎡ 이상, 10,000㎡ 미만	7
2,500㎡ 이상, 5,000㎡ 미만	5	10,000㎡ 이상	8
5,000㎡ 이상, 7,500㎡ 미만	6	–	–

8 인삼

피해칸수	표본칸수	피해칸수	표본칸수
300칸 미만	3칸	900칸 이상 1,200칸 미만	7칸
300칸 이상 500칸 미만	4칸	1,200칸 이상 1,500칸 미만	8칸
500칸 이상 700칸 미만	5칸	1,500칸 이상, 1,800칸 미만	9칸
700칸 이상 900칸 미만	6칸	1,800칸 이상	10칸

9 고추, 메밀, 브로콜리, 배추, 무, 단호박, 파, 당근, 시금치(노지), 양상추

실제경작면적 또는 피해면적	표본구간(이랑) 수
3,000㎡ 미만	4
3,000㎡ 이상, 7,000㎡ 미만	6
7,000㎡이상, 15,000㎡ 미만	8
15,000㎡ 이상	10

별표 2 농작물재해보험 미보상비율 적용표

1 감자, 고추 제외 전 품목

구분	제초 상태	병해충 상태	기타
해당 없음	0%	0%	0%
미흡	10% 미만	10% 미만	10% 미만
불량	20% 미만	20% 미만	20% 미만
매우 불량	20% 이상	20% 이상	20% 이상

※ 미보상 비율은 보상하는 재해 이외의 원인이 조사 농지의 수확량 감소에 영향을 준 비율을 의미하여 제초 상태, 병해충 상태 및 기타 항목에 따라 개별 적용한 후 해당 비율을 합산하여 산정한다.

1 제초 상태(과수품목은 피해율에 영향을 줄 수 있는 잡초만 해당)

구분	내용
해당 없음	잡초가 농지 면적의 20% 미만으로 분포한 경우
미흡	잡초가 농지 면적의 20% 이상 40% 미만으로 분포한 경우
불량	잡초가 농지 면적의 40% 이상 60% 미만으로 분포한 경우 또는 경작불능조사 진행건으로 정상적인 영농활동 시행을 증빙하는 자료(비료 및 농약 영수증 등)가 부족한 경우
매우 불량	잡초가 농지 면적의 60% 이상으로 분포한 경우 또는 경작불능조사 진행건으로 정상적인 영농활동 시행을 증빙하는 자료(비료 및 농약 영수증 등)가 없는 경우

2 병해충 상태(각 품목에서 별도로 보상하는 병해충은 제외)

구분	내용
해당 없음	병해충이 농지 면적의 20% 미만으로 분포한 경우
미흡	병해충이 농지 면적의 20% 이상 40% 미만으로 분포한 경우
불량	병해충이 농지 면적의 40% 이상 60% 미만으로 분포한 경우 또는 경작불능조사 진행건이나 정상적인 영농활동 시행을 증빙하는 자료(비료 및 농약 영수증 등)가 부족한 경우
매우 불량	병해충이 농지 면적의 60% 이상으로 분포한 경우 또는 경작불능조사 진행건이나 정상적인 영농활동 시행을 증빙하는 자료(비료 및 농약 영수증 등)가 없는 경우

3 기타

영농기술 부족, 영농 상 실수 및 단순 생리장애 등 보상하는 손해 이외의 사유로 피해가 발생한 것으로 추정되는 경우 [해거리, 생리장애(원소결핍 등), 시비관리, 토양관리(연작 및 pH과다·과소 등), 전정(강전정 등), 조방재배, 재식밀도(인수기준 이하), 농지상태(혼식, 멀칭, 급배수 등), 가입이전 사고 및 계약자 중과실손해, 자연감모, 보상재해이외(종자불량, 일부가입 등)]에 적용

구분	내용
해당 없음	위 사유로 인한 피해가 없는 것으로 판단되는 경우
미흡	위 사유로 인한 피해가 10% 미만으로 판단되는 경우
불량	위 사유로 인한 피해가 20% 미만으로 판단되는 경우
매우 불량	위 사유로 인한 피해가 20% 이상으로 판단되는 경우

2 감자, 고추 품목

구분	제초 상태	기타
해당 없음	0%	0%
미흡	10% 미만	10% 미만
불량	20% 미만	20% 미만
매우 불량	20% 이상	20% 이상

※ 미보상 비율은 보상하는 재해 이외의 원인이 조사 농지의 수확량 감소에 영향을 준 비율을 의미하여 제초 상태, 병해충 상태 및 기타 항목에 따라 개별 적용한 후 해당 비율을 합산하여 산정한다.

1 **제초 상태**(과수품목은 피해율에 영향을 줄 수 있는 잡초만 해당)

구분	내용
해당 없음	잡초가 농지 면적의 20% 미만으로 분포한 경우
미흡	잡초가 농지 면적의 20% 이상 40% 미만으로 분포한 경우
불량	잡초가 농지 면적의 40% 이상 60% 미만으로 분포한 경우 또는 경작불능조사 진행건이나 정상적인 영농활동 시행을 증빙하는 자료(비료 및 농약 영수증 등)가 부족한 경우
매우 불량	잡초가 농지 면적의 60% 이상으로 분포한 경우 또는 경작불능조사 진행건이나 정상적인 영농활동 시행을 증빙하는 자료(비료 및 농약 영수증 등)가 없는 경우

2 기타

영농기술 부족, 영농 상 실수 및 단순 생리장애 등 보상하는 손해 이외의 사유로 피해가 발생한 것으로 추정되는 경우 [해거리, 생리장애(원소결핍 등), 시비관리, 토양관리(연작 및 pH과다·과소 등), 전정(강전정 등), 조방재배, 재식밀도(인수기준 이하), 농지상태(혼식, 멀칭, 급배수 등), 가입이전 사고 및 계약자 중과실손해, 자연감모, 보상재해이외(종자불량, 일부가입 등)]에 적용

해당 없음	위 사유로 인한 피해가 없는 것으로 판단되는 경우
미흡	위 사유로 인한 피해가 10% 미만으로 판단되는 경우
불량	위 사유로 인한 피해가 20% 미만으로 판단되는 경우
매우 불량	위 사유로 인한 피해가 20% 이상으로 판단되는 경우

별표 3 과실분류에 따른 피해인정계수

1 복숭아

과실분류	피해인정계수	비 고
정상과	0	피해가 없거나 경미한 과실
50%형 피해과실	0.5	일반시장에 출하할 때 정상과실에 비해 50%정도의 가격하락이 예상되는 품질의 과실 (단, 가공공장공급 및 판매 여부와 무관)
80%형 피해과실	0.8	일반시장 출하가 불가능하나 가공용으로 공급될 수 있는 품질의 과실 (단, 가공공장공급 및 판매 여부와 무관)
100%형 피해과실	1	일반시장 출하가 불가능하고 가공용으로도 공급될 수 없는 품질의 과실
병충해 피해과실	0.5	세균구멍병 피해를 입은 과실

2 복숭아 외

과실분류	피해인정계수	비 고
정상과	0	피해가 없거나 경미한 과실
50%형 피해과실	0.5	일반시장에 출하할 때 정상과실에 비해 50%정도의 가격하락이 예상되는 품질의 과실 (단, 가공공장공급 및 판매 여부와 무관)
80%형 피해과실	0.8	일반시장 출하가 불가능하나 가공용으로 공급될 수 있는 품질의 과실 (단, 가공공장공급 및 판매 여부와 무관)
100%형 피해과실	1	일반시장 출하가 불가능하고 가공용으로도 공급될 수 없는 품질의 과실

3 감귤(온주밀감류)

과실분류		비 고
정상과실	0	무피해 과실 또는 보상하는 재해로 과피 전체 표면 면적의 10%내로 피해가 있는 경우
등급 내 피해과실	30%형	보상하는 재해로 과육은 피해가 없고 과피 전체 표면 면적의 10% 이상 30% 미만의 피해가 있는 경우
	50%형	보상하는 재해로 과육은 피해가 없고 과피 전체 표면 면적의 30% 이상 50% 미만의 피해가 있는 경우
	80%형	보상하는 재해로 과육은 피해가 없고 과피 전체 표면 면적의 50% 이상 80% 미만의 피해가 있는 경우
	100%형	보상하는 재해로 과피 전체 표면 면적의 80% 이상 피해가 있거나 과육의 부패 및 무름등의 피해가 있는 경우
등급 외 피해과실	30%형	**〈제주특별자치도 감귤생산 및 유통에 관한 조례시행규칙〉** 제 18조 4항에 준하여 과실의 크기만으로 등급 외 크기이면서 무피해 과실 또는 보상하는 재해로 과피 및 과육 피해가 없는 경우를 말함
	50%형	**〈제주특별자치도 감귤생산 및 유통에 관한 조례시행규칙〉** 제18조 4항에 준하여 과실의 크기만으로 등급 외 크기이면서 보상하는 재해로 과육은 피해가 없고 과피 전체 표면 면적의 10%이상 피해가 있으며 과실 횡경이 71㎜ 이상인 경우를 말함
	80%형	**〈제주특별자치도 감귤생산 및 유통에 관한 조례시행규칙〉** 제18조 4항에 준하여 과실의 크기만으로 등급 외 크기이면서 보상하는 재해로 과육은 피해가 없고 과피 전체 표면 면적의 10%이상 피해가 있으며 과실 횡경이 49㎜ 미만인 경우를 말함
	100%형	**〈제주특별자치도 감귤생산 및 유통에 관한 조례시행규칙〉** 제 18조 4항에 준하여 과실의 크기만으로 등급 외 크기이면서 과육부패 및 무름 등의 피해가 있어 가공용으로도 공급 될 수 없는 과실을 말함

별표 4 매실 품종별 과실 비대추정지수

조사일	남고	백가하	재래종	천매
30일전	2,871	3,411	3,389	3,463
29일전	2,749	3,252	3,227	3,297
28일전	2,626	3,093	3,064	3,131
27일전	2,504	2,934	2,902	2,965
26일전	2,381	2,775	2,740	2,800
25일전	2,258	2,616	2,577	2,634
24일전	2,172	2,504	2,464	2,518
23일전	2,086	2,391	2,351	2,402
22일전	2,000	2,279	2,238	2,286
21일전	1,914	2,166	2,124	2,171
20일전	1,827	2,054	2,011	2,055
19일전	1,764	1,972	1,933	1,975
18일전	1,701	1,891	1,854	1,895
17일전	1,638	1,809	1,776	1,815
16일전	1,574	1,728	1,698	1,735
15일전	1,511	1,647	1,619	1,655
14일전	1,465	1,598	1,565	1,599
13일전	1,419	1,530	1,510	1,543
12일전	1,373	1,471	1,455	1,487
11일전	1,326	1,413	1,400	1,431
10일전	1,280	1,355	1,346	1,375
9일전	1,248	1,312	1,300	1,328
8일전	1,215	1,270	1,254	1,281
7일전	1,182	1,228	1,208	1,234

조사일	남고	백가하	재래종	천매
6일전	1.149	1.186	1.162	1.187
5일전	1.117	1.144	1.116	1.140
4일전	1.093	1.115	1.093	1.112
3일전	1.070	1.096	1.070	1.084
2일전	1.047	1.057	1.046	1.056
1일전	1.023	1.029	1.023	1.028
수확일	1	1	1	1

※ 위에 없는 품종은 남고를 기준으로 함 (출처 : 국립원예특작과학원)

별표 5 무화과 품목 사고발생일에 따른 잔여수확량 비율

사고발생 월	잔여수확량 산정식(%)
8월	{100 − (1.06 × 사고발생일자)}
9월	{(100 − 33) − (1.13 × 사고발생일자)}
10월	{(100 − 67) − (0.84 × 사고발생일자)}

※ 사고발생일자는 해당월의 사고발생 일자를 의미함

별표 6 표본구간별 손해정도에 따른 손해정도비율

손해정도	1 ~ 20%	21 ~ 40%	41 ~ 60%	61 ~ 80%	81 ~ 100%
손해정도비율	20%	40%	60%	80%	100%

별표 7 고추 병충해 등급별 인정비율

등급	종류	인정비율
1등급	역병, 풋마름병, 바이러스병, 세균성점무늬병, 탄저병	70%
2등급	잿빛곰팡이병, 시들음병, 담배가루이, 담배나방	50%
3등급	흰가루병, 균핵병, 무름병, 진딧물 및 기타	30%

별표 8 동일한 계약의 목적과 사고에 관한 보험금 계산방법

1 다른 계약이 이 계약과 지급보험금의 계산 방법이 같은 경우

손해액 × 이 계획의 보험가입금액 / 다른 계약이 없는 것으로 하여 각각 계산한 보험가입금액의 합계액

2 다른 계약이 이 계약과 지급보험금의 계산 방법이 다른 경우

손해액 × 이 계획에 이한 보험금 / 다른 계약이 없는 것으로 하여 각각 계산한 보험금의 합계액

별표 9 품목별 감수과실수 및 피해율 산정방법

1 적과전 종합위험방식 과수 품목 감수과실수 산정방법

품목	조사 시기	재해 종류	조사 종류	감수과실수 산정방법
사과 · 배 · 단감 · 떫은감	적과 종료 이전	자연 재해 · 조수해 · 화재	피해 사실 확인 조사	**■적과종료이전 보상하는 재해(자연재해, 조수해, 화재)로 발생한 착과감소량(과실수)은 아래와 산식과 같음** ▶착과감소과실수 = 평년착과수 − 적과후착과수 ▶적과종료이전의 미보상감수과실수 = {(착과감소과실수 × 미보상비율) + 미보상주수 감수과실수} ※적과종료이전사고 조사에서 미보상비율적용은 미보상비율조사값 중 가장 큰 값만 적용 **■단, 적과종료이전 사고로 일부 피해만 발생하는 경우 아래의 산식을 적용함('5종 한정 특약 가입'건 제외)** **(일부피해 : 조수해·화재 사고접수되고 피해규모가 일부인 경우에 해당)** ▶착과감소과실수 = 최솟값(평년착과수 − 적과후착과수, 최대 인정감소과실수) ▶최대인정감소량(과실수) = 평년착과량(수) × 최대인정피해율 • 최대인정피해율 = 피해대상주수(고사주수, 수확불능주수, 일부피해주수) ÷ 실제결과주수 ※해당 사고가 2회 이상 발생한 경우에는 사고별 피해대상주수를 누적하여 계산

품목	조사시기	재해종류	조사종류	감수과실수 산정방법
사과 · 배 · 단감 · 떫은감	적과종료 이전	자연재해 · 조수해 · 화재	피해사실 확인조사	**■「적과종료이전 특정위험 5종 한정 보장 특별약관」가입건의 적과종료 이전 보상하는 재해로 발생한 착과감소량(과실수)은 아래의 산식과 같음. 적과종료이전 사고는 보상하는 재해가 중복해서 발생한 경우에도 아래 산식을 한번만 적용함** ▶착과감소과실수 = 최솟값(평년착과수 − 적과후착과수, 최대인정감소과실수) ▶최대인정감소량(과실수) = 평년착과량(수) × 최대인정피해율 ※최대인정피해율은 아래의 값 중 가장 큰 값 ❶나무피해 • (유실, 매몰, 도복, 절단(1/2), 소실(1/2), 침수주수) ÷ 실제결과주수 단, 침수주수는 침수피해를 입은 나무수에 과실침수율을 곱하여 계산함 • 해당 사고가 2회 이상 발생한 경우에는 사고별 나무피해주수를 누적하여 계산 ❷우박피해에 따른 유과타박률 • 최댓값(유과타박률1, 유과타박률2, 유과타박률3, …) ❸6월1일부터 적과종료 이전까지 단감·떫은감의 낙엽피해에 따른 인정피해율 • 최댓값(인정피해율1, 인정피해율2, 인정피해율3, …)
		자연재해	해당조사 없음	**■적과종료 이전 자연재해로 인한 적과종료 이후 착과손해 감수과실수** ▶적과후착과수가 평년착과수의 60% 미만인 경우 • 감수과실수 = 적과후착과수 × 5% ▶적과후착과수가 평년착과수의 60% 이상 100%미만인 경우 • 감수과실수 = 적과후착과수 × 5% × $\frac{100\% - \text{착과율}}{40\%}$ • 착과율 = 적과후착과수 ÷ 평년착과수 ※상기 계산된 감수과실수는 적과종료 이후 누적감수과실수에 합산하며, 적과종료 이후 착과피해율(max A 적용)로 인식함 ※적과전종합방식(Ⅱ)가입 건 중「적과종료이전 특정위험 5종한정보장특별약관」미가입시에만 적용

품목	조사 시기	재해 종류	조사 종류	감수과실수 산정방법
사과 · 배	적과 종료 이후	태풍 (강풍) · 화재 · 지진 · 집중 호우	낙과 피해 조사	▶낙과 손해(전수조사) : 총낙과과실수 × (낙과피해구성률 − max A) × 1.07 ▶낙과 손해(표본조사) : (낙과과실수 합계 ÷ 표본주수) × 조사대상주수 × (낙과피해구성률 − max A) × 1.07 ※ 낙과 감수과실수의 7%를 착과손해로 포함하여 산정 ※ max A : 금차 사고전 기조사된 착과피해구성률 중 최댓값을 말함 ※ "(낙과피해구성률 − max A)"의 값이 영(0)보다 작은 경우 : 금차 감수과실수는 영(0)으로 함
			나무 피해 조사	▶나무의 고사 및 수확불능 손해 • (고사주수 + 수확불능주수) × 무피해 나무 1주당 평균 착과수 × (1 − max A) ▶나무의 일부침수 손해 • (일부침수주수 × 일부침수나무 1주당 평균 침수 착과수) × (1 − max A) ※ max A : 금차 사고전 기조사된 착과피해구성률 중 최댓값을 말함
		우박	낙과 피해 조사	▶낙과 손해(전수조사) : 총낙과과실수 × (낙과피해구성률 − max A) ▶낙과 손해(표본조사) : (낙과과실수 합계 ÷ 표본주수) × 조사대상주수 × (낙과피해구성률 − max A) ※ max A : 금차 사고전 기조사된 착과피해구성률 중 최댓값을 말함 ※ "(해당과실의 피해구성률 − max A)"의 값이 영(0)보다 작은 경우 : 금차감수과실수는 영(0)으로 함
			착과 피해 조사	▶사고당시 착과과실수 × (착과피해구성률 − max A) ※ max A : 금차 사고전 기조사된 착과피해구성률 중 최댓값을 말함 ※ "(착과피해구성률 − max A)"의 값이 영(0)보다 작은 경우 : 금차 감수과실수는 영(0)으로 함
		가을 동상해	착과 피해 조사	▶사고당시 착과과실수 × (착과피해구성률 − max A) ※ max A : 금차 사고전 기조사된 착과피해구성률 중 최댓값을 말함 ※ "(착과피해구성률 − max A)"의 값이 영(0)보다 작은 경우 : 금차 감수과실수는 영(0)으로 함

품목	조사 시기	재해 종류	조사 종류	감수과실수 산정방법
단감 · 떫은감	적과 종료 이후	태풍(강풍) · 화재 · 지진 · 집중호우	낙과 피해 조사	▶낙과 손해(전수조사) : 총낙과과실수 × (낙과피해구성률 − max A) ▶낙과 손해(표본조사) : (낙과과실수 합계 ÷ 표본주수) × 조사대상주수 × (낙과피해구성률 − max A) ※max A : 금차 사고전 기조사된 착과피해구성률 또는 인정피해율 중 최댓값을 말함 ※"(낙과피해구성률 − max A)"의 값이 영(0)보다 작은 경우 : 금차 감수과실수는 영(0)으로 함
			나무 피해 조사	▶나무의 고사 및 수확불능 손해 • (고사주수 + 수확불능주수) × 무피해 나무 1주당 평균 착과수 × (1 − max A) ▶나무의 일부침수 손해 • (일부침수주수 × 일부침수나무 1주당 평균 침수 착과수) × (1 − max A) ※max A : 금차 사고전 기조사된 착과피해구성률 중 최댓값을 말함
			낙엽 피해 조사	▶낙엽 손해 • 사고당시 착과과실수 × (인정피해율 − max A) ※max A : 금차 사고전 기조사된 착과피해구성률 또는 인정피해율 중 최댓값을 말함 ※"(인정피해율 − max A)"의 값이 영(0)보다 작은 경우 : 금차 감수과실수는 영(0)으로 함
		우박	낙과 피해 조사	▶낙과 손해(전수조사) • 총낙과과실수 × (낙과피해구성률 − max A) ▶낙과 손해(표본조사) • (낙과과실수 합계 ÷ 표본주수) × 조사대상주수 × (낙과피해구성률 − max A) ※max A : 금차 사고전 기조사된 착과피해구성률 또는 인정피해율 중 최댓값을 말함 ※"(낙과피해구성률 − max A)"의 값이 영(0)보다 작은 경우 : 금차 감수과실수는 영(0)으로 함

품목	조사 시기	재해 종류	조사 종류	감수과실수 산정방법
단감 · 떫은감	적과 종료 이후	우박	착과 피해 조사	▶착과 손해 • 사고당시 착과과실수 × (착과피해구성률 − max A) ※ max A : 금차 사고전 기조사된 착과피해구성률 또는 인정피해율 중 최댓값을 말함 ※ "(착과피해구성률 − max A)"의 값이 영(0)보다 작은 경우 : 금차 감수과실수는 영(0)으로 함

품목	조사 시기	재해 종류	조사 종류	감수과실수 산정방법
단감 · 떫은감	적과 종료 이후	가을 동상해	착과 피해조사	▶착과 손해 • 사고당시 착과과실수 × (착과피해구성률 − max A) ※단, '잎 50% 이상 고사 피해' 인 경우에는 착과피해구성률을 아래와 같이 적용함 $$착과피해구성률 = \frac{(정상과실수\times0.0031\times잔여일수)+(50\%형피해과실수\times0.5)+(80\%형피해과실수\times0.8)+(100\%형피해과실수\times1)}{정상과실수+50\%형피해과실수+80\%형피해과실수+100\%형피해과실수}$$ − 잔여일수 : 사고발생일로부터 예정수확일(가을동상해 보장종료일 중 계약자가 선택한 날짜)까지 남은 일수 ※max A : 금차 사고전 기조사된 착과피해구성률 또는 인정피해율 중 최댓값을 말함 ※"(착과피해구성률 − max A)"의 값이 영(0)보다 작은 경우 : 금차 감수과 실수는 영(0)으로 함
사과 · 배 · 단감 · 떫은감	적과 종료 이후	일소 피해	낙과·착과 피해조사	▶낙과 손해 (전수조사 시) : 총낙과과실수 × (낙과피해구성률 − max A) ▶낙과 손해 (표본조사 시) : (낙과과실수 합계 ÷ 표본주수) × 조사대상주수 × (낙과피해구성률 − max A) ※max A : 금차 사고전 기조사된 착과피해구성률 또는 인정피해율 중 최댓값을 말함 ※"(낙과피해구성률 − max A)"의 값이 영(0)보다 작은 경우 : 금차 감수과 실수는 영(0)으로 함 ▶착과손해 • 사고당시 착과과실수 × (착과피해구성률 − max A) ※max A : 금차 사고전 기조사된 착과피해구성률 또는 인정피해율 중 최댓값을 말함 ※"(착과피해구성률 − max A)"의 값이 영(0)보다 작은 경우 : 금차 감수과 실수는 영(0)으로 함 ▶일소피해과실수 = 낙과 손해 + 착과 손해 • 일소피해과실수가 보험사고 한 건당 적과후착과수의 6%를 초과하는 경우에만 감수과실수로 인정 • 일소피해과실수가 보험사고 한 건당 적과후착과수의 6% 이하인 경우에는 해당 조사의 감수과실수는 영(0)으로 함

〈용어 및 관련 산식〉

품목	조사종류	내용
사과 · 배 · 단감 · 떫은감	공통	▶조사대상주수 = 실제결과주수 − 고사주수 − 수확불능주수 − 미보상주수 − 수확완료주수 ▶미보상주수 감수과실수 = 미보상주수 × 품종·재배방식·수령별 1주당 평년착과수 ▶미보상감수과실수 = 적과종료이전 미보상감수과실수 + 적과종료이후 미보상감수과실수 ▶기준착과수 결정 • 적과종료전에 인정된 착과감소과실수가 없는 과수원 : 기준착과수 = 적과후착과수 • 적과종료전에 인정된 착과감소과실수가 있는 과수원 : 기준착과수 = 적과후착과수 + 착과감소과실수
	나무피해 조사	▶과실침수율 = $\frac{\text{침수 꽃(눈)·유과수의 합계}}{\text{침수 꽃(눈)·유과수의 합계}+\text{미침수꽃(눈)·유과수의 합계}}$ ▶나무피해 시 품종·재배방식·수령별 주당 평년착과수 = (전체 평년착과수 × $\frac{\text{품종·재배방식·수령별 표준수확량 합계}}{\text{전체표준수확량 합계}}$) ÷ 품종·재배방식·수령별 실제결과주수 ※품종·재배방식·수령별로 구분하여 산식에 적용
	유과타박률 조사	▶유과타박률 = $\frac{\text{표본주의 피해유과수의 합계}}{\text{표본주의 피해유과수 합계} + \text{표본주의 정상유과수의 합계}}$
	피해구성 조사	▶피해구성률 = $\frac{(\text{50\% 형피해과실수} \times 0.5)+(\text{80\% 형피해과실수} \times 0.8)+(\text{100\% 형피해과실수} \times 1)}{\text{정상과실수} + \text{50\%형피해과실수} + \text{80\%형피해과실수} + \text{100\%형피해과실수}}$ ※착과 및 낙과피해조사에서 피해구성률 산정시 적용
	낙엽피해 조사	▶떫은감 인정피해율 = 0.9662 × 낙엽률 − 0.0703 ▶단감 인정피해율 = (1.0115 × 낙엽률) − (0.0014 × 경과일수) • 낙엽률 = $\frac{\text{표본주의 낙엽수 합계}}{\text{표본주의 낙엽수 합계}+\text{표본주의 착엽수 합계}}$ • 경과일수 = 6월 1일부터 낙엽피해 발생일까지 경과된 일수
	착과피해 조사	▶"사고당시 착과과실수"는 "적과후착과수 − 총낙과과실수 − 총적과종료후 나무피해과실수 − 총 기수확과실수" 보다 클 수 없음

품목	조사종류	내용
사과 · 배 · 단감 · 떫은감	적과후 착과수 조사	▶품종·재배방식·수령별 착과수 $= \left\{ \frac{\text{품종·재배방식·수령별 표본주의 착과수 합계}}{\text{품종·재배방식·수령별 표본주 합계}} \right\} \times$ 품종·재배방식·수령별 조사대상주수 ※품종·재배방식·수령별 착과수의 합계를 과수원별 「적과후착과수」로 함

2 특정위험방식 밭작물 품목

품목별	조사 종류별	조사 시기	피해율 산정 방법
인삼	수확량 조사	수확량 확인이 가능한 시점	■**전수조사 시** ▶피해율 $= (1 - \frac{수확량}{연근별기준수확량}) \times \frac{피해면적}{재배면적}$ ▶수확량 = 단위면적당 조사수확량 + 단위면적당 미보상감수량 • 단위면적당 조사수확량 = 총조사수확량 ÷ 금차 수확면적 • 금차 수확면적 = 금차 수확칸수 × 지주목간격 × (두둑폭 + 고랑폭) • 단위면적당 미보상감수량 = (기준수확량 − 단위면적당 조사수확량) × 미보상비율 ※ 피해면적 = 금차 수확칸수 ※ 재배면적 = 실제경작칸수 ■**표본조사 시** ▶피해율 $= (1 - \frac{수확량}{연근별기준수확량}) \times \frac{피해면적}{재배면적}$ ▶수확량 = 단위면적당 조사수확량 + 단위면적당 미보상감수량 • 단위면적당 조사수확량 = 표본수확량 합계 ÷ 표본칸 면적 • 표본칸 면적 = 표본칸 수 × 지주목간격 × (두둑폭 + 고랑폭) • 단위면적당 미보상감수량 = (기준수확량 − 단위면적당 조사수확량) × 미보상비율 ※ 피해면적 = 피해칸수 ※ 재배면적 = 실제경작칸수

3 종합위험 수확감소보장방식 과수 품목

품목별	조사 종류별	조사시기	피해율 산정 방법
자두, 복숭아, 포도, 감귤 (만감류)	수확량 조사	착과수조사 (최초 수확 품종 수확전) · 과중조사 (품종별 수확시기) · 착과피해조사 (피해 확인 가능 시기) · 낙과피해조사 (착과수조사 이후 낙과피해 시) · 고사나무조사 (수확완료 후)	**■착과수(수확개시 전 착과수조사 시)** ▶품종·수령별 착과수 = 품종·수령별 조사대상주수 × 품종·수령별 주당 착과수 • 품종·수령별 조사대상주수 = 품종·수령별 실제결과주수 − 품종·수령별 고사주수 − 품종·수령별 미보상주수 • 품종·수령별 주당 착과수 = 품종·수령별 표본주의 착과수 ÷ 품종·수령별 표본주수 **■착과수(착과피해조사 시)** ▶품종·수령별 착과수 = 품종·수령별 조사대상주수 × 품종·수령별 주당 착과수 • 품종·수령별 조사대상주수 = 품종·수령별 실제결과주수 − 품종·수령별 고사주수 − 품종·수령별 미보상주수 − 품종·수령별 수확완료주수 • 품종·수령별 주당 착과수 = 품종별·수령별 표본주의 착과수 ÷ 품종별·수령별 표본주수 **■과중조사(사고접수건에 대해 실시)** ▶품종별 과중 = 품종별 표본과실 무게 ÷ 품종별 표본과실 수

품목별	조사 종류별	조사시기	피해율 산정 방법
자두, 복숭아, 포도, 감귤(만감류)	수확량 조사	착과수조사 (최초 수확 품종 수확전) · 과중조사 (품종별 수확시기) · 착과피해조사 (피해 확인 가능 시기) · 낙과피해조사 (착과수조사 이후 낙과피해 시) · 고사나무조사 (수확완료 후)	**■낙과수 산정(착과수조사 이후 발생한 낙과사고마다 산정)** ❶표본조사 시 : 품종·수령별 낙과수 조사 ▶품종·수령별 낙과수 = 품종·수령별 조사대상 주수 × 품종·수령별 주당 낙과수 • 품종·수령별 조사대상주수 = 품종·수령별 실제결과주수 − 품종·수령별 고사주수 − 품종·수령별 미보상주수 − 품종·수령별 수확완료주수 • 품종·수령별주당 낙과수 = 품종·수령별 표본주의 낙과수 ÷ 품종·수령별 표본주수 ❷전수조사 시 : 품종별 낙과수 조사 ▶전체 낙과수에 대한 품종 구분이 가능할 때 : 품종별로 낙과수 조사 ▶전체 낙과수에 대한 품종 구분이 불가능할 때 (전체 낙과수 조사 후 품종별 안분) • 품종별 낙과수 = 전체 낙과수 × (품종별 표본과실 수 ÷ 품종별 표본과실수의 합계) • 품종별 주당 낙과수 = 품종별 낙과수 ÷ 품종별 조사대상주수 • 품종별 조사대상주수 = 품종별 실제결과주수 − 품종별 고사주수 − 품종별 미보상주수 − 품종별 수확완료주수)

품목별	조사 종류별	조사시기	피해율 산정 방법
자두, 복숭아, 포도, 감귤 (만감류)	수확량 조사	착과수조사 (최초 수확 품종 수확전) · 과중조사 (품종별 수확시기) · 착과피해조사 (피해 확인 가능 시기) · 낙과피해조사 (착과수조사 이후 낙과피해 시) · 고시니무됴시 (수확완료 후)	**■피해구성조사(낙과 및 착과피해 발생 시 실시)** ▶피해구성률 = {(50%형 피해과실 수 × 0.5) + (80%형 피해과실 수 × 0.8) + (100%형 피해과실 수 × 1)} ÷ 표본과실 수 ▶금차 피해구성률 = 피해구성률 − max A ※금차 피해구성률은 다수 사고인 경우 적용 ※max A : 금차 사고전 기조사된 착과피해구성률 중 최댓값을 말함 ※금차 피해구성률이 영(0)보다 작은 경우에는 영(0)으로 함 **■착과량 산정** ▶착과량 = 품종·수령별 착과량의 합 ▶품종·수령별 착과량 = (품종·수령별 착과수 × 품종별 과중) + (품종·수령별 주당 평년수확량 × 미보상주수) ※단, 품종별 과중이 없는 경우(과중 조사 전 기수확 품종)에는 품종·수령별평년수확량을 품종·수령별 착과량으로 한다. • 품종·수령별 주당 평년수확량 = 품종·수령별 평년수확량 ÷ 품종· 수령별실제결과주수 • 품종·수령별 평년수확량 = 평년수확량 × (품종·수령별 표준수확량 ÷ 표준수확량) • 품종·수령별 표준수확량 = 품종·수령별 주당 표준수확량 × 품종·수령별실제결과주수

품목별	조사 종류별	조사시기	피해율 산정 방법
자두, 복숭아, 포도, 감귤(만감류)	수확량 조사	착과수조사시 (최초 수확 품종 수확전) · 과중조사 (품종별 수확시기) · 착과피해조사 (피해 확인 가능 시기) · 낙과피해조사 (착과수조사 이후 낙과피해 시) · 고사나무조사 (수확완료 후)	**■감수량 산정(사고마다 산정)** ▶금차 감수량 = 금차 착과 감수량 + 금차 낙과 감수량 + 금차 고사주수감수량 • 금차 착과 감수량 = 금차 품종·수령별 착과 감수량의 합 • 금차 품종·수령별 착과 감수량 = 금차 품종·수령별 착과수 × 품종별 과중 × 금차 품종별 착과피해구성률 • 금차 낙과 감수량 = 금차 품종·수령별 낙과수 × 품종별 과중 × 금차 낙과피해구성률 • 금차 고사주수 감수량 = (품종·수령별 금차 고사분과실수) × 품종별 과중 • 품종·수령별 금차 고사주수 = 품종·수령별 고사주수 − 품종·수령별 기조사고사주수

품목별	조사 종류별	조사시기	피해율 산정 방법
자두, 복숭아, 포도, 감귤(만감류)	수확량 조사	착과수조사 (최초 수확 품종 수확전) · 과중조사 (품종별 수확시기) · 착과피해조사 (피해 확인 가능 시기) · 낙과피해조사 (착과수조사 이후 낙과피해 시) · 고사나무조사 (수확완료 후)	**■피해율 산정** ▶피해율(포도, 자두, 감귤(만감류)) = (평년수확량 − 수확량 − 미보상 감수량) ÷ 평년수확량 ▶피해율(복숭아) = (평년수확량 − 수확량 − 미보상 감수량 + *병충해감수량) ÷ 평년수확량 • 미보상 감수량 = (평년수확량 − 수확량) × 최댓값(미보상비율1, 미보상비율2, …) **■수확량 산정(착과수조사 이전 사고의 피해사실이 인정된 경우)** ▶수확량 = 착과량 − 사고당 감수량의 합 **■수확량 산정(착과수조사 이전 사고의 접수가 없거나, 피해사실이 인정되지 않은 경우)** ▶수확량 = max[평년수확량,착과량] − 사고당 감수량의 합 ※ 수확량은 품종별 개당 과중조사 값이 모두 입력된 경우 산정됨. **■병충해 감수량(복숭아만 해당)** ▶병충해감수량 = 병충해 착과감수량 + 사고당 병충해 낙과감수량 • 병충해 착과감수량 = 품종·수령별 병충해 인정피해(착과)과실수 × 품종별 과중 • 품종·수령별 병충해 인정피해(착과)과실수 = 품종·수령별 잔여착과수 × 품종별 병충해 병충해피해구성비율 ❶품종별 병충해 착과피해구성률 = (병충해 착과 피해과실수 × 0.5) ÷ 표본 착과과실수 • 금차 병충해 낙과감수량 = 금차 품종·수령별 병충해 인정피해(낙과)과실수 × 품종별 과중 • 금차 품종·수령별 병충해 인정피해(낙과)과실수 = 금차 품종·수령별 낙과피해과실수 × 품종별 병충해낙과피해구성비율 ❷품종별 병충해 낙과피해구성비율 = (병충해 낙과 피해과실수 × 0.5) ÷ 표본 낙과과실수

품목별	조사종류별	조사시기	피해율 산정 방법
밤, 호두	수확 개시 전 수확량조사 (조사일 기준)	최초 수확 전	**■수확개시 이전 수확량 조사** ▶기본사항 • 품종별(·수령별) 조사대상 주수 = 품종별(·수령별) 실제결과주수 − 품종별(·수령별) 미보상주수 − 품종별(·수령별) 고사나무주수 • 품종별(·수령별) 평년수확량 = 평년수확량 × ((품종별(·수령별) 주당 표준수확량 × 품종별(·수령별) 실제결과주수) ÷ 표준수확량) • 품종별(·수령별) 주당 평년수확량 = 품종별(·수령별) 평년수확량 ÷ 품종별(·수령별) 실제결과주수 ▶착과수 조사 • 품종별(·수령별) 주당 착과수 = 품종별(·수령별) 표본주의 착과수 ÷ 품종별(·수령별) 표본주수 ▶낙과수 조사 ❶표본조사 • 품종별(·수령별) 주당 낙과수 = 품종별(·수령별) 표본주의 낙과수 ÷ 품종별(·수령별) 표본주수 ❷전수조사 • 전체 낙과에 대하여 품종별 구분이 가능한 경우 : 품종별 낙과수 조사 • 전체 낙과에 대하여 품종별 구분이 불가한 경우 : 전체 낙과수 조사 후 낙과수 중 표본을 추출하여 품종별 개수 조사 • 품종별 낙과수 = 전체 낙과수 × (품종별 표본과실 수 ÷ 전체 표본과 실수의 합계) • 품종별 주당 낙과수 = 품종별 낙과수 ÷ 품종별 조사대상 주수 • 품종별 조사대상 주수 = 품종별 실제결과주수 − 품종별 고사주수 − 품종별 미보상주수

품목별	조사종류별	조사시기	피해율 산정 방법
밤, 호두	수확 개시 전 수확량조사 (조사일 기준)	최초 수확 전	▶과중 조사 • (밤) 품종별 개당 과중 = 품종별 {정상 표본과실 무게 + (소과 표본과실무게 × 0.8)} ÷ 표본과실 수 • (호두) 품종별 개당 과중 = 품종별 표본과실 무게 합계 ÷ 표본과실 수 ▶피해구성 조사(품종별로 실시) • 피해구성률 = {(50%형 피해과실 수×0.5) + (80%형 피해과실 수×0.8) + (100%형 피해과실 수×1)} ÷ 표본과실 수 ▶피해율 = (평년수확량 − 수확량 − 미보상감수량) ÷ 평년수확량 • 수확량 = {품종별(·수령별) 조사대상 주수 × 품종별(·수령별) 주당 착과수 × (1 − 착과피해구성률) × 품종별 과중 } + {품종별(·수령별) 조사대상 주수 × 품종별(·수령별) 주당 낙과수 × (1 − 낙과피해구성률) × 품종별 과중} + (품종별(·수령별) 주당 평년수확량 × 품종별(·수령별) 미보상주수) • 미보상 감수량 = (평년수확량 − 수확량) × 미보상비율

품목별	조사종류별	조사시기	피해율 산정 방법
밤, 호두	수확 개시 후 수확량조사 (조사일 기준)	사고 발생 직후	■수확개시 후 수확량 조사 ▶착과수 조사 • 품종별(·수령별) 주당 착과수 = 품종별(·수령별) 표본주의 착과수 ÷ 품종별(·수령별) 표본주수 ▶낙과수 조사 ❶표본조사 • 품종별(·수령별) 주당 낙과수 = 품종별(·수령별) 표본주의 낙과수 ÷ 품종별(·수령별) 표본주수 ❷전수조사 • 전체 낙과에 대하여 품종별 구분이 가능한 경우 : 품종별 낙과수 조사 • 전체 낙과에 대하여 품종별 구분이 불가한 경우 : 전체 낙과수 조사 후 낙과수 중 표본을 추출하여 품종별 개수 조사 • 품종별 낙과수 = 전체 낙과수 × (품종별 표본과실 수 ÷ 전체 표본과실수의 합계) • 품종별 주당 낙과수 = 품종별 낙과수 ÷ 품종별 조사대상 주수 • 품종별 조사대상 주수 = 품종별 실제결과주수 − 품종별 고사주수 − 품종별 미보상주수 − 품종별 수확완료주수 ▶과중 조사 • (밤) 품종별 개당 과중 = 품종별 {정상 표본과실 무게 + (소과 표본과실무게 × 0.8)} ÷ 표본과실 수 • (호두) 품종별 개당 과중 = 품종별 표본과실 무게 합계 ÷ 표본과실 수 ▶피해구성 조사(품종별로 실시) • 피해구성률 = ((50%형 피해과실 수 × 0.5) + (80%형 피해과실 수 × 0.8) + (100%형 피해과실 수 × 1)) ÷ 표본과실 수 • 금차 피해구성률 = 피해구성률 − max A • 금차 피해구성률은 다수 사고인 경우 적용 ※max A : 금차 사고전 기조사된 착과피해구성률 중 최댓값을 말함 ※금차 피해구성률이 영(0)보다 작은 경우에는 영(0)으로 함

품목별	조사종류별	조사시기	피해율 산정 방법
밤, 호두	수확 개시 후 수확량조사 (조사일 기준)	사고 발생 직후	▶금차 수확량 ={품종별(·수령별) 조사대상 주수 × 품종별(·수령별)주당 착과수 × 품종별 개당 과중 × (1 − 금차 착과피해구성률)} + {품종별(·수령별) 조사대상 주수 × 품종별(·수령별) 주당 낙과수 × 품종별 개당 과중 × (1 − 금차 낙과피해구성률)} + (품종별(·수령별) 주당 평년수확량 × 품종별(·수령별) 미보상주수) ▶감수량 =(품종별 조사대상 주수 × 품종별 주당 착과수 × 금차 착과피해구성률 × 품종별 개당 과중) + (품종별 조사대상 주수 × 품종별 주당 낙과수 × 금차 낙과피해구성률 × 품종별 개당 과중) + (품종별 금차 고사주수 × (품종별 주당 착과수 + 품종별 주당 낙과수) × 품종별 개당 과중 × (1 − max A)) • 품종별 조사대상 주수 = 품종별 실제 결과주수 − 품종별 미보상주수 − 품종별 고사나무주수 − 품종별 수확완료주수 • 품종별 평년수확량 = 평년수확량 × ((품종별 주당 표준수확량 × 품종별 실제결과주수) ÷ 표준수확량) • 품종별 주당 평년수확량 = 품종별 평년수확량 ÷ 품종별 실제결과주수 • 품종별 금차 고사주수 = 품종별 고사주수 − 품종별 기조사 고사주수 **■피해율 산정** ▶금차 수확 개시 후 수확량조사가 최초 조사인 경우(이전 수확량조사가 없는 경우) ❶「금차 수확량 + 금차 감수량 + 기수확량 〈 평년수확량」인 경우 • 피해율 = (평년수확량 − 수확량 − 미보상감수량) ÷ 평년수확량 • 수확량 = 평년수확량 − 금차 감수량 • 미보상 감수량 = 금차 감수량 × 미보상비율

품목별	조사종류별	조사시기	피해율 산정 방법
밤, 호두	수확 개시 후 수확량조사 (조사일 기준)	사고 발생 직후	❷「금차 수확량 + 금차 감수량 + 기수확량 ≧ 평년수확량」인 경우 • 피해율 = (평년수확량 − 수확량 − 미보상감수량) ÷ 평년수확량 • 수확량 = 금차 수확량 + 기수확량 • 미보상 감수량 = (평년수확량 − (금차 수확량 + 기수확량)) × 미보상비율 ▶수확 개시 전 수확량 조사가 있는 경우(이전 수확량조사에 수확 개시전 수확량조사가 포함된 경우) ❶「금차 수확량 + 금차 감수량 + 기수확량 〉 수확 개시 전 수확량조사 수확량」 → 오류 수정 필요 ❷「금차 수확량 + 금차 감수량 + 기수확량 〉 이전 조사 금차 수확량 + 이전 조사 기수확량」 → 오류 수정 필요 ❸「금차 수확량 + 금차 감수량 + 기수확량 ≦ 수확 개시 전 수확량조사수확량」 이면서 「금차 수확량 + 금차 감수량 + 기수확량 ≦ 이전 조사금차 수확량 + 이전 조사 기수확량」인 경우 • 피해율 = (평년수확량 − 수확량 − 미보상감수량) ÷ 평년수확량 • 수확량 = 수확 개시 전 수확량 − 사고당 감수량의 합 • 미보상감수량 = {평년수확량 − (수확 개시 전 수확량 − 사고당 감수량의 합)} × max(미보상비율)

품목별	조사종류별	조사시기	피해율 산정 방법
밤, 호두	수확 개시 후 수확량조사 (조사일 기준)	사고 발생 직후	▶수확 개시 후 수확량 조사만 있는 경우(이전 수확량조사가 모두 수확 개시 후 수확량조사인 경우) ❶「금차 수확량 + 금차 감수량 + 기수확량 〉 이전 조사 금차 수확량 + 이전 조사 기수확량」 → 오류 수정 필요 ❷「금차 수확량 + 금차 감수량 + 기수확량 ≦ 이전 조사 금차 수확량 + 이전 조사 기수확량」인 경우 ㉠최초 조사가 「금차 수확량 + 금차 감수량 + 기수확량 〈 평년수확량」인 경우 • 피해율 = (평년수확량 − 수확량 − 미보상감수량) ÷ 평년수확량 • 수확량 = 평년수확량 − 사고당 감수량의 합 • 미보상 감수량 = 사고당 감수량의 합 × max(미보상비율) ㉡최초 조사가 「금차 수확량 + 금차 감수량 + 기수확량 ≧ 평년수확량」인 경우 • 피해율 = (평년수확량 − 수확량 − 미보상감수량) ÷ 평년수확량 • 수확량 = 최초 조사 금차 수확량 + 최초 조사 기수확량 − 2차 이후 사고당 감수량의 합 • 미보상감수량 = {평년수확량 − (최초 조사 금차 수확량 + 최초 조사 기수확량) + 2차 이후 사고당 감수량의 합} × max(미보상비율)

품목별	조사종류별	조사시기	피해율 산정 방법
참다래	수확 개시 전 수확량조사 (조사일 기준)	최초 수확 전	▶착과수조사 • 품종·수령별 착과수 = 품종·수령별 표본조사 대상면적 × 품종·수령별 면적(㎡)당 착과수 • 품종·수령별 표본조사 대상면적 = 품종·수령별 재식 면적 × 품종·수령별 표본조사 대상 주수 • 품종·수령별 면적(㎡)당 착과수 = 품종·수령별 (표본구간 착과수 ÷ 표본구간 넓이) • 재식 면적 = 주간 거리 × 열간 거리 • 품종별·수령별 표본조사 대상주수 = 품종·수령별 실제 결과주수 − 품종·수령별 미보상주수 − 품종·수령별 고사나무주수 • 표본구간 넓이 = (표본구간 윗변 길이 + 표본구간 아랫변 길이) × 표본구간 높이(윗변과 아랫변의 거리) ÷ 2 ▶과중 조사 • 품종별 개당 과중 = 품종별 표본과실 무게 합계 ÷ 표본과실 수 ▶피해구성 조사(품종별로 실시) • 피해구성률 = {(50%형 피해과실수 × 0.5) + (80%형 피해과실수 × 0.8) + (100%형 피해과실수 × 1)} ÷ 표본과실수 • 금차 피해구성률 = 피해구성률 − max A ※금차 피해구성률은 다수 사고인 경우 적용 ※max A : 금차 사고전 기조사된 착과피해구성률 중 최댓값을 말함 ※금차 피해구성률이 영(0)보다 작은 경우에는 영(0)으로 함 ▶피해율 산정 • 피해율 = (평년수확량 − 수확량 − 미보상감수량) ÷ 평년수확량 • 수확량 = (품종·수령별 착과수 × 품종별 과중 × (1 − 피해구성률)) + (품종·수령별 면적(㎡)당 평년수확량 × 품종·수령별 미보상주수 × 품종·수령별 재식면적) • 품종·수령별 면적(㎡)당 평년수확량 = 품종별·수령별 평년수확량 ÷ 품종·수령별 재식면적 합계 • 품종·수령별 평년수확량 = 평년수확량 × (품종별·수령별 표준수확량 ÷ 표준수확량) • 미보상 감수량 = (평년수확량 − 수확량) × 미보상비율

품목별	조사종류별	조사시기	피해율 산정 방법
참다래	수확 개시 후 수확량조사 (조사일기준)	사고 발생 직후	▶ 착과수조사 • 품종·수령별 착과수 = 품종·수령별 표본조사 대상면적 × 품종·수령별 면적(㎡)당 착과수 • 품종·수령별 조사대상 면적 = 품종·수령별 재식 면적 × 품종·수령별 표본조사 대상 주수 • 품종·수령별 면적(㎡)당 착과수 = 품종별·수령별 표본구간 착과수 ÷ 품종·수령별 표본구간 넓이 • 재식 면적 = 주간 거리 × 열간 거리 • 품종·수령별 조사대상 주수 = 품종·수령별 실제 결과주수 − 품종·수령별 미보상주수 − 품종·수령별 고사나무주수 − 품종·수령별 수확완료주수 • 표본구간 넓이 = (표본구간 윗변 길이 + 표본구간 아랫변 길이) × 표본구간 높이(윗변과 아랫변의 거리) ÷ 2 ▶ 낙과수 조사 ❶ 표본조사 • 품종·수령별 낙과수 = 품종·수령별 조사대상면적 × 품종·수령별 면적(㎡)당 낙과수 • 품종·수령별 면적(㎡)당 낙과수 = 품종·수령별 표본주의 낙과수 ÷ 품종·수령별 표본구간 넓이 ❷ 전수조사 • 전체 낙과에 대하여 품종별 구분이 가능한 경우 : 품종별 낙과수 조사 • 전체 낙과에 대하여 품종별 구분이 불가한 경우 : 품종별 낙과수 = 전체 낙과수 × (품종별 표본과실수 ÷ 전체 표본과실수의 합계) ▶ 과중 조사 • 품종별 개당 과중 = 품종별 표본과실 무게 합계 ÷ 표본과실 수 ▶ 피해구성 조사(품종별로 실시) • 피해구성률 = {(50%형 피해과실수 × 0.5) + (80%형 피해과실수 × 0.8) + (100%형 피해과실수×1)} ÷ 표본과실 수 • 금차 피해구성률 = 피해구성률 − max A

품목별	조사종류별	조사시기	피해율 산정 방법
참다래	수확 개시 후 수확량조사 (조사일 기준)	사고 발생 직후	※금차 피해구성률은 다수 사고인 경우 적용 ※max A : 금차 사고전 기조사된 착과피해구성률 중 최댓값을 말함 ※금차 피해구성률이 영(0)보다 작은 경우에는 영(0)으로 함 ▶금차 수확량 ={품종·수령별 착과수 × 품종별 개당 과중 × (1 − 금차 착과피해구성률)} + {품종·수령별 낙과수 × 품종별 개당 과중 × (1 − 금차 낙과피해구성률)} + {품종·수령별 ㎡ 당 평년수확량 × 미보상주수 × 품종·수령별 재식면적} ▶금차 감수량 ={품종·수령별 착과수 × 품종별 과중 × 금차 착과피해구성률} + {품종·수령별 낙과수 × 품종별 과중 × 금차 낙과피해구성률} + {품종·수령별 ㎡ 당 평년수확량 × 금차 고사주수 × (1 − max A)) × 품종·수령별 재식면적} • 금차 고사주수 = 고사주수 − 기조사 고사주수 • 품종·수령별 면적(㎡)당 평년수확량 = 품종·수령별 평년수확량 ÷ 품종·수령별 재식면적 합계 • 품종·수령별 평년수확량 = 평년수확량 × (품종·수령별 표준수확량 ÷ 표준수확량) **■피해율 산정** ▶금차 수확 개시 후 수확량조사가 최초 조사인 경우(이전 수확량조사가 없는 경우) ❶「금차 수확량 + 금차 감수량 + 기수확량 〈 평년수확량」인 경우 • 피해율 = (평년수확량 − 수확량 − 미보상감수량) ÷ 평년수확량 • 수확량 = 평년수확량 − 금차 감수량 • 미보상 감수량 = 금차 감수량 × 미보상비율′

품목별	조사종류별	조사시기	피해율 산정 방법
참다래	수확 개시 후 수확량조사 (조사일 기준)	사고 발생 직후	❷「금차 수확량 + 금차 감수량 + 기수확량 ≧ 평년수확량」인 경우 • 피해율 = (평년수확량 − 수확량 − 미보상감수량) ÷ 평년수확량 • 수확량 = 금차 수확량 + 기수확량 • 미보상 감수량 = (평년수확량 − (금차 수확량 + 기수확량)) × 미보상비율 ▶수확 개시 전 수확량 조사가 있는 경우(이전 수확량조사에 수확 개시전 수확량조사가 포함된 경우) ❶「금차 수확량 + 금차 감수량 + 기수확량 〉수확 개시 전 수확량조사수확량」→ 오류 수정 필요 ❷「금차 수확량 + 금차 감수량 + 기수확량 〉이전 조사 금차 수확량 + 이전 조사 기수확량」→ 오류 수정 필요 ❸「금차 수확량 + 금차 감수량 + 기수확량 ≦ 수확 개시 전 수확량조사 수확량」이면서「금차 수확량 + 금차 감수량 + 기수확량 ≦ 이전 조사 금차 수확량 + 이전 조사 기수확량」인 경우

품목별	조사종류별	조사시기	피해율 산정 방법
참다래	수확 개시 후 수확량조사 (조사일 기준)	사고 발생 직후	▶피해율 = (평년수확량 − 수확량 − 미보상감수량) ÷ 평년수확량 • 수확량 = 수확 개시 전 수확량 − 사고당 감수량의 합 • 미보상감수량 = {평년수확량 − (수확 개시 전 수확량 − 사고당 감수량의 합)} × max(미보상비율) ▶수확 개시 후 수확량 조사만 있는 경우(이전 수확량조사가 모두 수확 개시 후 수확량조사인 경우) ❶「금차 수확량 + 금차 감수량 + 기수확량 〉 이전 조사 금차 수확량 + 이전 조사 기수확량」→ 오류 수정 필요 ❷「금차 수확량 + 금차 감수량 + 기수확량 ≦ 이전 조사 금차 수확량 + 이전 조사 기수확량」인 경우 ㉠최초 조사가 「금차 수확량 + 금차 감수량 + 기수확량 〈 평년수확량」인 경우 • 피해율 = (평년수확량 − 수확량 − 미보상감수량) ÷ 평년수확량 • 수확량 = 평년수확량 − 사고당 감수량의 합 • 미보상 감수량 = 사고당 감수량의 합 × max(미보상비율) ㉡최초 조사가 「금차 수확량 + 금차 감수량 + 기수확량 ≧ 평년수확량」인 경우 • 피해율 = (평년수확량 − 수확량 − 미보상감수량) ÷ 평년수확량 • 수확량 = 최초 조사 금차 수확량 + 최초 조사 기수확량 − 2차 이후 사고당 감수량의 합 • 미보상감수량 = {평년수확량 − (최초 조사 금차 수확량 + 최초 조사 기수확량) + 2차 이후 사고당 감수량의 합} × max(미보상비율)

품목별	조사종류별	조사시기	피해율 산정 방법
매실, 대추, 살구	수확 개시 전 수확량조사 (조사일 기준)	최초 수확 전	**■피해율 = (평년수확량 − 수확량 − 미보상감수량) ÷ 평년수확량** ▶수확량 = {품종·수령별 조사대상주수 × 품종·수령별 주당 착과량 × (1 − 착과피해구성률)} + (품종·수령별 주당 평년수확량 × 품종·수령별 미보상주수) ▶미보상 감수량 = (평년수확량 − 수확량) × 미보상비율 • 품종·수령별 조사대상주수 = 품종·수령별 실제결과주수 − 품종·수령별 미보상주수 − 품종·수령별 고사나무주수 • 품종·수령별 평년수확량 = 평년수확량 × (품종별 표준수확량 ÷ 표준수확량) • 품종·수령별 주당 평년수확량 = 품종별·수령별 (평년수확량 ÷ 실제결과주수) • 품종·수령별 주당 착과량 = 품종별·수령별 (표본주의 착과무게 ÷ 표본주수) • 표본주 착과무게 = 조사 착과량 × 품종별 비대추정지수(매실) × 2(절반조사 시) ▶피해구성 조사 • 피해구성률 = {(50%형 피해과실무게 × 0.5) + (80%형 피해과실무게 × 0.8) + (100%형 피해과실무게 × 1)} ÷ 표본과실무게

품목별	조사종류별	조사시기	피해율 산정 방법
매실, 대추, 살구	수확 개시 후 수확량조사 (조사일 기준)	사고 발생 직후	▶금차 수확량 ={품종·수령별 조사대상주수 × 품종·수령별 주당 착과량 × (1 − 금차 착과피해구성률)} + {품종·수령별 조사대상주수 × 품종별(·수령별) 주당 낙과량 × (1 − 금차 낙과피해구성률)} + (품종별 주당 평년수확량 × 품종별 미보상주수) ▶금차 감수량 =(품종·수령별 조사대상주수 × 품종·수령별 주당 착과량 × 금차 착과피해구성률) + (품종·수령별 조사대상 주수 × 품종별(·수령별) 주당 낙과량 × 금차 낙과피해구성률) + {품종·수령별 금차 고사주수 × (품종·수령별 주당 착과량 + 품종별(·수령별) 주당 낙과량) × (1 − max A)} • 품종·수령별 조사대상주수 = 품종·수령별 실제 결과주수 − 품종·수령별 미보상주수− 품종·수령별 고사나무주수 − 품종·수령별 수확완료주수) • 품종·수령별 평년수확량 = 평년수확량 ÷ 품종·수령별 표준수확량 합계 × 품종·수령별 표준수확량 • 품종·수령별 주당 평년수확량 = 품종·수령별 평년수확량 ÷ 품종·수령별 실제결과주수 • 품종·수령별 주당 착과량 = 품종·수령별 표본주의 착과량 ÷ 품종·수령별 표본주수 • 표본주 착과무게 = 조사 착과량 × 품종별 비대추정지수(매실) × 2(절반조사 시) • 품종·수령별 금차 고사주수 = 품종·수령별 고사주수 − 품종·수령별 기조사 고사주수)

품목별	조사종류별	조사시기	피해율 산정 방법
매실, 대추, 살구	수확 개시 후 수확량조사 (조사일 기준)	사고 발생 직후	▶낙과량 조사 ❶표본조사 • 품종·수령별 주당 낙과량 = 품종·수령별 표본주의 낙과량 ÷ 품종·수령별 표본주수 ❷전수조사 • 품종별 주당 낙과량 = 품종별 낙과량 ÷ 품종별 표본조사 대상 주수 • 전체 낙과에 대하여 품종별 구분이 가능한 경우 : 품종별 낙과량 조사 • 전체 낙과에 대하여 품종별 구분이 불가한 경우 : 품종별 낙과량 = 전체 낙과량 × (품종별 표본과실 수(무게) ÷ 표본 과실 수(무게)) ▶피해구성 조사 • 피해구성률 = (50%형 피해과실무게 × 0.5) + (80%형 피해과실무게× 0.8) + 100%형 피해과실무게)÷표본과실무게 • 금차 피해구성률 = 피해구성률 − max A ※금차 피해구성률은 다수 사고인 경우 적용 ※max A : 금차 사고전 기조사된 착과피해구성률 중 최대값을 말함 ※금차 피해구성률이 영(0)보다 작은 경우에는 영(0)으로 함

품목별	조사종류별	조사시기	피해율 산정 방법
매실, 대추, 살구	수확 개시 후 수확량조사 (조사일 기준)	사고 발생 직후	■피해율 산정 ▶금차 수확 개시 후 수확량조사가 최초 조사인 경우(이전 수확량조사가 없는 경우) ❶「금차 수확량 + 금차 감수량 + 기수확량 〈 평년수확량」인 경우 • 피해율 = (평년수확량 − 수확량 − 미보상감수량) ÷ 평년수확량 • 수확량 = 평년수확량 − 금차 감수량 • 미보상 감수량 = 금차 감수량 × 미보상비율 ❷「금차 수확량 + 금차 감수량 + 기수확량 ≧ 평년수확량」인 경우 • 피해율 = (평년수확량 − 수확량 − 미보상감수량) ÷ 평년수확량 • 수확량 = 금차 수확량 + 기수확량 • 미보상 감수량 = (평년수확량 − (금차 수확량 + 기수확량)) × 미보상비율 ▶수확 개시 전 수확량 조사가 있는 경우(이전 수확량조사에 수확 개시전 수확량조사가 포함된 경우) ❶「금차 수확량 + 금차 감수량 + 기수확량 〉 수확 개시 전 수확량 조사수확량」→ 오류 수정 필요 ❷「금차 수확량 + 금차 감수량 + 기수확량 〉 이전 조사 금차 수확량 + 이전 조사 기수확량」→ 오류 수정 필요 ❸「금차 수확량 + 금차 감수량 + 기수확량 ≦ 수확 개시 전 수확량조사 수확량」이면서「금차 수확량 + 금차 감수량 + 기수확량 ≦ 이전 조사금차 수확량 + 이전 조사 기수확량」인 경우 • 피해율 = (평년수확량 − 수확량 − 미보상감수량) ÷ 평년수확량 • 수확량 = 수확 개시 전 수확량 − 사고당 감수량의 합 • 미보상감수량 = {평년수확량 − (수확 개시 전 수확량 − 사고당 감수량의 합)} × max(미보상비율)

품목별	조사종류별	조사시기	피해율 산정 방법
매실, 대추, 살구	수확 개시 후 수확량조사 (조사일 기준)	사고 발생 직후	▶수확 개시 후 수확량 조사만 있는 경우(이전 수확량조사가 모두 수확 개시 후 수확량조사인 경우) ❶「금차 수확량 + 금차 감수량 + 기수확량 〉 이전 조사 금차 수확량 + 이전 조사 기수확량」→ 오류 수정 필요 ❷「금차 수확량 + 금차 감수량 + 기수확량 ≤ 이전 조사 금차 수확량 + 이전 조사 기수확량」인 경우 ㉠최초 조사가 「금차 수확량 + 금차 감수량 + 기수확량 〈 평년수확량」인경우 • 피해율 = (평년수확량 − 수확량 − 미보상감수량) ÷ 평년수확량 • 수확량 = 평년수확량 − 사고당 감수량의 합 • 미보상 감수량 = 사고당 감수량의 합 × max(미보상비율) ㉡최초 조사가 「금차 수확량 + 금차 감수량 + 기수확량 ≥ 평년수확량」인 경우 • 피해율 = (평년수확량 − 수확량 − 미보상감수량) ÷ 평년수확량 • 수확량 = 최초 조사 금차 수확량 + 최초 조사 기수확량 − 2차 이후 사고당 감수량의 합 • 미보상감수량 = {평년수확량 − (최초 조사 금차 수확량 + 최초 조사 기수확량) + 2차 이후 사고당 감수량의 합} × max(미보상비율)

품목별	조사종류별	조사시기	피해율 산정 방법
오미자	수확 개시 전 수확량조사 (조사일 기준)	최초 수확전	■피해율 = (평년수확량 − 수확량 − 미보상감수량) ÷ 평년수확량 ▶수확량 = {형태·수령별 조사대상길이 × 형태·수령별 m당 착과량 × (1 − 착과피해구성률)} + (형태·수령별 m당 평년수확량 × 형태·수령별 미보상 길이) • 형태·수령별 조사대상길이 = 형태·수령별 실제재배길이 − 형태·수령별 미보상길이 − 형태·수령별 고사길이) • 형태·수령별 길이(m)당 착과량 = 형태·수령별 표본구간의 착과무게 ÷ 형태·수령별 표본구간 길이의 합 • 표본구간 착과무게 = 조사 착과량 × 2(절반조사 시) • 형태·수령별 길이(m)당 평년수확량 = 형태·수령별 평년수확량 ÷ 형태·수령별 실제재배길이 • 형태·수령별 평년수확량 = 평년수확량 × {(형태·수령별 m당 표준수확량 × 형태·수령별 실제재배길이)÷표준수확량 ▶미보상감수량 = (평년수확량 − 수확량) × 미보상비율 ▶피해 구성 조사 • 피해구성률 = {(50%형 피해과실무게 × 0.5) + (80%형 피해과실무게 × 0.8) + (100%형 피해과실무게 × 1)} ÷ 표본과실무게

품목별	조사종류별	조사시기	피해율 산정 방법
오미자	수확 개시 후 수확량조사 (조사일 기준)	사고 발생 직후	▶ 기본사항 • 형태·수령별 조사대상길이 = 형태·수령별 실제재배길이 − 형태·수령별미보상길이 − 형태·수령별 고사 길이 − 수확완료길이 • 형태·수령별 평년수확량 = 평년수확량 ÷ 표준수확량 × 형태·수령별 표준수확량 • 형태·수령별 길이(m)당 평년수확량 = 형태·수령별 평년수확량 ÷ 형태·수령별 실제재배길이 • 형태·수령별 길이(m)당 착과량 = 형태·수령별 표본구간의 착과무게 ÷ 형태·수령별 표본구간 길이의 합 • 표본구간 착과무게 = 조사 착과량 × 2(절반조사 시) • 형태·수령별 금차 고사 길이 = 형태·수령별 고사 길이 − 형태·수령별기조사 고사 길이 ▶ 낙과량 조사 ❶ 표본조사 • 형태·수령별 길이(m)당 낙과량 = 형태·수령별 표본구간의 낙과량의 합 ÷ 형태·수령별 표본구간 길이의 합 ❷ 전수조사 • 길이(m)당 낙과량 = 낙과량 ÷ 전체 조사대상길이의 합 ▶ 피해구성조사 • 피해구성률 = ((50%형 과실무게×0.5) + ((80%형 과실무게×0.8) + (100%형 과실무게×1)) ÷ 표본과실무게 • 금차 피해구성률 = 피해구성률 − max A ※ max A : 금차 사고전 기조사된 착과피해구성률 중 최댓값을 말함 ※ 금차 피해구성률이 영(0)보다 작은 경우 : 금차 감수과실수는 영(0)으로 함

품목별	조사종류별	조사시기	피해율 산정 방법
오미자	수확 개시 후 수확량조사 (조사일 기준)	사고 발생 직후	▶금차 수확량 = {형태·수령별 조사대상길이 × 형태·수령별 m당 착과량 × (1 − 금차 착과피해구성률)} + {형태·수령별 조사대상길이 × 형태·수령별 m당 낙과량 × (1 − 금차 낙과피해구성률)} + (형태·수령별 m당 평년수확량 × 형태별수령별 미보상 길이) ▶금차 감수량 = (형태·수령별 조사대상길이 × 형태·수령별 m당 착과량 × 금차 착과피해구성률) + (형태·수령별 조사대상길이 × 형태·수령별 m당 낙과량 × 금차 낙과피해구성률) + (형태·수령별 금차 고사 길이 × (형태·수령별 m당 착과량 + 형태·수령별 m당 낙과량) × (1 − max A) ■피해율 산정 ▶금차 수확 개시 후 수확량조사가 최초 조사인 경우(이전 수확량 조사가 없는 경우) ❶「금차 수확량 + 금차 감수량 + 기수확량 〈 평년수확량」인 경우 ▶피해율 = (평년수확량 − 수확량 − 미보상감수량) ÷ 평년수확량 • 수확량 = 평년수확량 − 금차 감수량 • 미보상 감수량 = 금차 감수량 × 미보상비율 ❷「금차 수확량 + 금차 감수량 + 기수확량 ≧ 평년수확량」인 경우 ▶피해율 = (평년수확량 − 수확량 − 미보상감수량) ÷ 평년수확량 • 수확량 = 금차 수확량 + 기수확량 • 미보상 감수량 = (평년수확량 − (금차 수확량 + 기수확량)) × 미보상비율

품목별	조사종류별	조사시기	피해율 산정 방법
오미자	수확 개시 후 수확량조사 (조사일 기준)	사고 발생 직후	▶수확 개시 전 수확량 조사가 있는 경우(이전 수확량조사에 수확 개시전 수확량조사가 포함된 경우) ❶「금차 수확량 + 금차 감수량 + 기수확량 〉 수확 개시 전 수확량조사수확량」→ 오류 수정 필요 ❷「금차 수확량 + 금차 감수량 + 기수확량 〉 이전 조사 금차 수확량 + 이전 조사 기수확량」→ 오류 수정 필요 ❸「금차 수확량 + 금차 감수량 + 기수확량 ≦ 수확 개시 전 수확량조사수확량」이면서「금차 수확량 + 금차 감수량 + 기수확량 ≦ 이전 조사 금차 수확량 + 이전 조사 기수확량」인 경우 ▶피해율 = (평년수확량 − 수확량 − 미보상감수량) ÷ 평년수확량 • 수확량 = 수확 개시 전 수확량 − 사고당 감수량의 합 • 미보상감수량 = {평년수확량 − (수확 개시 전 수확량 − 사고당 감수량의 합)} × max(미보상비율) ▶수확 개시 후 수확량 조사만 있는 경우(이전 수확량조사가 모두 수확개시 후 수확량조사인 경우) ❶「금차 수확량 + 금차 감수량 + 기수확량 〉 이전 조사 금차 수확량 + 이전 조사 기수확량」→ 오류 수정 필요 ❷「금차 수확량 + 금차 감수량 + 기수확량 ≦ 이전 조사 금차 수확량 + 이전 조사 기수확량」인 경우 ㉠최초 조사가「금차 수확량 + 금차 감수량 + 기수확량 〈 평년수확량」인 경우 • 피해율 = (평년수확량 − 수확량 − 미보상감수량) ÷ 평년수확량 • 수확량 = 평년수확량 − 사고당 감수량의 합 • 미보상 감수량 = 사고당 감수량의 합 × max(미보상비율) ㉡최초 조사가「금차 수확량 + 금차 감수량 + 기수확량 ≧ 평년수확량」인 경우 • 피해율 = (평년수확량 − 수확량 − 미보상감수량) ÷ 평년수확량 • 수확량 = 최초 조사 금차 수확량 + 최초 조사 기수확량 − 2차 이후 사고당 감수량의 합 • 미보상감수량 = {평년수확량 − (최초 조사 금차 수확량 + 최초 조사 기수확량) + 2차 이후 사고당 감수량의 합} × max(미보상비율)

품목별	조사종류별	조사시기	피해율 산정 방법
유자	수확량조사	수확 개시전	▶기본사항 • 품종·수령별 조사대상주수 = 품종·수령별 실제결과주수 − 품종·수령별 미보상주수 − 품종·수령별 고사주수 • 품종·수령별 평년수확량 = 평년수확량 ÷ 표준수확량 × 품종·수령별 표준수확량 • 품종·수령별 주당 평년수확량 = 품종·수령별 평년수확량 ÷ 품종·수령별실제결과주수 • 품종·수령별 과중 = 품종·수령별 표본과실 무게합계 ÷ 품종·수령별 표본과실수 • 품종·수령별 표본주당 착과수 = 품종·수령별 표본주 착과수 합계 ÷ 품종·수령별 표본주수 • 품종·수령별 표본주당 착과량 = 품종·수령별 표본주당 착과수 × 품종·수령별 과중 ▶피해구성 조사 • 피해구성률 = {(50%형 피해과실수×0.5) + (80%형 피해과실수×0.8) + (100%형 피해과실수×1)} ÷ 표본과실수 • 피해율 = (평년수확량 − 수확량 − 미보상감수량) ÷ 평년수확량 • 수확량 = {품종·수령별 표본조사 대상 주수 × 품종·수령별 표본주당 착과량 × (1 − 착과피해구성률)} + (품종·수령별 주당 평년수확량 × 품종·수령별 미보상주수) • 미보상감수량 = (평년수확량 − 수확량) × 미보상비율

4 종합위험 및 수확전 종합위험 과실손해보장방식

품목별	조사종류별	조사시기	피해율 산정 방법
복분자	종합위험 과실손해 조사	수정완료 시점 ~ 수확 전	**■종합위험 과실손해 고사결과모지수** **= 평년결과모지수 − (기준 살아있는 결과모지수 − 수정불량환산 고사결과모지수 + 미보상 고사결과모지수)** • 기준 살아있는 결과모지수 = 표본구간 살아있는 결과모지수의 합 ÷ (표본구간수 × 5) • 수정불량환산 고사결과모지수 = 표본구간 수정불량 고사결과모지수의 합 ÷ (표본구간수×5) • 표본구간 수정불량 고사결과모지수 = 표본구간 살아있는 결과모지수 × 수정불량환산계수 • 수정불량환산계수 = (수정불량결실수 ÷ 전체결실수) − 자연수정불량률 = 최댓값((표본포기 6송이 피해 열매수의 합 ÷ 표본포기 6송이 열매수의 합계)−15%, 0) • 자연수정불량률 : 15%(2014 복분자 수확량 연구용역 결과반영) • 미보상 고사결과모지수 = 최댓값({평년결과모지수 − (기준 살아있는 결과모지수 − 수정불량환산 결과모지수)} × 미보상비율, 0)

품목별	조사종류별	조사시기	피해율 산정 방법
복분자	특정위험 과실손해 조사	사고접수 직후	■**특정위험 과실손해 고사결과모지수** **=수확감소환산 고사결과모지수 − 미보상 고사결과모지수** • 수확감소환산 고사결과모지수 (종합위험 과실손해조사를 실시한 경우) = (기준 살아있는 결과모지수 − 수정불량환산 고사결과모지수) × 누적수확감소환산계수 • 수확감소환산 고사결과모지수 (종합위험 과실손해조사를 실시하지 않은 경우) = 평년결과모지수 × 누적수확감소환산계수 • 누적수확감소환산계수 = 특정위험 과실손해조사별 수확감소환산계수의 합 • 수확감소환산계수 = 최댓값(기준일자별 잔여수확량 비율 − 결실률, 0) • 결실률 = 전체결실수 ÷ 전체개화수 = Σ(표본송이의 수확 가능한 열매수) ÷ Σ(표본송이의 총 열매수) • 미보상 고사결과모지수 = 수확감소환산 고사결과모지수 × 최댓값(특정위험 과실손해조사별 미보상비율) ■**피해율 = 고사결과모지수 ÷ 평년결과모지수** • 고사결과모지수 = 종합위험 과실손해 고사결과모지수 + 특정위험 과실손해 고사결과모지수

품목별	조사종류별	조사시기	피해율 산정 방법
오디	과실손해 조사	결실완료 시점 ~ 수확 전	■**피해율 = (평년결실수 − 조사결실수 − 미보상 감수 결실수) ÷ 평년결실수** ▶조사결실수 = Σ{(품종·수령별 환산결실수 × 품종·수령별 조사대상주수) + (품종별 주당 평년결실수 × 품종·수령별 미보상주수)} ÷ 전체 실제결과주수 • 품종·수령별 환산결실수 = 품종·수령별 표본가지 결실수 합계 ÷ 품종·수령별 표본가지 길이 합계 • 품종·수령별 표본조사 대상 주수 = 품종·수령별 실제결과주수 − 품종·수령별 고사주수 − 품종·수령별 미보상주수 • 품종별 주당 평년결실수 = 품종별 평년결실수 ÷ 품종별 실제결과주수 • 품종별 평년결실수 = (평년결실수 × 전체 실제결과주수) × (대상 품종표준결실수 × 대상 품종 실제결과주수) ÷ Σ(품종별 표준결실수 × 품종별 실제결과주수) ▶미보상감수결실수 = Max((평년결실수 − 조사결실수) × 미보상 비율, 0)

<table>
<tr><th>품목별</th><th>조사 종류별</th><th>조사 시기</th><th>피해율 산정 방법</th></tr>
<tr><td rowspan="2">감귤
(온주
밀감류)</td><td>과실
손해
조사</td><td>착과
피해
조사</td><td>▶과실손해 피해율 = {(등급 내 피해과실수 + 등급 외 피해과실수 × 50%) ÷ 기준과실수} × (1 − 미보상비율)
▶피해 인정 과실수 = 등급 내 피해 과실수 + 등급 외 피해과실수 × 50%
❶등급 내 피해 과실수 = (등급 내 30%형 과실수 합계×0.3) + (등급 내 50%형 과실수 합계×0.5) + (등급 내 80%형 과실수 합계×0.8) + (등급 내 100%형 과실수×1)
❷등급 외 피해 과실수 = (등급 외 30%형 과실수 합계×0.3) + (등급 외 50%형 과실수 합계×0.5) + (등급 외 80%형 과실수 합계×0.8) + (등급외 100%형 과실수×1)
※만감류는 등급 외 피해 과실수를 피해 인정 과실수 및 과실손해 피해율에 반영하지 않음
❸기준과실수 : 모든 표본주의 과실수 총 합계
※단, 수확전 사고조사를 실시한 경우에는 아래와 같이 적용한다.
• (수확전 사고조사 결과가 있는 경우) 과실손해피해율 = [{(최종 수확전 과실손해 피해율÷(1−최종 수확전 과실손해 조사 미보상비율))} + {(1 − (최종 수확전 과실손해 피해율 ÷ (1 − 최종 수확전 과실손해 조사 미보상비율))) × (과실손해 피해율 ÷ (1 − 과실손해미보상비율))}] × {1 − 최댓값(최종 수확전 과실손해 조사 미보상비율, 과실손해 미보상비율)}
• 수확전 과실손해 피해율 = {100%형 피해과실수 ÷ (정상 과실수 + 100%형 피해과실수)} × (1−미보상비율)
• 최종 수확전 과실손해 피해율 = {(이전 100%피해과실수 + 금차 100%피해과실수) ÷ (정상 과실수 + 100%형 피해과실수)} × (1−미보상비율)</td></tr>
<tr><td>동상
해조사</td><td>착과
피해
조사</td><td>▶동상해 과실손해 피해율 = 동상해 피해 과실수 ÷ 기준과실수
$= \frac{(80\%형\ 피해과실수 \times 0.8) + (100\%형\ 피해과실수 \times 1)}{정상과실수 + 80\%형\ 피해과실수 + 100\%형\ 피해과실수}$
• 동상해 피해과실수 = (80%형 피해과실수 × 0.8) + (100%형 피해과실수× 1)
• 기준과실수(모든 표본주의 과실수 총 합계) = 정상과실수 + 80%형 피해과실수 + 100%형 피해과실수</td></tr>
</table>

품목별	조사 종류별	조사 시기	피해율 산정 방법
무화과	수확량 조사	수확전 수확후	■기본사항 ▶품종·수령별 조사대상주수 = 품종·수령별 실제결과주수 − 품종·수령별 미보상주수 − 품종·수령별 고사주수 ▶품종·수령별 평년수확량 = 평년수확량 × (품종·수령별 주당 표준수확량 × 품종·수령별 실제결과주수 ÷ 표준수확량) ▶품종·수령별 주당 평년수확량 = 품종·수령별 평년수확량 ÷ 품종·수령별 실제결과주수 ■7월31일 이전 피해율 ▶피해율 = (평년수확량 − 수확량 − 미보상감수량) ÷ 평년수확량 ▶수확량 = {품종별·수령별 조사대상주수 × 품종·수령별 주당 수확량 × (1 − 피해구성률)} + (품종·수령별 주당 평년수확량 × 미보상주수) • 품종·수령별 주당 수확량 = 품종·수령별 주당 착과수 × 표준과중 • 품종·수령별 주당 착과수 = 품종·수령별 표본주 과실수의 합계 ÷ 품종·수령별 표본주수 ▶미보상감수량 = (평년수확량 − 수확량) × 미보상비율 ▶피해구성 조사 • 피해구성률 : {(50%형 과실수 × 0.5) + (80%형 과실수 × 0.8) + (100%형 과실수 × 1)} ÷ 표본과실수 ■8월1일 이후 피해율 ▶피해율 = (1 − 수확전사고 피해율) × 경과비율 × 결과지 피해율 • 결과지 피해율 = (고사결과지수 + 미고사결과지수×착과피해율 − 미보상고사결과지수) ÷ 기준결과지수 • 기준결과지수 = 고사결과지수 + 미고사결과지수 • 고사결과지수 = 보상고사결과지수 + 미보상고사결과지수 ※8월1일 이후 사고가 중복 발생할 경우 금차 피해율에서 전차 피해율을 차감하고 산정함

5 종합위험 수확감소보장방식 논작물 품목

품목별	조사종류별	조사시기	피해율 산정 방법
벼	수량요소 (벼만 해당)	수확 전 14일 (전후)	▶피해율 = (평년수확량 − 수확량 − 미보상감수량) ÷ 평년수확량 (단, 병해충 단독사고일 경우 병해충 최대인정피해율 적용) • 수확량 = 표준수확량 × 조사수확비율 × 피해면적 보정계수 • 미보상감수량 = (평년수확량 − 수확량) × 미보상비율
	표본	수확 가능시기	▶피해율 = (평년수확량 − 수확량 − 미보상감수량) ÷ 평년수확량 (단, 병해충 단독사고일 경우 병해충 최대인정피해율 적용) • 수확량 = (표본구간 단위면적당 유효중량 × 조사대상면적) + {단위면적당 평년수확량 × (타작물 및 미보상면적 + 기수확면적)} • 단위면적당 평년수확량 = 평년수확량 ÷ 실제경작면적 • 조사대상면적 = 실제경작면적 − 고사면적 − 타작물 및 미보상면적 − 기수확면적 • 표본구간 단위면적당 유효중량 = 표본구간 유효중량 ÷ 표본구간 면적 • 표본구간 유효중량 = 표본구간 작물 중량 합계 × (1 − Loss율) × {(1 − 함수율) ÷ (1 − 기준함수율)} • Loss율 : 7% / 기준함수율 : 메벼(15%), 찰벼(13%), 분질미(14%) • 표본구간 면적 = 4포기 길이 × 포기당 간격 × 표본구간 수 • 미보상감수량 = (평년수확량 − 수확량) × 미보상비율
	전수	수확 시	▶피해율 = (평년수확량 − 수확량 − 미보상감수량) ÷ 평년수확량 (단, 병해충 단독사고일 경우 병해충 최대인정피해율 적용) • 수확량 : 조사대상면적 수확량 + {단위면적당 평년수확량 × (타작물 및 미보상면적 + 기수확면적)} • 단위면적당 평년수확량 = 평년수확량 ÷ 실제경작면적 • 조사대상면적 = 실제경작면적 − 고사면적 − 타작물 및 미보상면적 − 기수확면적 • 조사대상면적 수확량 = 작물 중량 × {(1 − 함수율) ÷ (1 − 기준함수율)} • 기준함수율 : 메벼(15%), 찰벼(13%), 분질미(14%) • 미보상감수량 = (평년수확량 − 수확량) × 미보상비율

품목별	조사종류별	조사시기	피해율 산정 방법
밀 보리	표본	수확 가능시기	▶ 피해율 = (평년수확량 − 수확량 − 미보상감수량) ÷ 평년수확량 • 수확량 = (표본구간 단위면적당 유효중량 × 조사대상면적) + {단위면적당 평년수확량 × (타작물 및 미보상면적 + 기수확면적)} • 단위면적당 평년수확량 = 평년수확량 ÷ 실제경작면적 • 조사대상면적 = 실제경작면적 − 고사면적 − 타작물 및 미보상면적 − 기수확면적 • 표본구간 단위면적당 유효중량 = 표본구간 유효중량 ÷ 표본구간 면적 • 표본구간 유효중량 = 표본구간 작물 중량 합계 × (1 − Loss율) × {(1 − 함수율) ÷ (1 − 기준함수율)} • Loss율 : 7% / 기준함수율 : 밀(13%), 보리(13%) • 표본구간 면적 = 4포기 길이 × 포기당 간격 × 표본구간 수 • 미보상감수량 : (평년수확량 − 수확량) × 미보상비율
	전수	수확 시	▶ 피해율 : (평년수확량 − 수확량 − 미보상감수량) ÷ 평년수확량 • 수확량 : 조사대상면적 수확량 + {단위면적당 평년수확량 × (타작물 및 미보상면적 + 기수확면적)} • 단위면적당 평년수확량 = 평년수확량 ÷ 실제경작면적 • 조사대상면적 = 실제경작면적 − 고사면적 − 타작물 및 미보상면적 − 기수확면적 • 조사대상면적 수확량 = 작물 중량 × {(1 − 함수율) ÷ (1 − 기준함수율)} • 기준함수율 : 밀(13%), 보리(13%) • 미보상감수량 : (평년수확량 − 수확량) × 미보상비율

6 종합위험 수확감소보장방식 밭작물 품목

<table>
<tr><th>품목별</th><th>조사종류별</th><th>조사시기</th><th>피해율 산정방법</th></tr>
<tr><td rowspan="2">양배추</td><td>수확량조사
(수확 전 사고가 발생한 경우)</td><td>수확직전</td><td rowspan="2">▶ 피해율 = (평년수확량 − 수확량 − 미보상감수량) ÷ 평년수확량
• 수확량 = (표본구간 단위면적당 수확량×조사대상면적) + {단위면적당 평년 수확량 × (타작물 및 미보상면적 + 기수확면적)}
• 단위면적당 평년수확량 = 평년수확량 ÷ 실제경작면적
• 표본조사대상면적 = 실제경작면적 − 고사면적 − 타작물 및 미보상면적 − 기수확면적
• 표본구간 단위면적당 수확량 = 표본구간 수학량 합계 ÷ 표본구간 면적
• 표본구간 수확량 합계 = 표본구간 정상 양배추 중량 + (80% 피해 양배추 중량 × 0.2)
• 미보상감수량 = (평년수확량 − 수확량) × 미보상비율</td></tr>
<tr><td>수확량조사
(수확 중 사고가 발생한 경우)</td><td>사고발생 직후</td></tr>
</table>

<table>
<tr><th>품목별</th><th>조사종류별</th><th>조사시기</th><th>피해율 산정 방법</th></tr>
<tr><td rowspan="2">양파, 마늘</td><td>수확량조사
(수확 전 사고가 발생한 경우)</td><td>수확직전</td><td rowspan="2">▶ 피해율 = (평년수확량 − 수확량 − 미보상감수량) ÷ 평년수확량
• 수확량 = (표본구간 단위면적당 수확량 × 조사대상면적) + {단위면적당 평년수확량 × (타작물 및 미보상면적 + 기수확면적)}
• 단위면적당 평년수확량 = 평년수확량 ÷ 실제경작면적
• 조사대상면적 = 실제경작면적 − 고사면적 − 타작물 및 미보상면적 − 기수확면적
• 표본구간 단위면적당 수확량 = 표본구간 수확량 합계 ÷ 표본구간 면적
• 표본구간 수확량 합계 = (표본구간 정상 작물 중량 + (80% 피해 작물중량×0.2)) × (1 + 비대추정지수) × 환산계수
• 환산계수는 마늘에 한하여 0.7(한지형), 0.72(난지형)를 적용
• 누적비대추정지수 = 지역별 수확적기까지 잔여일수 × 일자별 비대추정지수
• 미보상감수량 = (평년수확량 − 수확량) × 미보상비율</td></tr>
<tr><td>수확량조사
(수확 중 사고가 발생한 경우)</td><td>사고발생 직후</td></tr>
</table>

품목별	조사종류별	조사시기	피해율 산정 방법
차(茶)	수확량조사 (조사 가능일 전 사고가 발생한 경우)	조사 가능일 직전	▶ 피해율 = (평년수확량 − 수확량 − 미보상감수량) ÷ 평년수확량 • 수확량 = (표본구간 단위면적당 수확량 × 조사대상면적) + {단위면적당 평년수확량 × (타작물 및 미보상면적 + 기수확면적)} • 단위면적당 평년수확량 = 평년수확량 ÷ 실제경작면적 • 조사대상면적 = 실제경작면적 − 고사면적 − 타작물 및 미보상면적 − 기수확면적 • 표본구간 단위면적당 수확량 = 표본구간 수확량 합계 ÷ 표본구간 면적합계 × 수확면적율 • 표본구간 수확량 합계 = {(수확한 새싹무게 ÷ 수확한 새싹수) × 기수확 새싹수 × 기수확지수} + 수확한 새싹무게 • 미보상감수량 = (평년수확량 − 수확량) × 미보상비율
	수확량조사 (조사 가능일 후 사고가 발생한 경우)	사고발생 직후	

품목별	조사종류별	조사시기	피해율 산정 방법
콩	수확량조사 (수확 전 사고가 발생한 경우)	수확직전	▶ 피해율 = (평년수확량 − 수확량 − 미보상감수량) ÷ 평년수확량 • 수확량(표본조사) = (표본구간 단위면적당 수확량 × 조사대상면적) + {단위면적당 평년수확량 × (타작물 및 미보상면적 + 기수확면적)} • 수확량(전수조사) = {전수조사 수확량×(1 − 함수율)÷(1 − 기준함수율)}+ {단위면적당 평년 수확량×(타작물 및 미보상면적 + 기수확면적)} • 표본구간 단위면적당 수확량 = 표본구간 수확량 합계 ÷ 표본구간 면적 • 표본구간 수확량 합계 = 표본구간별 종실중량 합계 × {(1 − 함수율) ÷ (1 − 기준함수율)} • 기준함수율 : 콩(14%) • 조사대상면적 = 실경작면적 − 고사면적 − 타작물 및 미보상면적 − 기수확면적 • 단위면적당 평년수확량 = 평년수확량 ÷ 실제경작면적 • 미보상감수량 = (평년수확량 − 수확량) × 미보상비율
	수확량조사 (수확 중 사고가 발생한 경우)	사고발생 직후	

<table>
<tr><th>품목별</th><th>조사종류별</th><th>조사시기</th><th>피해율 산정 방법</th></tr>
<tr><td rowspan="2">감자</td><td>수확량조사
(수확 전 사고가 발생한 경우)</td><td>수확직전</td><td rowspan="2">▶ 피해율 = {(평년수확량 − 수확량 − 미보상감수량) + 병충해 감수량} ÷ 평년수확량
• 수확량 = (표본구간 단위면적당 수확량×조사대상면적) + {단위면적당 평년수확량 × (타작물 및 미보상면적 + 기수확면적)}
• 단위면적당 평년수확량 = 평년수확량 ÷ 실제경작면적
• 조사대상면적 = 실제경작면적 − 고사면적 − 타작물 및 미보상면적 − 기수확면적
• 표본구간 단위면적당 수확량 = 표본구간 수확량 합계 ÷ 표본구간 면적
• 표본구간 수확량 합계 = 표본구간별 정상 감자 중량 + (최대 지름이 5cm미만이거나 50%형 피해 감자 중량 × 0.5) + 병충해 입은 감자 중량
• 병충해감수량 = 병충해 입은 괴경의 무게 × 손해정도비율 × 인정비율
※ 위 산식은 각각의 표본구간별로 적용되며, 각 표본구간 면적을 감안하여 전체 병충해 감수량을 산정
※ 손해정도비율 : 표 2−4−9) 참조, 인정비율 : 표 2−4−10) 참조
• 미보상감수량 = (평년수확량 − 수확량) × 미보상비율</td></tr>
<tr><td>수확량조사
(수확 중 사고가 발생한 경우)</td><td>사고발생 직후</td></tr>
</table>

품목별	조사종류별	조사시기	피해율 산정 방법
고구마	수확량조사 (수확 전 사고가 발생한 경우)	수확직전	▶피해율 = (평년수확량 − 수확량 − 미보상감수량) ÷ 평년수확량 • 수확량 = (표본구간 단위면적당 수확량 × 조사대상면적) + {단위면적당 평년수확량 × (타작물 및 미보상면적 + 기수확면적)} • 단위면적당 평년수확량 = 평년수확량 ÷ 실제경작면적 • 조사대상면적 = 실제경작면적 − 고사면적 − 타작물 및 미보상면적 − 기수확면적 • 표본구간 단위면적당 수확량 = 표본구간 수확량 합계 ÷ 표본구간 면적 • 표본구간 수확량 = 표본구간별 정상 고구마 중량 + (50% 피해 고구마 중량×0.5) + (80% 피해 고구마 중량×0.2) • 미보상감수량 = (평년수확량 − 수확량) × 미보상비율
	수확량조사 (수확 중 사고가 발생한 경우)	사고발생 직후	

품목별	조사종류별	조사시기	피해율 산정 방법
옥수수	수확량조사 (수확 전 사고가 발생한 경우)	수확직전	▶손해액 = (피해수확량 − 미보상감수량) × 표준가격 • 피해수확량 = (표본구간 단위면적당 피해수확량 × 조사대상면적) + (단위면적당 표준수확량 × 고사면적) • 단위면적당 표준수확량 = 표준수확량 ÷ 실제경작면적 • 조사대상면적 = 실제경작면적 − 고사면적 − 타작물 및 미보상면적 − 기수확면적 • 표본구간 단위면적당 피해수확량 = 표본구간 피해수확량 합계 ÷ 표본구간면적 • 표본구간 피해수확량 합계 = {표본구간별 "하"품 이하 옥수수 개수 + ("중"품 옥수수 개수 × 0.5)} × 표준중량 × 재식시기지수 × 재식밀도지수 • 미보상감수량 = 피해수확량 × 미보상비율
	수확량조사 (수확 중 사고가 발생한 경우)	사고발생 직후	

7 종합위험 생산비 보장방식 밭작물 품목 보험금 산정방법

품목별	조사종류별	조사시기	피해율 산정방법
고추, 브로콜리, 배추, 무, 단호박, 파, 당근, 메밀	생산비보장 손해조사	사고발생 직후	**■보험금 산정(고추, 브로콜리)** ▶보험금 = (잔존보험가입금액 ×경과비율 × 피해율) − 자기부담금 (단, 고추는 병충해가 있는 경우 병충해등급별 인정비율 추가하여 피해율에 곱함) • 경과비율 • 수확기 이전에 사고시 $= \left\{ \alpha + (1 - a) \times \frac{\text{생장일수}}{\text{표준생장일수}} \right\}$ • 수확기 중 사고시 $= \left(1 - \frac{\text{수확일수}}{\text{표준수확일수}} \right)$ ※ α(준비기생산비계수) = (고추 : 54.4%, 브로콜리 : 49.5%) 〈용어의 정의〉 • 생장일수 : 정식일로부터 사고발생일까지 경과일수 • 표준생장일수 : 정식일로부터 수확개시일까지의 일수로 작목별로 사전에 설정된 값 (고추 : 100일, 브로콜리 : 130일) • 수확일수 : 수확개시일로부터 사고발생일까지 경과일수 • 표준수확일수 : 수확개시일부터 수확종료(예정)일까지 일수 • 자기부담금 = 잔존보험가입금액 × (3% 또는 5%) **■보험금 산정(배추, 무, 단호박, 파, 당근, 메밀, 시금치)** ▶보험금 = 보험가입금액 × (피해율 − 자기부담비율) **■품목별 피해율 산정** ▶고추 피해율 = 피해비율 × 손해정도비율(심도) × (1 − 미보상비율) • 피해비율 = 피해면적 ÷ 실제경작면적(재배면적) • 손해정도비율 = {(20%형 피해 고추주수 × 0.2) + (40%형 피해 고추주수 × 0.4) + (60%형 피해 고추주수 × 0.6) + (80%형 피해 고추주수 × 0.8) + (100형 피해 고추주수)} ÷ (정상 고추주수 + 20%형 피해 고추주수 + 40%형 피해 고추주수 + 60%형 피해 고추주수 + 80%형 피해 고추주수 + 100%형 피해 고추주수)

품목별	조사종류별	조사시기	피해율 산정 방법
고추, 브로콜리, 배추, 무, 단호박, 파, 당근, 메밀	생산비보장 손해조사	사고발생 직후	▶ 브로콜리 피해율 = 피해비율 × 작물피해율 • 피해비율 = 피해면적 ÷ 실제경작면적(재배면적) • 작물피해율 = {(50%형 피해송이 개수 × 0.5) + (80%형 피해송이 개수 × 0.8) + (100%형 피해송이 개수)} ÷ (정상 송이 개수 + 50%형 피해송이 개수 + 80%형 피해송이 개수 + 100%형 피해송이 개수) ▶ 배추, 무, 단호박, 파, 당근, 시금치 피해율 = 피해비율 × 손해정도비율(심도) × (1－미보상비율) • 피해비율 = 피해면적 ÷ 실제경작면적(재배면적) • 손해정도비율 = {(20%형 피해작물 개수 × 0.2) + (40%형 피해작물 개수 × 0.4) + (60%형 피해작물 개수 × 0.6) + (80%형 피해작물 개수 × 0.8) + (100%형 피해작물 개수)} ÷ (정상 작물 개수 + 20%형 피해작물 개수 + 40%형 피해작물 개수 + 60%형 피해작물 개수 + 80%형 피해작물 개수 + 100%형피해작물 개수) ▶ 메밀 피해율 = 피해면적 ÷ 실제경작면적(재배면적) • 피해면적 = (도복으로 인한 피해면적 × 70%) + [도복 이외로 인한 피해면적 × {(20%형 피해 표본면적 × 0.2) + (40%형 피해 표본면적 × 0.4) + (60%형 피해 표본면적 × 0.6) + (80%형 피해 표본면적 × 0.8) + (100%형 피해 표본면적 × 1)} ÷ 표본면적 합계]

8 농업수입감소보장방식 과수작물 품목

품목별	조사 종류별	조사시기	피해율 산정방법
포도	수확량 조사	착과수조사 (최초 수확 품종 수확전) · 과중조사 (품종별 수확시기) · 착과피해조사 (피해 확인 가능 시기) · 낙과피해조사 (착과수조사 이후 낙과피해 시) · 고사나무조사 (수확완료 후)	**■착과수(수확개시 전 착과수조사 시)** ▶품종·수령별 착과수 = 품종·수령별 조사대상주수 × 품종·수령별 주당착과수 • 품종·수령별 조사대상주수 = 품종·수령별 실제결과주수 − 품종·수령별 고사주수 − 품종·수령별 미보상주수 • 품종·수령별 주당 착과수 = 품종·수령별 표본주의 착과수 ÷ 품종·수령별표본주수 **■착과수(착과피해조사 시)** ▶품종·수령별 착과수 = 품종·수령별 조사대상주수 × 품종·수령별 주당착과수 • 품종·수령별 조사대상주수 = 품종·수령별 실제결과주수 − 품종·수령별 고사주수 − 품종·수령별 미보상주수 − 품종·수령별 수확완료주수 • 품종·수령별 주당 착과수 = 품종별·수령별 표본주의 착과수 ÷ 품종별·수령별 표본주수 **■과중조사 (사고접수 여부와 상관없이 모든 농지마다 실시)** ▶품종별 과중 = 품종별 표본과실 무게 ÷ 품종별 표본과실 수 **■낙과수 산정 (착과수조사 이후 발생한 낙과사고마다 산정)** ❶표본조사 시 : 품종·수령별 낙과수 조사 • 품종·수령별 낙과수 = 품종·수령별 조사대상 주수 × 품종·수령별 주당 낙과수 • 품종·수령별 조사대상주수 = 품종·수령별 실제결과주수 − 품종·수령별 고사주수 − 품종·수령별 미보상주수 − 품종·수령별 수확완료주수 • 품종·수령별주당 낙과수 = 품종·수령별 표본주의 낙과수 ÷ 품종·수령별표본주수

품목별	조사 종류별	조사시기	피해율 산정 방법
포도	수확량 조사	착과수조사 (최초 수확 품종 수확전) · 과중조사 (품종별 수확시기) · 착과피해조사 (피해 확인 가능 시기) · 낙과피해조사 (착과수조사 이후 낙과피해 시) · 고사나무조사 (수확완료 후)	❷전수조사 시 : 품종별 낙과수 조사 • 전체 낙과수에 대한 품종 구분이 가능할 때 : 품종별로 낙과수 조사 • 전체 낙과수에 대한 품종 구분이 불가능할 때 (전체 낙과수 조사 후 품종별 안분) • 품종별 낙과수 = 전체 낙과수 × (품종별 표본과실 수 ÷ 품종별 표본과실 수의 합계) • 품종별 주당 낙과수 = 품종별 낙과수 ÷ 품종별 조사대상주수 • 품종별 조사대상주수 = 품종별 실제결과주수 − 품종별 고사주수 − 품종별 미보상주수 − 품종별 수확완료주수) **■피해구성조사(낙과 및 착과피해 발생 시 실시)** ▶피해구성률 = {(50%형 피해과실 수 × 0.5) + (80%형 피해과실 수 × 0.8) + (100%형 피해과실 수 × 1)} ÷ 표본과실 수 ▶금차 피해구성률 = 피해구성률 − max A ※금차 피해구성률은 다수 사고인 경우 적용 ※max A : 금차 사고전 기조사된 착과피해구성률 중 최댓값을 말함 ※금차 피해구성률이 영(0)보다 작은 경우에는 영(0)으로 함 **■착과량 산정** ▶착과량 = 품종·수령별 착과량의 합 • 품종·수령별 착과량 = (품종·수령별 착과수 × 품종별 과중) + (품종·수령별 주당 평년수확량 × 미보상주수) • 품종·수령별 주당 평년수확량 = 품종·수령별 평년수확량 ÷ 품종·수령별 실제결과주수 • 품종·수령별 평년수확량 = 평년수확량 × (품종·수령별 표준수확량 ÷ 표준수확량) • 품종·수령별 표준수확량 = 품종·수령별 주당 표준수확량 × 품종·수령별 실제결과주수

<table>
<tr><th>품목별</th><th>조사
종류별</th><th>조사시기</th><th>피해율 산정 방법</th></tr>
<tr><td>포도</td><td>수확량
조사</td><td>착과수조사
(최초 수확
품종 수확전)
·
과중조사
(품종별
수확시기)
·
착과피해조사
(피해 확인
가능 시기)
·
낙과피해조사
(착과수조사
이후
낙과피해 시)
·
고사나무조사
(수확완료 후)</td><td>■감수량 산정(사고마다 산정)
▶금차 감수량 = 금차 착과 감수량 + 금차 낙과 감수량 + 금차 고사주수 감수량
• 금차 착과 감수량 = 금차 품종별·수령별 착과 감수량의 합
• 금차 품종·수령별 착과 감수량 = 금차 품종·수령별 착과수 × 품종별 과중 × 금차 품종별 착과피해구성률
• 금차 낙과 감수량 = 금차 품종·수령별 낙과수 × 품종별 과중 × 금차 낙과피해구성률
• 금차 고사주수 감수량 = (금차 품종·수령별 고사분과실수) × 품종별 과중
• 품종·수령별 금차 고사주수 = 품종·수령별 고사주수 − 품종·수령별 기조사 고사주수

■피해율 산정
▶피해율 = (기준수입 − 실제수입) ÷ 기준수입
• 기준수입 = 평년수확량 × 농지별 기준가격
• 실제수입 = (수확량 + 미보상감수량) × 최솟값(농지별 기준가격, 농지별 수확기가격)
• 미보상 감수량 = (평년수확량 − 수확량) × 최댓값(미보상비율)

■수확량 산정(착과수조사 이전 사고의 피해사실이 인정된 경우)
▶품종별 개당 과중이 모두 있는 경우
• 수확량 = 착과량 − 사고당 감수량의 합

■수확량 산정(착과수조사 이전 사고의 접수가 없거나, 피해사실이 인정되지 않은 경우)
• 수확량 = max[평년수확량,착과량] − 사고당 감수량의 합
※수확량은 품종별 개당 과중조사 값이 모두 입력된 경우 산정됨</td></tr>
</table>

9 농업수입감소보장방식 밭작물 품목

품목별	조사 종류별	조사 시기	피해율 산정 방법
콩	수확량 조사	수확 직전	▶피해율 = (기준수입 − 실제수입) ÷ 기준수입 • 기준수입 = 평년수확량 × 농지별 기준가격 • 실제수입 = (수확량 + 미보상감수량) × 최솟값(농지별 기준가격, 농지별 수확기가격) ❶수확량(표본조사) =(표본구간 단위면적당 수확량 × 조사대상면적) + {단위면적당 평년수확량 × (타작물 및 미보상면적+기수확면적)} ❷수확량(전수조사) ={전수조사 수확량 × (1 − 함수율) ÷ (1 − 기준함수율)} + {단위면적당평년수확량 × (타작물 및 미보상면적 + 기수확면적)} • 표본구간 단위면적당 수확량 = 표본구간 수확량 합계 ÷ 표본구간 면적 • 표본구간 수확량 합계 = 표본구간별 종실중량 합계 × {(1 − 함수율) ÷ (1 − 기준함수율)} • 기준함수율 : 콩(14%) • 조사대상면적 = 실경작면적 − 고사면적 − 타작물 및 미보상면적 − 기수확면적 • 단위면적당 평년수확량 = 평년수확량 ÷ 실제경작면적 • 미보상감수량 = (평년수확량 − 수확량) × 미보상비율 (또는 보상하는 재해가 없이 감소된 수량)

품목별	조사 종류별	조사 시기	피해율 산정 방법
양파	수확량 조사	수확 직전	▶피해율 = (기준수입 − 실세수입) ÷ 기준수입 • 기준수입 = 평년수확량 × 농지별 기준가격 • 실제수입 = (수확량 + 미보상감수량) × 최솟값(농지별 기준가격, 농지별 수확기가격) • 미보상감수량 = (평년수확량 − 수확량) × 미보상비율 (또는 보상하는 재해가 없이 감소된 수량) ▶수확량 = (표본구간 단위면적당 수확량 × 조사대상면적) + {단위면적당 평년수확량 × (타작물 및 미보상면적 + 기수확면적)} • 단위면적당 평년수확량 = 평년수확량 ÷ 실제경작면적 • 조사대상면적 = 실경작면적 − 수확불능면적 − 타작물 및 미보상면적 − 기수확면적 ▶표본구간 단위면적당 수확량 = 표본구간 수확량 ÷ 표본구간 면적 • 표본구간 수확량 = (표본구간 정상 양파 중량 + 80%형 피해 양파 중량의 20%) × (1 + 누적비대추정지수) • 누적비대추정지수 = 지역별 수확적기까지 잔여일수 × 비대추정지수

품목별	조사 종류별	조사 시기	피해율 산정 방법
마늘	수확량 조사	수확 직전	▶ 피해율 = (기준수입 − 실제수입) ÷ 기준수입 • 기준수입 = 평년수확량 × 농지별 기준가격 • 실제수입 = (수확량 + 미보상감수량) × 최솟값(농지별 기준가격, 농지별 수확기가격) • 미보상감수량 = (평년수확량 − 수확량) × 미보상비율 (또는 보상하는 재해가 없이 감소된 수량) ▶ 수확량 = (표본구간 단위면적당 수확량 × 조사대상면적) + {단위면적당 평년수확량 × (타작물 및 미보상면적 + 기수확면적)} • 단위면적당 평년수확량 = 평년수확량 ÷ 실제경작면적 • 조사대상면적 = 실경작면적 − 수확불능면적 − 타작물 및 미보상면적 − 기수확면적 • 표본구간 단위면적당 수확량 = (표본구간 수확량 × 환산계수) ÷ 표본구간면적 • 표본구간 수확량 = (표본구간 정상 마늘 중량 + 80%형 피해 마늘 중량의 20%) × (1 + 누적비대추정지수) • 환산계수 : 0.7(한지형), 0.72(난지형) • 누적비대추정지수 = 지역별 수확적기까지 잔여일수 × 비대추정지수

품목별	조사 종류별	조사 시기	피해율 산정 방법
고구마	수확량 조사	수확 직전	▶ 피해율 = (기준수입 − 실제수입) ÷ 기준수입 • 기준수입 = 평년수확량 × 농지별 기준가격 • 실제수입 = (수확량 + 미보상감수량) × 최솟값(농지별 기준가격, 농지별 수확기가격) • 미보상감수량 = (평년수확량 − 수확량) × 미보상비율 (또는 보상하는 재해가 없이 감소된 수량) ▶ 수확량 = (표본구간 단위면적당 수확량 × 조사대상면적) + {단위면적당평년수확량 × (타작물 및 미보상면적 + 기수확면적)} • 단위면적당 평년수확량 = 평년수확량 ÷ 실제경작면적 • 조사대상면적 = 실경작면적 − 수확불능면적 − 타작물 및 미보상면적 − 기수확면적 • 표본구간 단위면적당 수확량 = 표본구간 수확량 ÷ 표본구간 면적 • 표본구간 수확량 = (표본구간 정상 고구마 중량 + 50% 피해 고구마 중량 × 0.5 + 80% 피해 고구마 중량 × 0.2) ※ 위 산식은 표본구간 별로 적용됨

메 모

메 모